全国心理疏导职业培训指定教材

心理疏导

助人与自助之路

主　编　赖丹凤　赵新刚
副主编　王锦斌　江　珊
参　编　郐玉峰　钱　颖　刘晏华　邵长辉

本书重点讲解了心理疏导的理论与技术，以及心理疏导在自我成长、家庭生活、组织发展、社会活动等领域的具体应用。本书技术应用性强、案例丰富，适合心理学爱好者、教师、家长、企业管理人员、社区管理人员、志愿服务人员等人群阅读学习，旨在帮助他们系统学习心理疏导知识，全面掌握心理疏导技能，提升自我综合能力。

图书在版编目（CIP）数据

心理疏导：助人与自助之路／赖丹凤，赵新刚主编.
—北京：机械工业出版社，2019.9（2025.1重印）
ISBN 978-7-111-63555-0

Ⅰ.①心… Ⅱ.①赖… ②赵… Ⅲ.①心理疏导 Ⅳ.①B846

中国版本图书馆CIP数据核字（2019）第185763号

机械工业出版社（北京市百万庄大街22号　邮政编码100037）
策划编辑：梁一鹏　　责任编辑：张清宇
责任校对：李亚娟　　版式设计：张文贵
封面设计：徐珊瑚　　责任印制：郜　敏
三河市国英印务有限公司印刷
2025年1月第1版·第10次印刷
180mm×250mm·18印张·295千字
标准书号：ISBN 978-7-111-63555-0
定价：78.00元

电话服务　　　　　　　　网络服务
客服电话：010-88361066　　机　工　官　网：www.cmpbook.com
　　　　　010-88379833　　机　工　官　博：weibo.com/cmp1952
　　　　　010-68326294　　金　书　网：www.golden-book.com
封底无防伪标均为盗版　　　机工教育服务网：www.cmpedu.com

序 言
Preface

你接受过心理疏导吗？

你为其他人做过心理疏导吗？

感觉如何？

经常有朋友跟我说："你是学心理学的，心理一定特别强大，天天都很快乐吧？"每次听到这种话，我总感觉哭笑不得。人生不如意十之八九，该有的不快乐，谁也少不了。心理学不是点石成金的神之一指，也不是逃避烦恼的孤岛。学习心理学能够帮助我们的，是提升对情绪的承受能力和化解能力。

当今社会，生活节奏日益加快，人们的物质生活越来越丰富，精神生活却越来越匮乏。即使再不用担心温饱，即使事业有成，即使身边高朋满座、歌舞升平，也没办法带来多少快乐的感觉。是什么堵住了我们感知快乐的通路？

无处不在的焦虑

我在大学里给学生们讲心理课，让学生们互相讨论分享："如果我有100万元，我要做什么？"这原本只是一个发挥想象力、拉近人际关系的暖身小游戏，答案也无所谓对错。但当班上每个小组的汇报中，排名第一的永远都是"买房、付首付、买块地盖房"时，我的心很难不被触动。马斯洛需求层次理论认为，只有满足了安全感的需要，人们才有余力追求更高层次的需要，比如爱与尊重，比如价值与成长。而年轻的学生们被浸泡在焦虑中无处安身，生存的不安全感已经淹没了他们的梦想。

焦虑，无处不在的焦虑，全社会的焦虑。高中第一课，班主任敲着黑板写下"离高考还有1033天"；十字路口，行人们等不及红色数字倒数完就一拥而过；各种商品，只要标上优惠的截止日期似乎就销量大增；写字楼里，此起彼伏的电话催命地响，嘈嘈杂杂的键盘敲击声、跑步声、喊话声，人人都在跟时间比赛……脚步匆匆，追上了，抓住了,却仍然觉得焦虑不安。

你问他们愿不愿意慢一些。他们回答:"不是不想,是不敢。"

怕什么?不知道。

日益普遍的抑郁

脚步越来越快,挫败感反而越来越多,努力如果不能带来成就,就会带来沮丧、绝望和抑郁。有研究表明,过去的 15 年间我国抑郁症的发病率提高了近 18 倍。职场抑郁、产后抑郁、空巢抑郁、青少年抑郁……以至于有人调侃:"没得过抑郁症,都不好意思说自己是现代人。"

抑郁症的高发不能简单归结于生理和激素的原因,很多时候是心理问题大量堆积的产物。日常生活中不善于与人交流,把大量负面情绪"吞"进肚子里,无力消化,又不敢对外攻击,于是全部转化为对自己的攻击——自卑、嫌弃、无价值感,对什么都不感兴趣,做什么都感觉没意义,严重影响工作、学习、生活和社交,甚至产生自杀的冲动。对自杀事件的事后追溯表明,几乎每一个采取自杀行为的人,都曾经用自己的方式向外界求助过,但往往没能得到足够的重视和有效的疏导。

深入骨髓的冷漠

以前,"老人摔倒了扶不扶"从来都不是一个问题,可现在它俨然成了孩子们步入社会前必修的道德反思课。是整个社会都变得越来越冷漠了,还是人越长大就会越冷漠?经常有父母向我感慨,青春期的孩子用两句话就能堵上你所有的话:"关你屁事"和"关我屁事"。当父母向孩子表达关心时,孩子用前者回应;当父母向孩子示弱、求助时,孩子用后者回应。听得为人父母者,心都凉了一截。

事实上,冷漠只是表面现象。每个人之所以最终选择"冷漠",就像他们孩提时选择"热情"一样,是出于自我保护和成长的需要:一开始面对挫折、失败、委屈、伤害时,我们会感觉疼痛、愤怒、伤心和抗拒,如果这些感受没有被看到,没有得到疏解,我们往往只来得及马虎地包扎、压抑、忽略它们。于是为了继续活下去,我们教会自己"不要有感觉""不要认真投入",以免不得不再次体验伤痛、愤怒或委屈。长期"不要有感觉"地活着,就像与周围环境隔着一层厚厚的玻璃罩,什么都看得到,却什么都不在意。

冷漠不应该成为应对情绪创伤的唯一出路,成长也不应该意味着消极防御,只有直面情绪、有效疏导才能真正解决问题。

铺天盖地的愤怒

如果说抑郁是对内攻击自己,冷漠是逃离和消极防御,那么铺天盖地的愤怒就是赤裸裸的对外发泄。不加约束地对外攻击,也是负面情绪长期处置不当的产物。

当你翻开微博、新闻头条之类的应用,有时候能看到一些社会极端事件发生:虐打孩子的父母,闹市区持械伤人的青年,因小剐蹭开斗气车撞人的司机,满脸戾气、霸凌同学的中学生,动辄就"人肉正义"的键盘侠,天天发起荒唐的"粉黑大战"的追星族……尤其是进入网络世界后,我们会产生匿名和无害的错觉,愤怒被放纵到最大限度,肆意宣泄、流窜,本能的"共情"能力被刻意关闭。我们不再犹豫"这样说是否恰当",不再顾忌"网络对面那个人是什么样子""他会不会难过",就仿佛对面不是一个活生生的同类。

关闭"共情"能力的不是网络,而是迷失攻击目标的慌乱。日常生活中,愤怒原本是有原因、有出处、有攻击目标的,如果它们经常未经宣泄和疏导就被压抑下去,就会化身成满腔的"无名火",塑造出一个个充满戾气的社会人。

如何让愤怒恢复它原本的功能,指向它该在的地方?我们每个人都需要学习必要的心理疏导技术。

无孔不入的沉迷

当人们活得越来越冷漠、麻木,甚至连对外攻击也激不起快感时,那些偶尔能带来些许感官刺激的事情,就显得格外诱人。我们明知是饮鸩止渴,却还是变得无度索取、沉迷,直至上瘾。

什么东西能成瘾?几乎任何东西都能成瘾。父母责备孩子整天沉迷网络,孩子指责父母天天埋头看手机;离不开香烟的人说是寻找"灵感",酗酒的人则幻想着"一醉解千愁"；沉迷于口舌之欲的人靠胡吃海塞缓解压力，沉迷于青春美色的人自诩风流倜傥；沉迷于权欲、物欲的人则伪装成工作努力，沉迷于操控欲的人化身为严厉的父母；沉迷于侥幸和惊喜的人离不开赌桌或股市……

正因为越来越多的人放弃直面情绪、直面问题，而习惯于逃到简单的、一时的快感中，大量的成瘾行为才越来越多地充斥在生活中。然而，越逃避，现实层面的问题越恶化，我们越不敢着手处理问题，于是只能继续逃避，周而复始，恶性循环。

心理学不能解决生活中的所有问题，心理疏导也不能。但心理疏导能带给我们：与问题同在的勇气，背着问题上路的信心，接受问题的肚量，跟他人分担问题的智慧……终有一天，我们会慢慢发现，背包里的问题越来越少，身边的朋友越来越多，天地也越来越开阔。

善待他人，也不为难自己。

失恋的女孩，走不出沮丧和被抛弃的挫败情绪，被堵在"我不好，不值得被爱"的死胡同里，当无意中翻开手边的诗集，"我如果爱你——绝不像攀援的凌霄花"，读给自己听，带着泪花开始微笑，咧着嘴角不停落泪，感受到心底深处软了、化了、通了。这就是心理疏导。

失独的父母，害怕听到任何安慰，锁起孩子的东西，逃到陌生的城市，感觉每一句"节哀顺变"都像是冷嘲热讽。午夜惊醒时，男人坚定地搂住妻子："你有多痛，我就有多痛，别怕，我们一起扛过去。"这就是心理疏导。

多年未见的朋友，约了见面聊聊。几番欲言又止后，幽幽地说："那天站在天台上真想跳下去，一了百了。具体发生了什么事，已经不想提了，都堵在心里，反正没人在意。"你伸手握住他："幸好你没这么做，幸好你信任我，愿意告诉我。"这就是心理疏导。

新入职的员工，提交的文案反复出错，加班加点地修改还是屡屡被领导打回，急得挠头、砸桌子。旁边的同事递过一杯水，提醒他："万事开头难，知道什么时候需要求助也是一项职场技巧。"他这才意识到自己有些急于表现，孤军奋战。这就是心理疏导。

是的，这就是心理疏导。

序言
Preface

"疏导"是开导、打通人的思想的过程；而"心理"从广义上讲，强调的是疏导的工作内容和对象，不是学科术语。因此只要是针对个体心理活动（认知、情感、思维等）进行干预的过程，都属于心理疏导。随着社会心理服务体系日益受到重视，心理疏导一词频繁出现在各类文件、书籍和调研报告中，其内涵也日益明确、稳定。

本书中论述的"心理疏导"是狭义的概念，**是一种运用心理学理论和方法，化解自身或他人情绪困扰，化解心理和现实冲突，引导有效行为应对，培养自尊自信、理性平和、积极向上心态的技能**，其中的"心理"特指心理学科和心理学干预技术。

广义的心理疏导可以很简单、很日常化，只要有一份自我觉察、几句话、一杯水或者一个拥抱，都可能帮助我们自己或身边的人化解现实中的许多困境。但狭义的心理疏导就需要一定的专业训练，需要遵循人性规律和心理学原理，借助"听""说""问""答"等疏导技术，在生活中、职场中、社会交往中、自我反思中，更系统、高效地发挥作用。

你是不是有这样的时候，明明是一项简单易行的工作，却因为自己状态不佳而频频出错，或者遇上一两个感情用事的同事，整个团队的效率都深受其害。你很想调整状态，让自己和大家发挥出该有的能力水平，但不知如何调节。

你是不是也有这样的时候，面对朋友的倾诉，很想帮忙，却不知如何开口。听着他在你面前抱怨妻子、抱怨孩子、抱怨父母、抱怨同事、抱怨生活，听他长叹一声又举起酒杯，你感觉心疼，却又那么无奈。不知什么话该说，该怎么说，才不会变成"误导"，不会变成"毫无意义的喋喋不休"，不会变成"站着说话不腰疼"？

心理疏导是一项岗位技能，可以运用于多种职业岗位，比如管理工作岗位、教育工作岗位、妇女儿童工作岗位、医护工作岗位、社区工作岗位、调解工作岗位、绩效工作岗位等。

心理疏导也是一项生活技能，可以运用于夫妻沟通、子女教育、老人陪护、朋友互助、陌生人聊天等场合，也可以运用于自我调节，提高情绪管理和沟通能力，从而提高个人和家庭生活质量。

本书是一本简明扼要的心理疏导操作指南，很多技术可以直接拿来就用。如果你自己需要心理疏导，可以运用本书自助；如果你的朋友需要心理疏导，可以运用本书的技术帮助他们；如果你的工作团队需要心理疏导，可以运用本书的技术彼此互助。

即使不需要心理疏导，你也可以将本书的一些技术应用在日常生活中，如职场人际、夫妻相处、亲子教育等。

适合本书的读者

1. 心理学爱好者。希望通过学习心理学的知识技能，拥有更美好的事业与生活的人员。

2. 教育人员。从事学生教育管理工作的班主任、辅导员老师，从事专业教学工作的一线教师，存在教育困扰的父母。

3. 人事专员和管理人员。从事企业工会管理工作的人员，从事企业人力资源管理工作的人员，企业的中高层管理人员。

4. 社区管理人员。从事社区工作的专职人员，从事社区志愿者服务的人员，民政、妇联、残联等相关部门的人员，政府组织部门的相关人员。

5. 心理咨询入门学员。

本书案例中出现的人名均为化名。

赖丹凤

2019 年 8 月 10 日

目 录
Contents

序言

理 论 篇

第一章　什么是心理疏导　// 002
　　心理疏导的适用对象　// 002
　　心理疏导与心理咨询　// 005
　　自我疏导与助人疏导　// 006
　　知识卡　心理疏导培训项目的缘起　// 007

第二章　心理疏导的核心理念　// 009
　　情绪法则：用心疏，不堵　// 009
　　理性法则：用理导，不纵　// 011
　　疏为先，疏中有导；导为重，有导则疏　// 013

第三章　心理疏导的应用原则　// 015
　　原则一：科学取向 + 人文关怀　// 015
　　原则二：接纳情绪 + 重视理性　// 016
　　原则三："消炎止痛" + "保健养生"　// 017
　　原则四：多重参与 + 适度隔离　// 018
　　原则五：助人 + 自助　// 019

技 术 篇

第四章　心理疏导的操作流程　// 022
　　心理疏导的工作思路　// 022
　　心理疏导的环节与节奏　// 023

第五章 "听"的技术 // 026
- 倾听要素：逻辑 // 027
- 倾听要素：情绪 // 029
- 倾听要素：需求 // 031
- 倾听要素：目标 // 033
- 练习　倾听 // 034

第六章 "说"的技术 // 036
- 有内容的反馈 // 038
- 有参与的反馈 // 041
- 有力量的反馈 // 043
- 有余地的反馈 // 045
- 练习　反馈 // 047

第七章 "问"的技术 // 049
- 提问用于澄清 // 050
- 提问用于聚焦 // 052
- 提问用于质询 // 054
- 提问用于赋能 // 055
- 知识卡　短期焦点解决技术，构建解决之道 // 059
- 练习　提问 // 060

第八章 "答"的技术 // 062
- "答"的局限性 // 062
- 传授信息的"答" // 065
- 引导觉察的"答" // 066
- 引导重构的"答" // 068
- 练习　引导 // 070

应用篇

第九章　心理疏导在自我成长中的应用　　　　　// 074
　　自我接纳：拥有积极的自我意识　　　　　　　// 074
　　情绪管理：做情绪的主人　　　　　　　　　　// 103

第十章　心理疏导在家庭生活中的应用　　　　　// 120
　　亲子互动：陪伴孩子共同成长　　　　　　　　// 120
　　恋爱婚姻：趟过爱情的多瑙河　　　　　　　　// 138
　　养老护理：当我成了你的依靠　　　　　　　　// 161

第十一章　心理疏导在学校教育中的应用　　　　// 179
　　问题行为矫正：阳光总在风雨后　　　　　　　// 179
　　价值观引导：做正直的人　　　　　　　　　　// 192

第十二章　心理疏导在企业管理中的应用　　　　// 214
　　职场压力：崩溃与成长的关键点　　　　　　　// 214
　　职场人际：创造良好的人际空间　　　　　　　// 230

第十三章　心理疏导在社会生活中的应用　　　　// 245
　　陌生人冲突：突发事件的应对智慧　　　　　　// 245
　　同伴冲突：当我们在一起　　　　　　　　　　// 261
　　社区矫正：迎接我们的破茧重生　　　　　　　// 268

理论篇

心理疏导：
助人与自助之路

chapter one

第一章
什么是心理疏导

心理疏导的适用对象

在谈心理疏导的适用对象前,我们需要先谈谈如何认识心理健康。

当今社会,心理健康与身体健康同样重要。医学帮助我们活得更长久、更有品质,而心理学则帮助我们更有活下去的意愿和动力。它们一个着眼于解决"硬件问题",一个着眼于解决"软件问题"。

然而,正如大自然的其他事物一样,人们的心理健康水平也不是"人人平等"的,而是呈正态分布(见图1)。

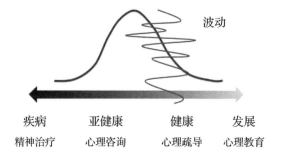

图1　心理健康分布形态图

图1展示了从高度健康的心理状态(右侧)到病理心理状态(左侧)之间的人群分布情况。从图中我们可以看出,完全没有心理问题和心理问题发展到病理状态的人都是少数的(他们分布在曲线的两端,曲线的高低代表处在该状态的人数的多少)。所

谓病理状态的心理问题包括智能迟滞、精神分裂症、焦虑症、中重度抑郁症、双相情感障碍、重度人格障碍等。这些疾病往往不是单纯的心理问题，患者的神经机制、生理功能都会在某种程度上出现障碍。精神疾病发作的个体，往往很难通过一般的对话方式进行干预，而需要去医院进行药物或心理治疗。

很多人的心理健康水平在"亚健康"到"健康"之间。心理健康的人情绪正常、人格和谐，能够善待自己、善待他人，适应环境。他们并非没有痛苦和烦恼，而是能适时地从痛苦和烦恼中解脱出来，积极地寻求改变不利现状的新途径，能深切领悟人生冲突的严峻性和不可回避性，也能深刻体察人性的本质。他们是那些能够自由、适度地表达，展现自己个性并与环境和谐相处的人；他们善于不断地学习，利用各种资源充实自己；他们会享受美好人生，同时也明白知足常乐的道理；他们不会去钻牛角尖，而是善于从不同角度看待问题。心理健康的人都拥有一个美好的生活。

美国心理学家马斯洛和米特尔曼提出的心理健康的十条标准，被公认为是"最经典的标准"：

1. 充分的安全感；
2. 充分了解自己，并对自己的能力做适当的评价；
3. 生活的目标切合实际；
4. 与现实的环境保持接触；
5. 保持人格的完整与和谐；
6. 具有从经验中学习的能力；
7. 保持良好的人际关系；
8. 适度的情绪表达与控制；
9. 在不违背社会规范的条件下，对个人的基本需要做恰当的满足；
10. 在集体要求的前提下，较好地发挥自己的个性。

而亚健康状态的人则表现出持续性的情绪困扰和更差的适应性、承受力。他们可能长期沮丧、自卑，但尚能相对客观地评价自己，有努力上进的意愿；或者在人际关系中始终疏离、冲突不断，但尚能基本应付，没有出现被害妄想或暴力冲突；也可能抗压能力较弱，比一般人更容易被他人影响，经常情绪崩溃，不容易从挫折中恢复，但还有能力维持基本的社会生活。

林先生自小学习成绩优秀，成年后经营一家中型超市，生意兴隆。但是他的下属们十分害怕他。因为他动辄就会劈头盖脸地乱骂下属，脾气上来的时候，让人觉得屋顶都可能会被震翻。他对妻儿也是如此，经常指责批评他们，认为他们很多事情做得不好，导致儿子跟他很疏离，妻子则长期在外工作不与他沟通。

林先生觉得自己很健康，事业成功，孩子在他的严厉管教下成绩优秀，他对自己十分满意，但对周围的人感到十分不满：那些员工懒懒散散，缺乏规矩；儿子如果不管教也会不成器；最令人气恼的是妻子，缺乏女性的服从和温顺，自己为家庭贡献了那么多，她还躲得远远的。他不能理解自己周围为何围绕着这样一群庸人。

林先生算是心理健康吗？并不是一个人自我感觉良好就是心理健康。心理上的问题呈现的状态各有不同，有些心理问题会给自己带来困扰，比如抑郁、焦虑；有些心理问题还会给别人带来困扰，比如过度偏执、霸道、暴力倾向等。林先生作为生意人是成功的，也能基本维持工作和家庭关系，但他的个性却存在问题，长期给身边的人带来困扰，人际关系品质很差。只是他的自恋性格可能还没有达到病态或严重失控的程度，我们倾向于判断他处于心理亚健康状态，也可以称为轻度心理问题或一般心理问题。

事实上，在心理健康程度的分布中，完全没有任何心理问题、心理极其健康的人也是极少数的。我们身边的大多数人都在"亚健康"到"健康"之间波动：有时更积极乐观一些，有时更消极自卑一些；有时候承受力强，有时候又拖延逃避；在有些人面前宽宏大量，而对待某些人又过于敏感或苛刻……造成我们心理健康水平不断波动的因素有很多，比如心理因素（压力、创伤事件），生理因素（经期、更年期），甚至是天气、温度等环境因素（梅雨、秋愁）。万事顺利、志得意满时我们心情愉悦，可能在健康的范畴；持续不顺、命途多舛时我们情绪低落，可能就在亚健康的范畴。而人生在世，又有谁是一帆风顺的？就算是含着"金汤匙"出生的人，一样也要面临生老病死，总有痛苦的时候。所以健康与亚健康只是在某时某刻对某个人的描述，而不能描述一个人的一生。

心理疏导的主要适用对象，就是这一部分处于心理亚健康和健康之间的人群。他们没有明显的精神问题，只是需要了解自己、提升自己，或者仅仅是为了某个突发事件的一时之情绪，前来倾诉、求助。心理疏导可以帮助他们稳定情绪，缓解内外情境的负面影响。当负面影响越来越少时，他们的健康水平就整体右移了。

如果当事人在完成了一时一事的处理后，又生出进一步疗愈创伤、改变人格模式的需求，疏导员可以推荐他们去寻求专业心理咨询师的服务。

如果当事人表现出明显的心理异常，如离奇怪异的言谈举止（对着空气说话、手脚不受控地抖动、言语破碎无逻辑），过度的情绪体验（无预期无缘由地大喜大悲、过度亢奋），社会功能严重受损（长期不与人交往、不断洗手、一进考场就浑身冷汗），影响他人正常生活（不分场合无休止地打电话），等等，疏导员就要小心警惕了。他们并不是心理疏导能够帮助的对象，强行介入可能对疏导员和当事人都造成伤害。

心理疏导与心理咨询

心理疏导与心理咨询都以"心理"二字为前缀，意味着二者都与心理学渊源颇深。实际上，疏导和咨询都是运用心理学的理论、方法去帮助自己和他人的过程。心理疏导和心理咨询的工作对象都是人的心理过程，包括情绪、认知、行为、意志等。同时，二者都能起到自我提升的作用：学习了心理疏导技术可以给自己做疏导，学习了心理咨询技术可以有效促进自我反思，提升心理健康水平。

但心理疏导与心理咨询也存在很大区别，主要体现在：

1. **定位**。心理咨询是一种职业，有严格的准入要求（经年累学的学习、练习、督导及个人体验），清晰的权责边界，对等的劳动报酬，严谨的伦理要求。而心理疏导是一项技术，旨在帮助人们在日常工作、生活中更好地助人助己，其回报往往隐而不见，或是心情的愉悦感，或是关系改善，或是被信赖的感觉，等等。

2. **操作**。心理咨询往往有相对严格的设置，个体咨询要求在一个封闭、安静的房间里开展，咨询师与来访者相对而坐，一次咨询通常持续50分钟左右，咨询师会事先与来访者协商咨询的频率（通常是一周一次，时间固定）。而心理疏导是融入日常生活的心理技巧，不需要预约特定的时间和地点，随时随地都可能自然发生。时长不限，有时候几句话就能发挥很大作用；场所也不限，有时候在马路边停下来聊两句，有时候在咖啡厅的角落里交谈……

3. **目标**。心理咨询的目标通常更加深远，咨询双方会协商出短期目标和长期目标，希望通过问题的解决，逐步引导来访者改变思维模式、调整人际关系、塑造健全人格等。相比之下，心理疏导更聚焦当下，旨在陪伴当事人缓解或疏通当前情绪，增强察觉，解决当下或以后的同类问题。

通过对比，我们能清晰地看到，心理疏导技术不能解决所有心理问题，当当事人的问题已经超出了疏导员可以解决的范围时，就需要心理咨询师和其他专业人员（如精神科医生、社工等）的介入。知道自己做不了什么也是很重要的能力，否则就会出现越俎代庖、好心办坏事的结果。让专业的人做专业的事，是疏导员对于当事人和自己的一种保护。

自我疏导与助人疏导

心理疏导的对象既可以是自己，也可以是他人。人生在世，任何人都不能保证事事顺心如意。未学过心理疏导的人，遇到困难之时，就像穿行在迷宫之中，既不知是否有出路，亦不知出路在何处，故而会有迷茫、焦虑、不安、沮丧、恐惧等情绪。而心理疏导就像是一张地图，当地图在手，我们就有信心、有底气可以按图索骥，寻求走出迷宫的方法。

很多人以为自我疏导比助人疏导容易，毕竟自己更了解自己，也更能与自己进行深度对话。然而，"不识庐山真面目，只缘身在此山中"，自我疏导最大的困难就是"当局者迷"。很多人产生负面情绪的原因，正是对自己的不接纳、不信任、不爱惜。对自己无从理解、无从共情，就无从进行自我疏导。如果一个人太久没与自己对话，不正视自己内心的需要与情绪，那他对自己的理解与抱持就无从说起。心理疏导的"听""说""问""答"四个步骤，正是鼓励我们在纷繁忙碌的生活当中，多抽出一些时间关心、照顾自己，倾听自己内心的声音，允许自己产生负面情绪，寻找自己最有效的资源，给予自己最温暖、最宽容的理解和支持。

助人疏导与自我疏导相比，优势在于"旁观者清"。作为"非切身利益相关者"，我们既可以做到理解当事人的情绪，又可以不被纷繁、翻涌的情绪所淹没，可以后退一步观察全局。因此，助人疏导提供的他人视角，可以帮助当事人看到他们在当前视角无法看到，或由于情绪原因忽略的事实和可能性。

不过，助人疏导与自我疏导相比，有两个需要注意的地方：

首先，助人疏导需要有足够的共情能力。心理疏导不是远远站在一边，冷眼观察当事人的问题与生活，再全然理性地给予建议。尽管我们无法感同身受，但我们可以站在当事人身边，努力去理解对方经历了什么、为何会有当前的情绪、为何困在当前的认知，足够的理解是心理疏导的前提。

其次，助人疏导需要把握好尺度。我们只是对方的疏导员，不需要也无权为对方做决定，更不能打着为对方好的旗号替代对方去行动。我们可以给出看法和建议，但其中的利弊应由当事人自己去分析，而最终如何选择、如何处理也应由当事人自己决策。

知识卡　心理疏导培训项目的缘起

2010年，时任中共中央政治局常委、中央书记处书记和国家副主席的习近平，在国土资源部调研机关党的建设和创先争优活动时指出，机关党组织要坚持以人为本，注重人文关怀和心理疏导，深入了解机关党员干部的所思所想，帮助协调解决他们的实际困难和问题，努力建设文明和谐机关。

2013年，习近平总书记在党的十八大报告中明确指出，加强和改进思想政治工作，注重人文关怀和心理疏导，培育自尊自信、理性平和、积极向上的社会心态。

2017年年初，国家卫生卫计委、中宣部、中央综治办、民政部等22个部门共同印发《关于加强心理健康服务的指导意见》（国卫疾控发〔2016〕77号），作为贯彻落实习近平总书记在2016年全国卫生与健康大会上的讲话要求，落实"十三五"规划纲要和"健康中国2030"规划纲要的重要文件。明确指出：

"加强心理健康服务，开展社会心理疏导，是维护和增进人民群众身心健康的重要内容，是社会主义核心价值观内化于心、外化于行的重要途径，是全面推进依法治国、促进社会和谐稳定的必然要求。"

为了帮助更多人系统学习心理疏导的专业知识，全面掌握心理疏导的操作技能，胜任各岗位中的心理疏导工作，提升自我在现有岗位上的综合能力，人力资源和社会保障部教育培训中心在全国范围内开展"心理疏导培训项目"。

该项目致力于心理疏导在企业管理、社区管理、司法矫正、婚姻家庭、教育顾问、养老护理等六个方向上的具体应用。其目的在于推动社会诸多行业的岗位效能，有助于提高各行业管理者的领导能力，有助于提高个体的社会适应和自我管理能力，有助于家庭的文明和谐和幸福安康。

chapter two

第二章
心理疏导的核心理念

心理疏导主要针对一般性情绪困扰和发展困扰，它与心理咨询技术不同，更不是心理疾病治疗技术。将心理疏导运用于解决自己或他人的发展性问题时，我们始终相信：每个人都是自身问题的专家，虽然我们有时会陷入思维的死角或掉进情绪的漩涡，丧失理性思考，但只要借助一些心理疏导的力量，我们就能找到镜子、拐杖、路标、靠椅，我们就有能力依靠自己走出困境，重回生活正轨。因此，**心理疏导的重点在于处理情绪和理性的关系**。总结而言，它的核心理念是"用心疏，用理导，疏为先，导为重"。

情绪法则：用心疏，不堵

情绪是人们对外界事物和自身感受的一系列主观反应。最普遍最容易理解的情绪有喜、怒、哀、惊、恐、爱等，更细腻微妙的情绪还有焦虑、嫉妒、惭愧、羞耻、自豪等。日常生活中使用的"心情""想法""感觉"等词语，虽然不准确，但常常被用作描述情绪的代名词。

情绪没有好坏之分，无论是正面情绪还是负面情绪，都是帮助人类适应环境的产物：喜悦帮我们提升感染力，建立人际联结；愤怒使我们更有力量进行防御或攻击，改变不能接受的现状；恐惧帮助我们集中注意力，应对危险；悲伤帮助我们把关注点从外界退回自身，放慢行动节奏……

但情绪还是有"受欢迎"和"不受欢迎"之分。通常喜悦、放松、兴奋、骄傲是受欢迎的情绪，而愤怒、悲伤、恐惧、沮丧之类，更容易被划为不受欢迎的情绪。偏偏越是那些不受欢迎的情绪，似乎破坏力越大，越容易失控爆发。

很多人有过这样的体验，那些不受欢迎的情绪，一旦汹涌而来，便如同洪水猛兽，让我们整个人都失去控制，说出不该说的话，做出不该做的事，思维仿佛陷入某个死胡同，呼吸变得紧促，头脑一片空白，眼里只看得到最糟糕的信息，整个人都变得"不像自己"了，甚至不自觉地做出伤害自己和他人的行为。

如何面对不受欢迎的情绪？或许我们可以借鉴"大禹治水"的典故来类比。这个典故之中就阐述了两种截然相反的治水思路：堵和疏。

被堵住的情绪，始终在寻找"堤坝"的薄弱点，酝酿着下一次"爆发"。例如，我们有些人不善于表达愤怒，即使感觉被朋友欺负了，也选择忍气吞声。但这些无处宣泄的怒火并不会自动消失，而是被压抑在心里，变成"敢怒不敢言"，在日后与朋友的交往中时不时地出来捣乱。等到某一天朋友不小心说了某句话，我们仿佛一下子被点爆，陷入"新账旧账一起算"的混乱中。事实上，"新账旧账一起算"的做法，往往把当下的客观事实与记忆中未打开的心结混淆在一起，无法就事论事，不仅无助于解决眼前的问题，还会制造出新的冲突和隔阂。

更何况有些时候，新账和旧账的"债主"甚至都不是一个人。我们从朋友 A 那里积存了一些愤怒，从朋友 B 那里积存了另一些愤怒，等到在朋友 C 面前爆发时，我们就很难做到"冤有头债有主"了，一律归结为："你们都是这样，我受够了，你们凭什么这样对我！"显然，朋友 C 承担的愤怒超出了他当下行为应该得到的回应。即使他做出补偿行为，也很难平息我们身上"三人份"的怒火。

有时候，被硬生生围堵的洪水把破坏力施加在明处，冲垮堤坝；有时候，洪水看似被成功堵住，却形成了堰塞湖，对两岸的土地造成更隐蔽、更深远的侵蚀。情绪也是如此。

当无处宣泄的怒火被我们压抑到潜意识层面后，就连我们自己都感觉不到它的存在，心理的自我防御机制会引导我们刻意遗忘导致愤怒的创伤经历，但更麻烦的事情慢慢会呈现出来：我们会显得充满戾气，眉眼间不经意地流露出攻击性而不自知，很容易被激怒，全身都是"无名火"，想调节都不知从何下手；我们会开始出现各种躯体症状，查不出病因的偏头疼、游走性肌肉疼痛、各种慢性皮肤炎症；我们会无意识地做出"被动攻击"行为，比如明明很努力读书但就是读不好，明明很认真工作但总是要出错，明明同意做家务却每次都要弄碎碗碟……其实这都是潜意识里自己给自己使绊子。

悲伤和沮丧也会因为压抑而累积。长期累积的悲伤可能转化成冷漠和麻木，长期累积的沮丧可能转化成绝望。夫妻关系从吵架到懒得吵架，直至离婚，常常就是沮丧感不断累积、压抑而得不到及时疏解的结果。愤怒、悲伤、沮丧、恐惧都有可能逐步发展成抑郁症。大部分抑郁症发作都跟外部刺激与内部认知有关联，一个人若受到外部刺激，内心又不能排遣，慢慢地就会陷入抑郁状态。

现实生活中，有经验的心理工作者往往很容易就能识别出那些对待情绪一味采用堵、压、无视等消极处理方式的人，因为他们经常表现得情绪不稳定，或伴有言行冲突，看似"沉稳"实则小动作不断，有时还伴随呼吸轻浅、肩颈僵硬、咬合肌突出等躯体表现。

理性法则：用理导，不纵

然而，情绪疏导不等于放纵情绪。勇于接纳情绪，也需善于在理性的范围内引导情绪。

理性是指人在正常思维状态下，遇事不慌乱，有自信与勇气，能够快速全面地调查、总结、分析、比较，从多种行动方案（可能是预备的或是临时的）中选出恰当的处理方式，达到解决问题的效果。理性是基于正常思维结果的行为，反之就是非理性。理性的意义在于对自身存在及超出自身却与生俱来的社会使命负责。

大禹治水采取"疏通"之法，也并非随处乱挖。据说，他曾带着尺、绳等测量工具到中原大地的主要山脉、河流做了一番严密的考察，在河北东部，河南东部，山东西部、南部，以及淮河北部都留下了足迹，并先后疏通了九州的河流，将大水汇入四海，将小水引入田间，再将田里的水导进大河。这其中就体现了疏导的理性法则，不局限在眼前的一时之便（持续发展），不局限于小我的一人之利（社会责任）。只有心怀长远发展的智慧和承担社会责任的勇气，才能为每个个体和整个人类社会的发展带来理性之光。

今天真是倒大霉了。跟踪了一个多月的单子，我费了多大心血，眼看就要谈成了，结果一个同事横插一杠，硬生生把客户抢走了！哼，我知道这个同事有背景，得罪不起，但这口气实在是憋不下去！我去找老板理论，结果老板根本不在乎是谁的努力，反正单子签下来他就满意了，他还让我多向那个同事学习，"做人要灵活一点"。更倒霉的是，我下班开车，在路上碰到一个无赖，一直想要变道、加塞儿。哼，我就是不让你，凭什么要让你？我一脚油门加上去，就追尾了。堵在那里一个多小时不说，还赔了几百块钱。好不容易回到家，一进门就差点绊一跤！是谁把拖鞋放在大门口的？小儿子站在旁边看着我笑。笑什么笑？我忍不住"啪"的一巴掌就挥出去了……

从这个案例中，我们看到了没有被理性疏导的情绪，是如何肆意破坏我们的生活的。职场上遇到不合理的事情，产生愤怒情绪是正常反应，这种愤怒可以通过很多渠道得到疏解：直接翻脸破口对骂，找朋友或同事抱怨吐槽，私下进行打击报复，向领导反映情况，自我调整心态，找其他人（陌生司机、小儿子等）转移发泄……这些方式中有些是理性的，有助于个体长久发展和人际和谐，有些则相对不那么理性，可能只是获得了短时间的"爽快"，后面却要付出更大的代价。把愤怒转移到开车过程中的斗气，会增加发生交通事故的风险，造成安全隐患；转移到家庭生活中，无端责骂家人，则会破坏夫妻关系和亲子关系，给配偶和孩子带去心理阴影和伤害。殊不知，孩子把拖鞋摆放在门口，可能是希望表达"爸爸辛苦了"，他的微笑也不是嘲讽，而是期待和迎接。

理性的疏解指向发展、可控、和谐、责任，非理性的宣泄则导向放纵、伤害、自私和短视。当我们面对大量愤怒、悲伤等消极情绪急需排解时，究竟该选择哪个方向引流？否认、退行、分裂，还是升华、重构？这就需要就事论事、实事求是的智慧，帮助我们在每一个充满情绪的当下保持理性的思维。

否认：为了回避某个事件引发的情绪，干脆连事件本身都"视而不见"。比如，面对亲人离世，假装没有发生过这件事，矢口否认或闭口不谈。这种应对方式有时能解当下之痛，但大多数时候就像在溃烂的伤口上直接贴创可贴，无济于事。

退行：心理成长的标志之一是越来越成熟，但当情绪过大时我们也可能放弃努力，让自己退回"像小孩子一样"的状态。比如，哭、闹、破口大骂、打人、不合时宜地撒娇、提不合实际的要求等。这种应对方式能帮我们暂时逃开责任感和压力，但这种"逃开"需要付出多大代价就要视情境而定了。

分裂：为了避免内心的纠结和冲突，简单用"非黑即白"的极端化方式处理问题。比如，喜欢一个人，就不顾事实地一味神化他的每个行为；一旦他的表现不合自己的心意，又彻底转向另一个极端，放任自己妖魔化他的所有表现，任意宣泄厌恶、愤怒、失望等情绪。

升华：把对某个事件的情绪转移到另一个具有象征意义的替代性事件上，而后者往往更能被社会和文化接受。比如，因为身高问题被同学歧视和羞辱后，没有直接进行身体攻击，而是将愤怒转移到学习上，用取得"全班第一名"的方式获得象征意义上的征服、报复、优越等感觉，从而宣泄了攻击性。

重构：用新的正面思维重新看待与诠释同一事件，努力寻找负面事件的积极意义，用期待、谅解、欣赏等情绪取代攻击性。比如，表白被拒绝，原本有些恼羞成怒，但再一想，对方态度坦诚、直接，不虚伪敷衍，恰恰是出于对自己的尊重和信任，也就不再过多自责或纠结了。

疏为先，疏中有导；导为重，有导则疏

心理疏导的重点在于处理情绪和理性的关系，难点也在于此。生活中大多数情况下，我们可以先从情绪入手，当情绪得到疏解，理性开始回归，我们解决问题、寻找出路的能力也就正常运作起来了。

每个人都是解决自己问题的专家。心理疏导不是提供解决问题的方法，而是帮助人们排除障碍，重新找回解决自身问题的能力。

排除障碍，疏为先。情绪会改变我们对世界的看法。带着情绪看问题，容易极端化、片面化、夸大化。悲伤时赏花观鸟，我们看到的是"感时花溅泪，恨别鸟惊心"；而喜悦时我们看到的是"留连戏蝶时时舞，自在娇莺恰恰啼"。当我们冷静下来时，即使没有外界的指导，我们的思路也会更开阔，更有创造力、理解力和包容力。我在疏导工作中就常常遇到"半途而废"的情况，当事人一开口就问"我该怎么办"，但当我们的交流完成了"疏"的部分，还没来得及"导"时，当事人就心满意足地说：

"现在我知道该怎么办了。"

化解情绪，导为重。情绪引导是有方向的。从负面情绪向正面情绪转变，从消极应对向积极应对转变，引导当事人更加接纳自我、适应社会、理性平和、积极向上。人类在漫长的进化过程中，形成了一种固化的适应危险环境、提高生存概率的反应模式：感到威胁时，高度集中注意力，快速提升攻击性，果断采取行动，只有这样才能在"丛林法则"下获得更多的存活机会，但这种反应模式在现代社会就不一定适用了。现代社会，人们生存品质的关键不再是个人战斗力，而是融入社会、整合资源的能力。当人际冲突中的某些因素让我们感到焦虑、愤怒和恐惧时，如果我们仍然遵循高度集中注意力（死死盯着问题的消极因素，思考问题角度单一、钻牛角尖，抓到一种解决方案就很快认定"只剩这一条出路了"），快速提升攻击性（容易进入"鱼死网破""一了百了""誓不罢休"之类的备战状态），果断采取行动（冲动、破口大骂或大打出手）的反应模式，结果往往是问题越闹越大，局面越搞越糟，负面情绪也越来越强烈。

因此，社会上越来越多的人开始主动关注心理学，关注如何与别人、与自己深度和谐共处的科学，而不仅仅关注于计算、平衡财富积累和物质生产。这标志着我们在社会发展的漫长历程中，仍然保持着持续进化的活力和勇气。

第三章
心理疏导的应用原则

chapter three

心理疏导作为一项助人助己的技术，并非是无章可循、随心所欲的。前面我们对心理疏导的概念做了界定，这一章我们梳理一下心理疏导的五项应用原则，这五项应用原则对心理疏导这个较为新颖的技术进行了更精准的勾勒。可以说，理解了这五项应用原则，我们对"心理疏导究竟是什么，不是什么"的答案就更了然于心了。

原则一：科学取向 + 人文关怀

理解是采取行动的前提。**科学的理解为后续行动指明方向，而错误的理解会导致一切努力都变成"南辕北辙"。**心理疏导倡导以科学心理学理论为基础，用理论学习弥补我们本能、直觉或生活经验的不足，帮助我们形成对每个行为稳定、可靠、全面的理解。

科学取向的心理学理论能够帮助我们更客观、更全面、更深入地理解人性，理解自己，理解身边的孩子、父母、朋友、同事。科学心理学体系包含发展心理学、人格心理学、社会心理学、教育心理学等领域。如果有兴趣，可以通过阅读相关书籍加深了解。理论积淀越多，我们看待世界的视角和维度越广阔，对自己和他人的理解越深刻，进行心理疏导时就越得心应手。

同时，心理疏导必须坚持人文关怀。心理学理论为我们解读行为、情绪背后的动机和需求指明了一些大致的方向，这似乎为心理疏导提供了一种"对症下药"的捷径。但当我们看到当事人的某些做法正好与某个理论的假设契合时，我们很容易掉入一种"懒人陷阱"，即直接把该理论提倡的解读套用到眼前这个人身上，不假思索地按照理论建议的方法、步骤去对其进行疏导。这就违背了心理疏导的一个关键理念及原则，即**相信每个个体都是独一无二的**。在心理疏导中，我们必须全程保持着谨慎的态度，尊重每个个体的特殊性，不把任何一位当事人的任何一个问题看作是几个标签的简单组合，要以开放、接纳的态度对待当事人。在心理疏导的过程中，重倾听、少评判，不简单地以得失、成败、对错为标准，不以言语说教、行为约束为目标。

原则二：接纳情绪 + 重视理性

心理疏导重视当事人的主观感受和内在体验。情绪是人类在几千年进化中发展出来的自我保护的方式之一。当一个人能够诚实地面对自己的情绪时，他就真切地体会到了自己当下的需求和想法，这为他的行动提供动力——或去争取自己想要的事物，或去避免自己厌恶、恐惧的事物。

因此在心理疏导中，"情绪""感受"是出现频率很高的词语。日常生活中，有些人对自己的情绪波动反应比较迟钝，也羞于主动表达，而心理疏导中，我们恰恰鼓励大家多多去观察和表达情绪。现代人太习惯于用"大脑""理智"去思考问题，人们常有一种错觉，即"全然理智，全然不受情绪左右是最理想的状态"，当人们察觉内心有负面情绪涌现时，就会强迫自己压抑情绪。但正如前面一再提及的那个比喻：洪水不疏，总有决堤之时。如果一个人长久以来都忽略、压抑、伪饰自己的真实情绪，总有一天，喷涌而出的情绪会把他压垮。所以，在心理疏导中，情绪、感受尤为重要。

但这不意味着要放任当事人无止境地沉溺在负面情绪中。如果当事人的情绪是激烈的、来势汹汹的，疏导员就更加需要成为一座温柔却牢固的城墙，稳稳地围住当事人的情绪，并用适当的方式让情绪排解掉，使当事人免于淹没在汹涌的情绪中。心理疏导意味着安全，却不意味着绝对的自由。

例如，有一位认为自己被上司不公正对待的当事人，我们鼓励他去正视和表达自己的委屈和愤怒，但这不代表我们鼓励当事人沉浸在"受害者"的苦涩感中，更不代表我们鼓励当事人采取不理性的行动去报复上司。**鼓励情绪的表达并不意味着鼓励理性的缺位**。与情绪一样，人们在漫长的进化中发展出理性，也是为了保护自己：理性帮助人们更好地获得长期的"任性"，帮助人们以更积极、更少伤害的方式思考问题，帮助人们勇于承担责任、主动照顾他人、构建长远规划，等等。

完全跟随情绪、随心所欲，摒弃理性时，就像酒后驾驶，害人害己；一味追求理性而压抑情绪、隔离感受，就像失去汽油的机车，徒有方向而动力不足。正确处理情绪和理性的关系是心理疏导的核心任务。

原则三："消炎止痛"+"保健养生"

当需要心理疏导的当事人找到我们时，他们往往身处客观的冲突事件中，带着激烈的情绪和急需达成的目标，期待尽快获得情绪的疏解和问题的解决。就像一位伤口汩汩流血的病患来到医院，他最急迫的需求是尽快清洗包扎、消炎止痛，而绝非医生拍拍他的肩膀说："受伤流血是人生不可避免的，你要学会坚强。"

心理疏导不是闭门造车，必须密切贴合当下情境，扎实落地，急人之所急。切忌脱离当事人眼前实际存在的困扰，泛泛地与他谈论道理、规则、价值观等。忽略具体情境去"喂鸡汤""做思想工作"，很容易陷入"你说得很有道理，但跟我现在的情况有什么关系/但对我现在的情况没什么用处"的尴尬处境。

不过，仅仅局限在"头疼医头，脚疼医脚"也不是好的心理疏导。好的心理疏导不应止步于帮助当事人应对眼下的困境，而应更进一步，探究问题的根源和共性，教会他如何应对一类问题、一类情境。在重视当前"症状"的同时，为当事人提供"强身健体""长效养生"的良方，否则就会出现看起来一疏导就改善，实际上一转头又出现老问题的情况。循环反复，当事人会越来越依赖，疏导员却越来越疲惫，心理疏导的效果也越来越有限。

有位姑娘第一次受邀到小伙子家"见家长"。临出门前，姑娘还在慌乱地挑选衣服，每换一身衣服，就到小伙子面前寻求一次"心理疏导"——"这样穿好看吗？""这样会不会太艳？""刚才那件和现在这件哪件更好？"……虽然小伙子每次都认真鼓励"很好看""你怎么穿都好看"，但姑娘似乎还是不自信。直到小伙子微笑着把姑娘拉进怀里："亲爱的，我知道你很紧张，很在乎他们的看法。其实穿什么都不重要，你在我心中是最美的。"姑娘的慌乱一下子就不见了，也不再需要下一次的"心理疏导"了。

事实上，如果"不自信"的实质没有被解决，"紧张"的情绪没有被觉察和理解，"这件衣服好不好看"的困惑就会一再出现，用"很好看"进行心理疏导，所发挥的作用也往往很有限。

原则四：多重参与 + 适度隔离

心理疏导是"人对人"，而不是"嘴巴对耳朵"。当我们帮助身边的人做心理疏导时，不是仅仅依靠当下说了什么、做了什么，还依赖于我们与他长久以来的关系：我们彼此信任吗？他是真心为我好吗？我说的话他会在意吗？我的感受他都会理解吗？同样的话由不同的人说，说服力不一样；同样的疏导方式在不同的关系里，也往往会得到不同的效果。越熟悉的关系，我们可以花越少的精力去"建立关系"，而将更多注意力集中到"问题解决"上。

心理疏导的双方，不仅存在求助与助人的关系，还同时带着现实中的其他身份，如父母、教师、朋友、同事、上司、护理员等。多重身份带来多重关系，多重关系是心理疏导的资源。相近的生活经验让我们更容易理解当事人的困境，更容易产生共鸣；共同的文化、家庭、成长环境等，使得我们的言语、建议对他更有说服力；共同的朋友圈、工作圈，也使我们更容易发掘他的资源、支持系统。

但多重身份也会带来挑战。熟悉感可能带来轻慢和成见。例如，有些父母在给孩子做思想工作时，开口闭口都是"我还不知道你，你就是……""你一向如此，改不了了"。这会妨碍我们真正地体会、理解当事人的感受。多重身份的另一弊端在于，可能给双方后续相处造成负担，如果心理疏导中涉及隐私话题或"深入剖析自我"的话题，会使双方觉得尴尬而渐行渐远。当双方有利益纠葛和情感纠葛时，这种弊端就更明显了。

多重身份还可能让疏导员过度卷入当事人的情绪中，难以自拔。甚至有些疏导员说："明明当事人自己都已经想开了、放下了，我却反而深陷在他的情绪中，走不出来。"因此，疏导员需要保持对多重关系的警觉，时刻提醒自己照顾好自身需求，不过度卷入，不过度干扰和影响自己的正常生活。

原则五：助人 + 自助

心理疏导中，我们对每位当事人都抱有一份积极的预期：**相信每个人都有追求幸福的愿望和解决问题的能力**，只是暂时受困在当下的情境中，或迷失在当下的情绪中。这时，他们需要借助一些外力，去帮助他们重新整理思路、转换视角，或者为他们提供支持和认同，而走出当下的困境后，他们就能重新找回掌握生活的力量。

一位离家上大学感到极度不适的新生，他并非自己无法克服这种不适感，而是在那个孤独、陌生的环境中，他需要有人愿意花半个小时听他诉诉苦。一位老公出轨、痛不欲生的家庭主妇，她并非自己做不了"离婚还是隐忍"的决定，而是在这个愤怒、伤心的当下，她需要有人教她如何不让激烈的情绪影响到她的决策，如何跳脱"为家庭考虑"的惯性思考模式而去想清楚自己真正想要的是什么……

心理疏导只是在某个当下的辅助工具，而不会也不应该成为依赖的手段。心理疏导中，我们就像一把可靠、温暖的保护伞，在暴风骤雨的当下，给当事人一个缓冲的安全空间，而当雨势渐小时，要鼓励他们离开雨伞的保护，独立地走完面前的路。陪伴一程，再各自独立。不做别人的"救世主"，不成为别人不可或缺的左臂右膀，过度提供帮助既是一种越界和干涉，也是一种剥夺和不尊重。

当然，还有一些原则，虽然不是严格的"教条"，但在疏导过程中也很重要。比如保密原则，保密带来安全感、信任，保护隐私、避免伤害；比如尊重原则，尊重不同的习惯、不同的喜好、不同的价值观、不同的成长速度，有时过于急切地帮忙，也是不够尊重的表现；比如自愿原则，非自愿的心理疏导往往事倍功半，结果被帮助的一方感觉受制于人、压抑，帮助人的一方感觉委屈、"好心当成驴肝肺"。

我们没有把这些原则一一展开说明，是因为它们并不局限于心理疏导，而是更通用、更基础的人际交往原则。如果能常常记着它们，把它们变成生活习惯，我们就能变成更好的自己和更好的助人者。

技 术 篇

心理疏导：
助人与自助之路

chapter four

第四章
心理疏导的操作流程

在本章中，我们人为地划分出了心理疏导的步骤、环节等，这是为了使心理疏导这项技能在学习时更容易上手，但在实际的疏导过程中，其实并不存在明确的环节与环节之间的分界线或一定的先后次序，整个交流过程应该是自然、顺畅的。因此，疏导过程中，保证沟通的流畅性远比刻意地遵循步骤、运用技巧重要。

一般而言，心理疏导可以遵循"建立同盟关系→疏解负面情绪→引导积极行为"的思路，按照"听→说→问→答"四个步骤具体展开。其中，"听""说"两个步骤主要集中于情绪疏解，而"问""答"两个步骤则更偏重在行为引导。虽然沟通中这四个步骤常常会出现循环反复、交替混杂的情况，但"先疏后导，有导则疏"的原则是不变的。

心理疏导的工作思路

建立同盟关系。**关系是一切影响力的基础**。在心理疏导中，建立同盟关系这一过程就像打地基一样重要：根基是稳固的，后续的工作才不会事倍功半。我们要赢得信任，让当事人相信在这里可以得到包容、接纳与支持。这样，当事人才愿意敞开心扉，把真实的情绪和想法展露给我们。建立同盟关系的大忌是陷入"互相争论"的对立角色中。如果疏导员平时好为人师，在心理疏导中则要记得摆正自己的定位——我们是支持者、助人者，疏导的目的是解决当事人的问题，而不是为了凸显自己的智慧，强调自己的正确性。

良好的同盟关系有多重要？有时候，双方的关系营造好了，当事人的问题就已经化解了一半。有些当事人的问题是难以启齿的，他们的诉求也许就是找一个能够放心倾诉的对象，可能在说出自己困扰的那一瞬间，他们就已经松了一口气，心头压着的大石也松动了。

疏解负面情绪。在提到心理疏导的原则时，我们强调过"情绪"的重要性。通常，在心理疏导的过程中，对情绪做工作的优先级，要高于行为和观念上的指导。在一些案例中，当事人没有被实质性的场景困扰，他们会这样描述自己的情况："我就是纠结、拧巴，过不去自己那道坎。"似乎一切都很好，为什么心里总是不舒服呢？其实，这就是没被处理的"坏情绪"在作怪。这种情况下，只要化解了当事人的负面情绪，心理疏导的工作就完成了。

更常见的情况是，情绪直接使得当事人处于低效的心理状态中，或悲伤，或失落，或愤怒……这些负面情绪强度之大，使得他们无力招架，因而无法以平常的思维去看待当前的问题。此时，我们仍然要先对情绪做工作，再与他们一起探讨该如何处理实际遇到的困境。

心理疏导就像开闸泄洪，大部分当事人在卸掉了情绪负担后，就不需要我们再给出专门的指导意见了。我们始终相信，**没有人比当事人自己更了解自身的情况，他们才是解决自己问题的专家**。我们提出的意见可能适合我们的生活情境，但不一定符合他们的需求。对另一些当事人而言，修补开闸泄洪后的大坝还是有必要的。行为和认知上的引导，包括澄清、讲解、示范等，能为迷茫中的当事人厘清思路。

例如，有些当事人面临两难境地，一直在为如何选择焦虑不安，没有系统梳理过两种选择的得失利弊。此时，我们就可以引导他们就这一部分进行澄清。还有一些当事人的困难是缺乏做某件事的经验，倘若我们恰好有类似经验，则可为他们示范自己是如何完成这件事的。但这不意味着他们就要全盘接受我们的经验。请时刻记住，他们才是自己人生的主人。

心理疏导的环节与节奏

心理疏导大致分为"听""说""问""答"四个环节，即倾听、反馈、提问及引导。每一个环节都是不可或缺、不可替代的，有其独特的作用。

倾听是心理疏导的基础。真挚的倾听能帮助疏导员更好地理解当事人的问题内容、陈述逻辑、情绪、需求、目标。如果在倾听这一步有偏差或纰漏，有效的心理疏导就无从谈起。

反馈是推动疏导过程的动力。诚恳的反馈能让当事人感受到疏导员在认真地倾听和理解自己，感受到被接纳而非被评判。如果在反馈时态度太轻慢或者措辞太随便，则容易伤害到当事人，让当事人感觉诉说烦恼只是在增加别人的谈资。

提问是促发改变的关键因素。提问可以促进心理疏导的进程，帮助疏导员更精准地聚焦。恰当的提问还可以帮助当事人更好地觉察自身的想法和情绪，思考在问题发生、发展过程中自己扮演的角色。提问环节需要疏导员投入地思考，如果缺少提问，则容易被当事人的思路牵着走，难以窥见全貌，也难以为当事人提供新的视角。

引导是心理疏导的核心。心理疏导要充分发挥助人的影响力，就要最终落到"引导"上。引导不是将自己的想法、观点、经验强加给当事人，恰恰相反，引导需要注意情绪的"抽离"，共情而不代入。即疏导员需要先谨慎地审视自身，是否过分地投入对方的事件中而失去了旁观的理性视角。心理疏导期待的是一种温柔而有力量的指引，不偏颇、不偏激。

心理疏导的四个环节是环环相扣的（见图2）。一般而言，遵循"倾听→反馈→提问→引导"的步骤。不过，这个步骤的先后顺序不是一板一眼的，而更有可能是循环往复、水乳交融的。

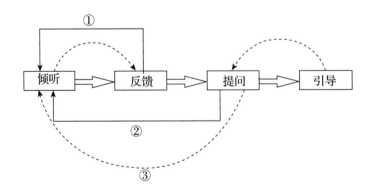

图 2　心理疏导的环节与节奏

例如，当当事人的情绪非常强烈，迫切需要倾诉时，心理疏导通常要在倾听和反馈两个环节多做反复，多下功夫（图2路径①）；当当事人的问题比较复杂，有多层次的需求时，则提问到倾听的循环需要贯穿心理疏导的全程（图2路径②）；当疏导员希望给予当事人更多指导性意见时，则需要更多借助有引导性的提问和有目的性的倾听（图2路径③）。

在心理疏导中，这四个环节没有特定的顺序或分量。什么时候该听、该说、该问、该答，一方面取决于当事人的状态和需要，另一方面取决于心理疏导的氛围和进展。随着经验的积累，疏导员对于这几个环节的应用会更得心应手。

chapter five

第五章
"听"的技术

很多人也许会觉得,"听"还需要特意学习和训练吗?只要长了一双耳朵,听别人说话应该是与生俱来的能力吧?其实不然,在生活中,我们可能会发现,越来越多的人丧失了倾诉的欲望和表达的热情,而更喜欢与手机、网络为伴。其中一个很重要的原因就是懂得倾听的人越来越少了。当我们向外表达时,一再被忽略、被误解,我们就会慢慢闭上嘴巴,紧锁心门。有效的沟通变少了,关系渐渐疏远了,情绪淤堵也就越来越严重了……

由此可见,学会倾听非常重要。它虽然不是深奥难学的本领,但绝非易事。大多数人在听别人说话时,都会不小心进入以下这几种误区。

不听或假装听。"不听"是指别人跟我们说话时,我们完全没有听进去。例如,父母叫正在看电视的孩子吃饭时,孩子完全不想离开精彩的动画片,于是尽管听到了父母的催促声,但完全充耳不闻。"假装听"则是我们摆出了倾听的姿态,但实际上并不在意对方说了什么,思绪早就飘远了。例如,妻子抱怨丈夫不做家务时,丈夫虽然一直"嗯嗯嗯",但压根没往心里去。

选择性倾听。我们经常犯的另一个错误,就是只听自己感兴趣的信息,对不感兴趣的信息则选择性忽略,因此不能完整地理解对方的意思。这种选择有可能是有意识的,但更多时候是无意识的。例如,公司刚刚公布了新的薪酬体系以及附加的考核指标,有些员工一听到涨薪就兴奋,而忽略了后面所说的绩效要求。如果身边的同事特意提醒他,他可能会说:"咳,说那个太扫兴,我没注意,以后再说。"(有意识地选择性倾听)也可能会一脸茫然:"有吗?这部分我没听到啊。是不是你记错了?"(无意

识地选择性倾听）

盲目性倾听。盲目性倾听时，我们囫囵吞枣地分析对方的话语，自以为已经明白了对方的意思，但其实自己的理解与对方的原意相去甚远。盲目性倾听可能是因为听者的理解力不足，或者缺乏自我觉察，惯性地以自我经验为中心，按照自己的意愿去曲解对方的意思，表现得自以为是。例如，朋友聚会时，有人对我们说："你今天这样穿，好特别啊。我都认不出你了。"我们听到的是什么？赞美、惊奇、质疑，还是暗讽？我们听到的这种"言下之意"，不仅取决于说话的人，还取决于我们倾听过程中的"脑补"。尤其当我们面对不同情境、不同对象、不同谈话内容时，却总是听到同样的内容，如被歧视、被孤立、被利用等，就要小心提醒自己，是不是我们习惯盲目性倾听了。

目的性倾听。目的性倾听是指我们带着一个明确的目的听对方讲话。我们抱着冷静、客观的态度，注重分析对方话语中的逻辑事实，旨在得出结论。这种倾听在某些场合是合适的，例如答辩、质询、审讯，但由于这种倾听缺乏温度和共情，在平常的谈天中容易给人一种冷冰冰的感觉。

察觉到我们在倾听中常犯的错误后，在心理疏导中，我们就能有意识地规避这些错误。同一段话，有些人可以从中听到很多信息，再用这些信息去开展后续的对话，让对方感到熨帖、温暖，也就更愿意敞开心扉。那么，如何才能做到呢？

倾听要素：逻辑

听明白对方的陈述逻辑，是"有效倾听"的第一个挑战。要知道，不是每个人的陈述都是条理分明的，尤其是当对方处在强烈的悲伤或愤怒中时，他们的叙述可能很混乱、重复、零碎、跳跃。这时，我们就要努力去厘清对方想要告诉我们一件怎样的事。

首先，我们要把对方的叙述串联起来，厘清时间或事情发展的脉络。整理时间线很重要，搞清楚事情发生的先后次序，能帮助我们找出因果链、转折点、卡滞点。

接着，我们要去努力分清客观事实和主观描述：哪些是实际发生的，哪些是对方假设、猜测、想象的。为了实现这个目标，我们需要关注对方叙述的细节，谨慎地核对，以防自己出现误解。在倾听中，保持中立、开放的立场很重要。中立的关键是，放下自己的身份、观念、心事、目的，全身心地投入倾听，做到"无我"状态的倾听。但放下自己不等同于丢掉自己，即除了跟随对方的逻辑外，也可以保留自己的觉察、意见和看法。当然，不要急于将自己的观点加给对方，倾听只是沟通的第一步。

陈总是王伟的直接主管。同事们向陈总投诉王伟不好相处，经常乱发脾气，偶尔还会动手打人。而王伟则向陈总抱怨自己被其他同事孤立，尤其是被某位工友欺负。以下，陈总扮演了疏导员的角色，王伟是当事人。

王伟：我觉得他就是针对我。那件事明明不是我做的，他一口咬定是我，还到处跟人说是我做的。我很冤枉。搞得现在所有人都不理我。我承认我以前脾气不好，有时候对他们是有些过分，但谁让他们先不理我的。既然他们要和他搅在一起，一块在背后算计我，就别指望我还对他们客客气气的！

陈总：听起来是他先冤枉你，其他人才不理你，原本你跟大家的关系还是客客气气的。是这样吗？

王伟：哼，没有客客气气，我跟他们一向合不来，我不爱搭理他们那种人。

陈总：那他呢？在他冤枉你之前，你跟他相处如何？你是因为被他冤枉，才跟他闹翻的吗？

王伟：我跟他不熟，谈不上相处，要不是他针对我，冤枉我，我才懒得理他。

陈总：你说他在其他人面前冤枉你，具体是谁？你知道他们具体是怎么沟通的吗？

王伟：我没有听到他们具体怎么沟通，但你自己去看看他们的表情，猜都猜得到，他们肯定搅和到一起了。我一靠近，他们就不说话，就盯着我笑。哼！

当事人在开始倾诉时，委屈和愤怒的情绪很强烈，说话含混不清，给人一种摸不着头脑的感觉。我们无法厘清时间线：是先被冤枉，才被孤立，还是因为被孤立，所以才乱发脾气。当事人对其他人的抵触情绪由来已久且有内部原因，处于孤立状态也是由来已久的。厘清时间线很重要，时间线后面藏着因果逻辑。事实上，当事人的表述混乱不是语言能力的问题，而是内在思维混乱的体现。他遇到事情时着急归咎于他人、归咎于外部，缺乏严谨的思考。

疏导员抓住的一个关键点是"到处冤枉我"。但我们需要中立地听，区分出客观事实是"我一靠近,他们就不说话,就盯着我笑",而"他们肯定搅和到一起了"是主观推测,甚至"到处跟人说是我做的"也有待核实。

通过心理疏导,我们可以帮助当事人用更客观的视角看待自己、看待他人,从而缓解对他人的敌意。当然,这个过程不是简单的说教就可以实现的,当事人的偏执可能有更深层的原因,未必都能被"点醒"。我们在后续的技巧介绍中还会慢慢学习。

同时,要严谨用词,尽量使用对方用过的词进行复述,不要急于带上个人立场。

倾听要素:情绪

在心理疏导中,当事人通常是带着强烈的情绪来向疏导员倾诉的,这些感受比语言的内容更加真实和鲜活。有时,当事人会用语言直接表达这些情绪,例如"我真的好生气/难过/失望"。而大多数时候,当事人不习惯也不擅长用词语直接描述自己的感受,而是表达自己的想法。例如"我对他这么好,他怎么可以这样对我",我们要从这句话中听出隐含的愤怒、失望,或者委屈;例如"我实在没法想象这件事我居然办砸了,我都不知道怎样回公司",这句话也许隐含了自责和不安。

因此,疏导员需要在倾听中保持敏感:当当事人说出这句话时,他在传达怎样的情绪?在这些情绪当中,哪个是更急需处理的?当我们听到这些情绪时,我们可以把自己的感受反馈给当事人。如果我们捕捉到的情绪符合他的心境,当事人就会有这样的念头——这个人很理解我,很懂我,他在认真倾听我的感受。

莉莉是一位刚上大二的女生,刘老师是莉莉的辅导员。莉莉的室友向刘老师反映,莉莉最近愁眉苦脸、茶饭不思。刘老师借着让莉莉帮她整理文件的机会,找莉莉来谈心。以下,刘老师扮演了疏导员的角色,莉莉是当事人。

刘老师:我看你今天情绪不太好,是遇到什么困难了吗?

莉　莉:其实也没有什么大事……

刘老师:所以确实有一些让你心烦的事情,可以跟我说一下吗?

莉　莉:(犹豫)我不知道跟您说了之后会怎么样,我不想让别人知道。但是我可能确实需要您的一些建议。

刘老师：谢谢你对我的信任。我能感觉到你的犹豫和担忧，如果你希望我为你保密，我会尊重你的要求。

莉莉：嗯。其实……其实是我怀孕了。这是一个意外，我和我男朋友现在都不知所措，没有任何头绪。我肯定也没办法向谁求助，爸妈一定会气死的。最近他甚至有点不想接我电话，我感觉他在逃避问题，想让我一个人承担这件事情。

刘老师：听起来你处于一个慌乱、无助的状态。意外怀孕让你们都措手不及，而你男朋友现在的表现让你有些失望和愤怒，是这样吗？

莉莉：是的。他跟我说让我赶紧去打掉。他难道不知道流产会给一个女生的身体带来多大伤害吗？他就是不断地催促我去医院，却一点没关心过我、宽慰过我，好像也从来没想过这里面也有他的责任。（哭）我应该怎么办呢？

莉莉在一开始时对于是否要向疏导员倾诉是迟疑的。"没有什么大事"是我们在生活中经常遇到的一种很有趣的表达，说话的人自己都不一定能意识到，这句话背后同时蕴含着拒绝和邀请，既有对他人追问的敷衍和回避情绪，又留有一丝余地，怀着被接纳的期待。而刘老师敏锐地捕捉到了这两种情绪，用信任、犹豫、担忧等词语较准确地反馈给莉莉，并保证不会将二者之间的谈话外传。因此莉莉放下了担忧，开始谈自己的困扰。在后半部分的谈话中，刘老师感受到了莉莉的慌乱、无助、失望、愤怒，并结合莉莉的谈话内容，进行了反馈。莉莉感到了刘老师的理解，情绪就完全释放出来了。

反之，如果刘老师把倾听的重点都放在客观事实上，只听到怀孕、打胎之类"吸引眼球"的内容，就很容易忽略莉莉的感受，贸然给出所谓的指导和建议。而莉莉感觉不到足够的尊重和理解，会收回对刘老师的信任和期待，退回到消极回避、自我辩解或敌意反击的防御机制中，就算是有意义的指导，也往往听不进去。

有时候对话中的情绪不仅仅是"听"出来的，还要依靠很多非言语的线索收集信息。比如，不自然的面部表情，与言语内容不协调的肢体姿势，说到某个人名时突然上升的语调，下意识加快的呼吸频率……对情绪的觉察是心理工作者最重要的基本功之一。

倾听要素：需求

听明白了对方在说什么，对方在以怎样的情绪叙述，我们对于"深度倾听"这项技能就算入门了。但除此之外，我们还需要理解对方隐藏在话语背后的需求是什么。身陷困境的人们通常在表达中蕴含了大量的信息。情绪和故事的背后，有意或无意地透露着他们的需求。听懂了他们的需求，才能厘清情绪的来源，为后续的疏导工作找出方向。很多时候疏导工作劳而无功，不是技术上的问题，而是一开始就迷失了方向。

敏妈是两个孩子的母亲，一位家庭主妇。阿敏是她的大女儿。敏妈对于丈夫在家不做家务一事深有怨言。以下，阿敏扮演了疏导员的角色，敏妈是当事人。

敏妈：女儿，以后你要找老公，千万不要找你爸爸那样的。

阿敏：听起来你对爸爸有一些不满。

敏妈：可不是吗？一回到家就跷起二郎腿看电视，家里活全都是我干的，做饭洗碗拖地洗衣服，从早忙到晚。你爸爸可好，让他干点活就说自己上班有多累，我平时带孩子做家务就不累？真是把我气死了。

阿敏：(试探地)那你和爸爸谈过这个问题吗？

敏妈：没有，跟他没办法交谈。一说他又该说我不体谅他，那谁来体谅我啊？

阿敏：你希望爸爸可以理解和肯定你在家里的付出，希望他在家里也能帮你做一些家务，是这样吗？

敏妈：是啊。他现在的态度就好像我是靠他养的，吃他的穿他的，理应事事听他的，做一个尽心尽责的好保姆。他对家庭的贡献是贡献，我对家庭的付出就不是付出了？我的意见就不重要了，跟不上时代了？要不是当时商量好了我在家里照顾你和弟弟，我继续上班，混得也不比你爸爸差。

阿敏：嗯嗯，爸爸现在的态度让你不满，你希望他承认你的能力，尊重你的意见和观点。

敏妈：是的，至少在孩子面前不要总说我没见识。

母亲向孩子抱怨自己从早到晚做家务，而丈夫从不帮忙——这个场景似乎在很多家庭都很常见。很多时候我们会以为，发出这类抱怨的母亲，她们的需求是希望有人可以帮她们分担家务，减少她们的工作量。但当孩子和丈夫真的开始帮忙做家务时，她们又常常插手打断，指责挑剔大家"帮倒忙""还不如不做"。看起来自相矛盾的言行，是因为她们真正的需求不是放松，而是被关注、被肯定、被赞扬、被尊重。对话中的这位母亲认为自己为家庭做出的牺牲和贡献没有被看到、被赞扬，相反，丈夫因此而看轻她，所以她有很深的怨念。如果孩子没有理解到这一点，可能会以为帮母亲把家务做了就可以解决母亲的烦恼，那这位母亲心里的愤怒、委屈就难以找到释放的渠道了。

怎么分辨抱怨的背后到底是希望得到帮助，还是得到肯定？我们可以多留心听听这位母亲的表述中，关注点是放在"疲惫感"还是"失落感"，情绪基调是"焦虑"还是"委屈"。

我们要时常记着，抱怨的背后是未被满足的需求。有期待才会有失望，失望带来受挫感、无力感，于是衍生出各种不满、愤怒、指责、抱怨。但我们不要被这种种负面情绪吓跑，它们的存在不是为了伤害和报复，只是为了提醒我们，找出那个未被满足的需求。

有时候当事人会有意识地隐藏自己未被满足的需求，因为他们害怕被拒绝、被漠视，因而选择不说出口。还有些时候，当事人的隐藏是无意识的，他们自己都没能清楚地觉察自己的内在需求。比如上文中的敏妈，如果被尊重的需求总是得不到满足，还受到丈夫或孩子的冷嘲热讽，出于自我保护的本能，也许她会开始学习忽略自己这个永远无法被满足的需求，说服自己"女人就要认命"，麻痹自己"他们对我已经够好的了"，或者催眠自己"我需要的只是找个人分担些家务负担"……

这种无效的替代补偿模式，在很多过度追求物质、权欲的人身上也屡屡被验证：以为自己想要的是金钱和权力，努力追求、不计代价，也一再成功获取，却越来越感觉不到满足和愉悦，才明白自己真正想要的是获得金钱时的成就感和被爱、被关注的优越感，而脱离了这些需求的金钱、权力，再多也无济于事。如果我们能帮助当事人澄清自己的真实需求，才算是真正听明白了他们的表达。

倾听要素：目标

听目标和听需求之间有微妙的区别。有时候当事人的需求和目标是一样的，如某位员工向上级抱怨自己工作多薪酬少，他的需求和目标都是自己的能力、贡献可以得到上级的肯定和嘉奖。有时候当事人的需要和目标是有出入的，需求是他们内心深处渴望的最理想的情况、结果，但由于这种需求是无法被满足或难以被界定的，因此他们有了可操作性强的或更具体化的目标。

为什么我们在听懂需求之外，还需要听懂目标？因为有些当事人过于沉浸在负面的抱怨、哭诉中，不能正面思考，他们的需求被反复提及，而目标则夹杂在情绪和需求的表述中，被轻轻带过。因此疏导员需要多加练习，听到这些不太被明确表述或未被当事人厘清的目标。

小赵在怀孕八个月的时候发现相爱多年的丈夫出轨了。小林是小赵的好友。以下，小林扮演了疏导员的角色，小赵是当事人。

小赵：（哭）我该怎么办？（几次深呼吸）他在外面有其他女人，我昨天亲眼看见的，他搂着那个女人进了酒店。我站在那里眼睁睁地看着他们走过去，发不出一点声音。我觉得我浑身都在发抖，就像突然掉进了一个冰冷的深渊一样。我怀着孩子，身体经常不舒服，还体谅他加班给他煮夜宵，他怎么可以这样呢？我那么相信他！

（小林给了小赵一个拥抱，抚着小赵的背让她放松下来）

小林：这种被欺骗、被背叛的感觉一定特别难受，他的做法太让人寒心了。

小赵：我要到他的单位去闹。我要让他的领导、同事都看清楚他的真面目。

小林：你这样做希望得到什么结果？对于你们的婚姻、你和孩子以后的生活，你有什么想法？

小赵：（迷茫）我没想过……这段婚姻是没办法维持下去了。我希望我和孩子至少能活得好一些，然后和这个男人断个干净。

小林：所以你希望跟他离婚，并且孩子可以跟你一起生活，此外，你们生活的物质条件可以得到保障,是这样吗?

小赵:是的。所以……所以……我不能立刻去闹,我要稳住……我要收集证据。这样以后离婚的时候法院就会更倾向我。孩子的抚养权我要拿到,该分给我的钱也一分不能少!

当事人目睹信任的丈夫出轨,处于被欺骗的愤怒中,也有自己辛苦怀孕、付出,却遭到背叛的委屈。在强烈的情绪下,当事人的需求是让丈夫和第三者身败名裂。但让出轨的丈夫受到惩罚的形式不止这一种,且这种方式不一定最符合小赵的利益最大化目标。疏导员在共情的基础上,引导小赵去思考与自己未来相关的打算,即更理性、更可行的目标。

如果说需求指向情绪的来源,目标则指向未来的行动策略。如果疏导员与当事人对行动规划的目标出现分歧,怎么办?比如,当事人认为应该离婚,疏导员认为这样太草率;疏导员建议通过沟通解决问题,而当事人坚持打官司让对方身败名裂。越是这种时候,疏导员越要提醒自己,不带预设地听,充分尊重地听。听到那些看似不合理的目标背后,是指向什么样的未被满足的需求,这些未被满足的需求中又饱含着哪些未被理解的情绪。先疏后导,只有先听到当事人的情绪和需求,让他们感受到足够的被理解、被尊重,才能帮助他们真正走出非理性的行为模式,重新考虑行动的方向。

练习 倾听

关于倾听的误区和倾听的四个要素,你都记住了吗?你有信心在避开所有倾听误区的同时,听懂对方的逻辑、情绪、需求和目标吗?多做以下的练习,可以帮助你逐步提高倾听中的敏锐性。

1. 以 3~5 人为一个团队进行练习,找一个完整的时间段和一个安静的交流空间,大家围坐在一起。

2. 每次由其中一个人作为当事人,述说一件最近烦心的事情。事情可大可小,可视团队的熟悉度自主把握开放程度,但陈述过程尽量真实、详细。

3. 当事人暂时退出围坐的圈,坐到一旁安静听。其他人依次说说自己刚才都听到了什么。可以自由发言，也可以根据下面几个问题的提示逐条澄清。

(1) 用一句话或几个关键词描述"在当事人身上发生了什么事情"，你会怎么说？当事人的表述中，哪些是客观事实，哪些是你希望进一步求证的细节？哪些是因，哪些是果？（听逻辑）

(2) 如果你是当事人，面对这件事情你最主要的情绪会是什么？你有没有注意到当事人怎么描述自己的情绪？除了当事人自己说出来的，你认为他对这件事情还有什么情绪吗？（听情绪）

(3) 这是事情对当事人而言有什么意义？何以会让他如此烦恼、愤怒或伤心？当事人未被满足的需要是什么？（听需求）

(4) 如果你是当事人，你希望事情变成什么样子？当事人希望什么人做出什么样的改变吗？当事人最担心的情况是什么样的？（听目标）

4. 对比一下自己和其他人的回答，看看每个人的答案之间的差异，有差异不一定意味着有对错，但这些差异能提醒自己是否存在遗漏、曲解、选择性倾听或盲目倾听等情况，从而检视自己在哪一方面还有改善的空间。

5. 等所有人都分享完后，再邀请当事人坐回圈子里，让他根据自身体验谈谈"刚才哪些发言让你额外感觉到很舒服，感觉到被理解、被尊重、被支持？"毕竟，当事人的感受才是最真实、直接的反馈信息。

chapter six

第六章
"说"的技术

疏导过程中，我们一边全心全意地倾听，一边也被期待着做出一些反馈和回应，这就是"说"的技术。

疏导员开口说出的最初几句话，就已经决定了当事人有没有兴趣继续说下去。有时我们会发现，给出回应是一件很难的事情，即便我们听出来了对方的需求，也不一定能给出让对方觉得舒服的回应。不恰当的反馈会打压当事人的倾诉欲望，他们或者失望地说"你不理解我"，或者敷衍地说"你说得都对，我无话可说了"——情绪没有得到疏解，哪怕现实层面的冲突有所缓和，也不过是扬汤止沸而已。

从疏导的角度来看，最不恰当反馈是：

这有什么好难过的？
你说的这些都是小事。
你想这么多干什么？
你这是自寻烦恼。
你别理他不就行了
其实你不用说，我都懂。
你跟我说这么多有什么用？
……

它们的共同点在于缺少共情，听在耳朵里，字里行间仿佛都是"住口，你（和你的感受）对我而言不重要"。堵住了口，就堵住了情绪的流淌，也堵住了疏导的可能性。

但也有人委屈地说:"我是脱口而出的,是真诚表达,不是我不想帮助他们,而是他们所谓的烦恼、愤怒、悲伤,真的就是些鸡毛蒜皮的小事,就是些无事生非的念头,明明不去想就好了。"

那么,究竟什么样的烦恼才是"值得烦恼"的?让我们一起来看看以下的对话,我相信在很多家庭中都有类似的场景。

爸爸:你就是不懂感恩、不肯吃苦!不就是读个书吗,还天天那么多抱怨?想当年我像你这么大的时候,饭都吃不饱,哪里有人替我操心学习的事情?你现在条件这么好,还不懂得珍惜,整天喊苦。你是没吃过饿肚子的苦!

儿子:我宁可吃饿肚子的苦,也不想要天天被逼着学习、考试、排名次,压力太大了。你小时候多自在,都没人管你。

爸爸:哼,那是因为你没有真正被饿过,不知道到底有多可怕!

儿子:你也没有真正像我这样被逼着学习过,你也不知道学习压力到底有多可怕!

爸爸:你那点压力算什么?你来试试养家糊口,背着几百万元的债务。

儿子:那你来试试一天到晚都被人指着鼻子骂,做什么都被挑刺儿。

……

究竟什么样的痛苦才是"值得痛苦"的?饿肚子和被逼学习,哪个更可怕?究竟什么样的压力才是"值得抱怨"的?背负家庭责任和不断被指责、挑剔,哪个更无法忍受?

其实对每个人而言,自己的痛苦,正在经历的痛苦,就是最"值得痛苦"的。而共情技术,恰恰就是提醒我们跳脱出自己的位置,尝试去真正理解对方的痛苦。**每一份情绪都是真实而值得的,即使你不认同它的事实基础,也可以尝试接纳情绪本身,这份接纳才是化解情绪的关键。**

从这里开始,我们要引入一个很重要的概念:共情。共情又称为同理心,最早由美国心理学家罗杰斯提出,指的是能**深入他人主观世界,了解他人感受的能力**,或者理解为能够设身处地地用对方的眼睛看事情,用对方的思维方式理解事情,感受着对方的感受,就像自己亲身经历着一样。

有一首歌中唱道："因为爱着你的爱，因为梦着你的梦，所以悲伤着你的悲伤，幸福着你的幸福；因为路过你的路，因为苦过你的苦，所以快乐着你的快乐，追逐着你的追逐。"这描述的就是具有共情特质的亲密关系。

共情是一项重要的心理疏导技术，可以说是"心理疏导的瑰宝"。但共情更大的意义在于，人们正是通过共情才得以互相理解、互相支持、互相体谅。共情对任何人来说都是一种重要的能力，擅长倾听，可以对他人做出共情反应的人，往往拥有良好的人际关系。很多人格障碍患者，人际关系之所以恶劣，就在于他们缺乏共情能力。比如，反社会型人格障碍患者，他们看到有人被伤害时，不会有共情，反而觉得很开心。

正常人或多或少都具有共情能力，而心理疏导中，我们要更系统且有意识地运用自己的这种能力。那么，具体怎么"说"，才是共情地说呢？**使用倾听技术完整理解当事人表达的内容、情绪和需求，把这份理解用有内容、有参与、有力量、有余地的语言反馈给当事人，让他感受到我们的真诚关注，并帮助他从这份反馈中获得重新审视自己的角度。**

其实在第五章"'听'的技术"的示范里，疏导员就多次运用了共情的技术。好的共情能让对方感到被理解、被抱持，感到又安全又温暖。在心理疏导中，我们应时刻记住共情的重要性。以下几个反馈要素，也都需要建立在共情的基础之上。

有内容的反馈

反馈是贯彻在倾听的过程中的。心理疏导技术应用在现实对话中时，很少出现一人一句、动静皆宜的情境，很多时候当事人一边说，一边就在不断地用眼神、姿势或突然中断的空白，邀请我们加入对话，提供反馈。通常当他们说着说着身体前倾、抬眼对视时，说明他们在等待一些反馈；而当他们说着说着就身体后仰、回避对视、手势加大等时，说明他们不希望被打断，不需要正式的反馈。

不正式的反馈只需要一些"嗯""啊""哦""呀""是吗""对哦"之类的语气词，伴随着自然的表情和体态变化即可。这些语气词可以提供给当事人一份安心。如果是使用电话、视频之类的沟通方式，请自觉增加不正式反馈的频率，否则我们很快会发现，当事人总是在中断诉说，补充几声"喂，喂，你还在吗，能听到吗？"

当然，这类反馈不必刻意，太过夸张也会适得其反。

但正式的反馈很重要。在听完当事人的一段叙述后，我们不必急着摆立场或者给建议，但的确应该开口表达我们的理解。反馈不仅要表达出对当事人叙述内容的完整把握，更要体现出对当事人的感受及其程度的准确体验。按照共情的深入、准确程度，我们可以把共情反馈分为三个层级（见表1）。

表1 共情反馈的层级（部分）

共情层级	共情程度	反馈时"说"的状态
一级共情	完全没有理解当事人	反馈中没有体现出当事人说话的内容，也没有说出当事人的感受，完全感受不到理解
二级共情	部分理解当事人	反馈中只是抓住了当事人说的部分事实，鹦鹉学舌地简单重复，没有抓住核心感受，让人感觉理解程度较低
三级共情	完整理解当事人	反馈中完整复述了当事人说话的内容，也准确理解了当事人的感受，说出了当事人当下的情绪状态，让人感觉被听到、被听懂

下面我们通过一个案例来展示不同层级的共情反馈。

小罗：我一直觉得我离P大学很近很近，只要我高考正常发挥就可以。哪怕发挥得稍微差一点，至少J大学、N大学都可以读。可是万万没想到，我最擅长的数学考砸了……真的很不甘心、很不服气。为什么今年高考题这么简单？根本体现不了每个人的真实水平。现在好了，差一分排名就能差好几百，数学最后的大题，我的解题思路全错了。而且为什么要以一次的分数定成败？那些平时根本就排不到前十的人这次考得都很好。看到他们在群里开心地讨论去哪里玩，讨论报志愿的事就很想哭，又很气自己为什么就是这一次没发挥好。我也没有很难过，就是很多事情想不明白，怎么就落到这个地步？我本来想复读，坚决不读那些我看不上的学校，但是我爸妈都不让，他们觉得我这样的心态明年再考可能也是一样的结果，还说我现在这个成绩也不算差。拜托，他们懂什么，我是可以上P大学的人，凭什么要让我去上A大学？我从来都没想过自己有朝一日要沦落到考虑A大学。和爸妈已经吵了几天了都还没结果，我都要气死了，为什么他们不能相信一下我，支持一下我？为什么就觉得我下次还会考不好呢？

反馈1：你为什么感到这么难过呢？

反馈2：你一向成绩优秀，想不到高考却遭遇了"滑铁卢"。

反馈3：因为高考发挥不如预期，你感到很不甘心、不服气。气自己发挥不好，气考题设置不合适，也气父母不够相信自己，对于未来要不要复读也没做好决定，所以感到很烦乱，是吗？

关于反馈1：你为什么感到这么难过呢？

疏导员的"说"，让人感觉他根本没有在"听"，没听懂当事人的陈述。当事人一直在表达自己的遭遇和情绪，疏导员还问出这个不妥当的问题。显然他不但没有留心倾听，而且还完全忽略了当事人所表达的重要感受。这属于最低层级的共情，或者说，没有共情。

关于反馈2：你一向成绩优秀，想不到高考却遭遇了"滑铁卢"。

疏导员的"说"，部分概括了当事人陈述的事实，但只有内容上的复述，缺乏感情的响应。从这个反馈中，可看出疏导员属于选择性倾听，对当事人的情况了解得不够全面，对当事人的感受也未有识别。这属第二层级的共情。虽然第二层级的共情听起来只是鹦鹉学舌，但也已经能够发挥不少促进沟通的作用了。它能帮助疏导员向当事人展示"我一直在，我愿意继续听，你安心说。"就好像通话信号不好时，我们很希望电话那边哪怕只是规律性地飘过来一两声简单的"嗯、嗯"，都能给我们继续说下去的信心。**陪伴是最有力的支持，共情是最有力的陪伴**。当然，选择性倾听和选择性反馈还是有些隔靴搔痒，意犹未尽，尤其很多时候听到的和反馈到的部分未必是当事人当下最关心、最担忧的内容。

关于反馈3：因为高考发挥不如预期，你感到很不甘心、不服气。气自己发挥不好，气考题设置不合适，也气父母不够相信自己，对于未来要不要复读也没做好决定，所以感到很烦乱，是吗？

疏导员的"说"，与当事人所表达的内容和感受比较一致。疏导员能够敏锐、全面地听到故事中直接描述情绪的那些词语，然后严谨地用当事人自己的说法反馈给他，如不甘心、不服气等。这样的反馈就达到了三级共情的水平。反馈时多多使用对方刚刚用过的词语，既是一种"我在认真听"的表态，也能让当事人感觉疏导员的话很亲切、熟悉、接地气。熟练应用有完整内容反馈的方式去"说",能够推动双方的对话像流水一样自然而顺畅。

有参与的反馈

疏导员的"说",除了表达出"我听到了",也要适时地表达出"我认同你"。因此我们不能只反馈倾听的内容,也需要适度地开放自我,表达出自己对当事人所陈述故事的个人参与,尤其是个人情感的参与。

使用心理疏导技术时,我们不是语言机器人,而是有情绪、有感觉、有参与、有人情味儿的父母、领导、老师、闺蜜、同事等。成长为疏导员,努力的方向不是越来越冷静、专业,而是越来越温暖、有支持力。

感受一下这两句反馈的差异:

我听出你很生气。

别说你,我听到都气死了。

如果你是当事人,哪个反馈更能给予你支持?显然是后者。疏导员的自我开放和真诚表达,既是对当事人的有力认同,也给了当事人很好的示范,引导当事人勇敢面对自己的情绪(又不被情绪淹没/冲昏了头),不羞于承认,不回避谈论。否则,当我们引导当事人要接纳和疏解自己的情绪时,我们自己又是如何直面自己的情绪的呢?

对应前文的当事人小罗,我们可以在反馈内容力求完整之后,再加上一些有人情味儿的回应。

反馈 4:这个结果打击太大了!感觉生活一下子塌了,所有规划都打乱了,对自己也没信心了,以后该怎么办?哎,我听了心口都一揪一揪地疼,好难过……怎么面对父母和以前的同学,除了强撑着一口气,都不知道怎么办才好。

疏导员的反馈中不自觉地模糊了主语,有时像是在表达自己的感受,有时又像是在替当事人表达他自己的感受。深入理解当事人潜在的情感,不仅说出了当事人已经表达出来的内容,还超出当下,准确说出了当事人尚未表达或无法表达的"字面之外"

的感受，让当事人感觉到不必言说的默契。

但是，请注意，认同不意味着现实立场上的无条件支持，更多的是情绪、事实上的接纳。

我们再来感受一下这两种说法的差异：

他们怎么能这样对你，我也恨死他们了。

你怎么可以被这样对待，我好心疼你。

如果你是当事人，哪个反馈更能给予你支持？前者"同仇敌忾"的表达，当然很解气，能让当事人感受到全方位被认同，但也错误示范了"感情用事"的做法，只是重复了当事人以往的处理方式。你确定只听当事人的一面之词就可以下判断了吗？你确定当事人希望你卷入"裁判"的角色吗？你确定自己已经能够给事情的双方下定论了吗？生活中充满了不确定的因素，我们避免过早"站队"，才能帮当事人也保留住改变立场的各种可能性。而在所有不确定因素中，有一种是确定的，那就是"你值得被心疼"。无论他们做得是不是错的，无论他们是不是迫不得已或心存恶意，受伤的感受是真实的，是值得被呵护和安慰的。所以，后者的反馈是心理疏导中更推崇的工作方向。

不必在故事中"站队"，而是在情感上接纳、共鸣、分享。

对于初学心理疏导的人，有个额外的小建议。当你发现努力倾听却仍然无法理解对方的情绪、需求或目标时，可以试着放松自己，多觉察和表达"听了你的叙述，我此刻的感觉是有些愤怒/悲伤/沮丧/疑惑/混乱"，而不必硬生生去猜对方的心思。有参与，就是真诚表达，就是有人情味儿。哪怕直接说一句"我努力想要跟上你的思路，但我可能真的理解不了你的处境"，也比口头禅一样轻率地说"我理解你"更显真诚。

"我理解你"是一句被泛滥使用的安慰剂。如果疏导员真的理解当事人，不能只是简单地给出这四个字，而要把自己的理解化成具体、准确的描述，有内容、有参与地说给当事人听。它会像沙漠里的甘泉，渗入当事人的心田，而当事人会舒服地长叹一声，告诉疏导员"你理解我"。当"理解"从当事人的嘴里说出时，才会真正有意义、有力量。

有力量的反馈

心理疏导与心理咨询不同，如果说咨询师是一面价值中立的镜子，那么疏导员则难免（也应该）带有更多的自我立场，用说话的方式发挥必要的引导作用。当我们对事情的看法和做法与当事人不同时，怎么说他才愿意接受？

让我们先把这句法则放在心里：**关系是一切影响力的基础**，越有安抚性的关系，越能发挥影响力。过早、过多、过强硬地展示"我要说服你，我要改变你"时，当事人总是不由自主地被推到"我要证明自己，我要保护自己"的角色上。相反，当我们在反馈中提供充足的肯定、认同时，当事人感觉不需要为自己辩解，不需要小心翼翼地自我保护，节省下来的心力就可以用于自我反思了。这就是反馈中两种不同的力量感，我们应该尽量多使用"太阳的力量"，而不是"北风的力量"。

北风与太阳为谁的能量大而争论不休。它们决定，谁能使得行人脱下衣服，谁就胜利了。北风一开始就猛烈地刮，路上的行人却紧紧裹住自己的衣服。北风见此，刮得更猛。行人冷得发抖，便添加更多的衣服。北风刮疲倦了，便让位给太阳。太阳最初把温和的阳光洒向行人，行人脱掉了添加的衣服。太阳接着把强烈阳光射向大地，行人开始汗流浃背，渐渐地忍受不了，脱光了衣服，跳到了旁边的河里去洗澡。

北风的力量犀利、尖锐，仿佛反复在说"别想伪装，我要揭穿你""放弃抵抗，我一定能打垮你"，而太阳的力量稳定、包容，仿佛在说"不必伪装，反正什么样子我都喜欢""不必抵抗，我不会伤害你"。

让我们看看下面的这组对话。

学生：我没什么想说的……
老师：可是妈妈似乎很担心你。
学生：她什么都担心，整天烦死人了。
老师：听起来她的担心让你很不舒服。
学生：当然不舒服，干什么都管东管西，真想让她闭嘴。

老师：你希望她能更尊重你，给你更多的空间。

学生：我都这么大了，自己的事情都可以自己搞定，但她还是一点都不尊重我。

老师：你想让她看到你的成长，更信任你一些。

学生：虽然我也知道我有时候做得不够好。

老师：你希望自己能做得更好。

学生：但你们越逼我，我就越不想承认我有错。

老师：是啊，你们的沟通方式需要调整，这样互相顶着干只会适得其反。

学生：你说得对。哎，我原本没打算说这么多的。

这不是真实对话的记录，也不是纯粹的杜撰，而是现实对话的"摘要"。从这份摘要中我们可以看到，有力量的"说"是怎样发挥引导作用的。这位老师在疏导过程中不断共情学生的感受，没有急于指责或说教，也没有"站队"帮着妈妈说话。否则，学生很可能就一直是"我原本没打算说这么多"的状态。

但这位老师也并不是简单迎合学生的说法，他的反馈中，悄悄地把"烦死人"换成了"很不舒服"（用相对温和的中性表达代替情绪化的负面表达），把"让她闭嘴"换成了"给你更多的空间"（淡化攻击性的表达，挖掘攻击性背后的真实需求），把"有时候做得不够好"换成了"希望自己能做得更好"（多强调目标和需求，明确改变的方向），等等。这些语句中的力量感，体现出心理暗示的作用，把有力度的引导转化成细微的遣词造句，尝试用温和的方式渗透给当事人。于是，学生从一开始的防备姿态，慢慢软化、慢慢开放，也愿意学习自我反省了。

可以想象，谈话后学生回到家中，再次面对妈妈的"管东管西"时，可能不会再像以前一样脱口而出"你烦死了，能不能闭嘴"，而会不知不觉模仿起与老师对话中的用词和态度，"我也想做得更好，但你这样沟通我很不舒服，你能不能更尊重我一点"。无疑，后者的表达会对亲子关系的改善很有帮助。

对应前文的当事人小罗，我们也可以在反馈上多增加一些正面的表达。

反馈5：这样的考试结果真是让人难以接受。但我听到你一直在努力面对，努力寻找考试失利的原因，又很希望自己尽快振作起来，找回信心。你很希望得到父母的支持和信任，是吗？

有余地的反馈

有时，仅仅使用对方叙述中的词语，我们可能无法将倾听到的当事人的更深层、更真实的感受反馈出去。我们在第五章介绍"倾听四要素"时提到过，当事人有意识或无意识地"口是心非"的情况是很常见的。因此，比完整内容反馈更深层次的共情是倾听并反馈出语言和文字之外的情绪、情感（见表2）。

表2 共情反馈的层级（完整）

共情层级	共情程度	反馈时"说"的状态
一级共情	完全没有理解当事人	反馈中没有体现出当事人说话的内容，也没有说出当事人的感受，完全感受不到理解
二级共情	部分理解当事人	反馈中只是抓住了当事人说的部分事实，鹦鹉学舌地简单重复，没有抓住核心感受，让人感觉理解程度较低
三级共情	完整理解当事人	反馈中完整复述了当事人说话的内容，也准确理解了当事人的感受，说出了当事人当下的情绪状态，让人感觉被听到、被听懂
四级共情	深入理解当事人潜在的情感感受	反馈中不仅说出了当事人已经表达出来的内容，还超出当下，准确说出了当事人尚未表达或无法表达的"字面之外"的感受，让当事人感觉到不必言说的默契
五级共情	人性的相遇	反馈中不局限于此时此地此事件的对话，而是关注到当事人整体的生存状态和心灵体验，对当事人的理解比当事人自己还要深刻、精准，让当事人感觉心灵相通、惺惺相惜或一针见血

对应前文的当事人小罗，比完整内容反馈更高层次的共情还有下面的反馈方式。

反馈6：高考失利让你感到很失落、难过，对于未来要不要复读也没做好决定。你现在心里很烦乱，期待从父母那里得到支持和谅解。是吗？

疏导员的"说"，已经超出了当事人字面的内容，甚至有些违背当事人的本意——当事人明确说"我没有很难过"，疏导员却说"你很难过"；当事人表态坚决要复读，疏导员却说他在犹豫；他口中对父母只有气愤，而疏导员说他对父母有期待和愧疚……但偏偏听到耳中又无法反驳，因为这几处矛盾，恰恰不是疏导员听错、说错了，而是当事人内心和言语中反复出现的自相矛盾之处。四级共情所表达的感受已深于当事人所明确表达的内容，即把当事人深藏于言语背后的感受（烦乱）也表达了出来。通过这个回应，当事人可以体会到自己未察觉、未表达的感受，从而直面自己的真实情绪。在人际关系中，我们都渴望着不必言说、心照不宣的默契时刻，而这正是四级共情中当事人常见的感受。

但离开当事人的表述做反馈，也是有一定风险的。我们猜测的当事人的情绪，未必符合事实。为了避免过于主观臆断，语气上要留有余地，等待当事人反驳、澄清或确认。

对应前文的当事人小罗，可能还有下面的反馈方式。

反馈7：看到同学们开心讨论就受不了，是因为心里嫉妒他们，他们反衬着你的失败。对父母的愤怒也只是表象，后面隐藏着你对他们的愧疚和你对自己的失望。所以问题都不在他们身上，最不能接纳你失败的，恰恰就是你自己。你从内心深处就不接纳自己，才那么迫切需要用"好成绩"和"上名校"来证明自己。你这样的心态如果不改，就算复读也没有意义。

从心理分析的角度看，这个反馈似乎更准确而深刻地揭示了当事人的内心状态。日常生活中，过度执着于成败得失的人，往往内心深处是对自我的不接纳。但设身处地想，小罗听了这个反馈以后，会不会感觉不舒服？

事实上，我们常会有一个误解：心理疏导中，共情做得越深入越好，当我们每次的反馈都更贴合当事人的感受时，对他就是最有帮助的。其实，疏导员面对当事人时，往往不需要达到最高层次的共情，很多时候留有余地比一针见血更恰当。

原因一：当事人面对疏导员时，内心也许会保留一道安全防线。因此，在疏导过程中，要让当事人"走在前头"，疏导员温和地跟随当事人主动表达的想法和感受即可。如果在当事人尚未表达时就提前戳破，过早地进行高层次的共情，可能会让当事人感到被看穿、被侵犯，从而产生回避心理，难以再在疏导员面前放松地表达。用当事人听不懂的方式讲出来的道理，都是废话；用当事人不愿意听的方式讲出来的道理，也往往事倍功半。

原因二：高层次的共情要求疏导员非常敏锐地捕捉当事人的情绪，非常精准地使用反馈用词——这对疏导员的心理疏导技术水平有很高的要求。哪怕是经验十足的疏导员，也可能会面临情绪理解错误或回应不准的情况。如果频繁地进行高层次共情但又有失误的话，就会引起当事人的反感或质疑疏导员的理解能力。

由此可见，最高层次的共情，未必就是最合适、最恰当的共情。我们也许已经很准确地捕捉到了当事人未表达或未察觉的情绪，但此时，我们一定要保持谨慎，不要抱着一种"验证一下我是否看准了"或者"当对方发现我这么理解他，一定很欣慰"的念头，就贸然进行高层次的共情回应。三级和四级共情（以前文反馈3、4、5为例）在心理疏导中是最常用，也是最适用的。

当然，我们也可以并应该锻炼自己的高层次共情能力。当我们认为当事人与自己的关系足够好，我们的共情回应会给他带来新的体会和收获时，可以适当地做出高层次的共情回应。

练习　反馈

反馈是建立在倾听的基础之上的。关于反馈的四个要点，你都记住了吗？你有信心在疏导过程中，给出及时、恰当的反馈吗？如何在反馈中表达出完整的内容、有支持的人情味儿、积极的力量和包容的余地？多做以下的练习，可以帮助你逐步提高反馈的共情分寸。

1. 以3~5人为一个团队进行练习，找一个完整的时间段和一个安静的交流空间，大家围坐在一起。

2. 每次由其中一个人作为当事人，述说一件最近烦心的事情。事情可大可小，可视团队的熟悉度自主把握开放程度，但陈述过程尽量真实、详细。

3. 当事人暂时退出围坐的圈，坐到一旁安静听。其他人依次说说自己刚才都听到了什么。发言过程中，可以借鉴倾听练习中的提示，帮助自己整理内容信息，也可以对照下面的提示，逐条看看自己的反馈质量。

（1）简明扼要地阐述自己听到的重要事实，尤其记得尽量准确地描述/复述当事人表达出的情绪，向当事人核对。（有内容）

(2) 觉察自己在倾听过程中产生的感受，评估是否有必要将自己的感受坦诚表达出来。（有参与）

(3) 表达过程中稍微关注语言的选择，将抱怨转化为期待，将攻击转化为目标，尽量使用相对中性的词语。（有力量）

(4) 避免过度冒进，不确定时多等待，或者多询问/澄清。（有余地）

4. 对比一下自己和其他人的说法，看看每个人的答案之间的差异，有差异不一定意味着有对错，但这些差异能提醒自己是否存在倾听上的问题，或者共情表达上的缺失、空洞、生硬等情况，从而检视自己在哪一方面还有改善的空间。

5. 等所有人都分享完后，再邀请当事人坐回圈子里，让他根据自身体验谈谈"刚才哪些反馈让你额外感觉到很舒服，感觉到被理解、被尊重、被支持？"毕竟，当事人的感受才是最真实、直接的反馈信息。

第七章
"问"的技术

chapter seven

在心理疏导中，提问是无法避免的一个环节。如果说"听"和"说"的过程更多关注在处理情绪上，即"疏"，那么"问"和"答"的过程相对而言就有更多理性的参与了，即"导"。

疏为先，如果当事人堵塞的情绪能够通过倾听、共情得到缓解，那么当事人自身的理性功能就能逐步恢复（也就是常说的"冷静下来了"）；导为重，理性功能恢复后，我们就需要陪着当事人一起找出当下困境的具体解决之道。而提问的目的，恰恰就是更有的放矢地倾听，更高效、聚焦地解决问题。

也许有人会担心，在当事人陈述一些略有隐私性质的事情时去提问，是否会显得过于好奇，甚至给当事人一种"八卦"的印象。其实不然，提问除了收集信息这一作用外，还是鼓励表达、宣泄情绪的重要途径。如果提的问题有价值，还可以引导当事人进行反思、总结以及自我察觉。

沟通中常见的提问方式可以分成封闭式问题和开放式问题。

封闭式问题通常包含"会不会""是不是""有没有""对不对"这样的关键词，相应地，它的回答通常以"会""不是"之类的简单答案为主。这种提问方式通常用来收集资料、澄清事实，或者当当事人的陈述杂乱空泛时，用于缩小话题范围，将讨论聚焦于重点事件、重点信息中。

封闭式问题可以帮助我们快速获取需要的信息，但是在心理疏导中，我们不鼓励过多使用封闭式问题。因为在这种提问方式下，当事人只能被动回答，而不能主动表达信息。要打开当事人的话匣子，我们应该鼓励他们自由、自主、积极地表达自己的想法和情绪。如果对话中疏导员一直采用封闭式问题，当事人可能会有一种被"审问"的感觉，因而会压抑表达的欲望，这对心理疏导是不利的。

开放式问题中通常包括"什么""怎样""如何"等关键词，相应地，这类问题的回应通常是开放式的，即答案是难以被预设的。当事人可以自由地谈论他们的情况、想法、情绪等。这类问题能鼓励当事人充分表达自己，使交谈进行得更加顺畅、深入。

和"听""说"一样，"问"也有很多技巧和注意事项。下面我们就来学习在心理疏导中如何提出好问题，如何用提问的方式帮助当事人澄清、聚焦、反思和挖掘潜能。需要说明的是，"问"常常与"听"和"说"融合在一起，不同的技巧并没有必然的先后次序，只是在沟通过程中不断交互融合、循环反复。

提问用于澄清

澄清就是对不清楚、含糊的地方发问，从而获得更加精准的信息。澄清是确保有效倾听的重要方法，是将"听"与"说"串联起来的必要手段。在倾听中最忌讳的是，对于没有听清楚的地方不去追问或核实，而是用猜测的方式理所当然地填补空缺信息，最终难免导致歪曲或误解。

提问用于澄清时，可以用核对性的封闭式问题，也可以用开放式问题。如：

你所说的×××具体想表达什么意思？可以多说一些/举个例子吗？
你所说的×××是你亲眼看到的，还是猜测的？

尤其当身处激烈情绪中的当事人大量地使用"所有人都恨我""我彻底完蛋了""我一无是处""生活失去希望了"等极端化的描述时，我们多使用澄清的问法，如"具体是谁恨你""你哪些地方遇到了困难""是什么事情没做好""是什么事情让你失望了"等，也是在提醒和帮助当事人恢复理性的过程。

小敏：最近一想到过年回家，我就压力好大啊！他们每次一见到我就问工资、问房贷，问我怎么还没找男朋友，一直催、一直唠叨，烦死人了。

小洁：你说的"他们"是指你的爸爸妈妈？（澄清，封闭式问题）

小敏：那倒不是，我爸妈从来不给我施压。主要是我家那些亲戚们。

小洁：具体是哪些人给你这么大压力？（澄清，开放式问题）

小敏：哎，我叔叔、我二姨、我大舅、我姥姥姥爷，还有我表哥他们……我都快被他们烦死了。

在这段对话中，当事人一上来就谈论自己的想法、感受，因而，很多背景信息是含混不清的。此时，运用澄清的提问可以帮助我们更快地了解当事人的情况。抓住当事人描述中表意含糊的词语，让他们进一步细化、明确，尽可能确保双方在使用同一个词时，表达的是同样的意思。例如，"你提到希望领导能更'公平'，你认为什么样才算'公平'？"等当事人具体描述完了以后，我们或许才发现，原来他们想要的不是提薪，而是更多的认同和欣赏。再比如，"我希望活出我自己""我觉得家人的幸福最重要""夫妻间一定要互相信任"之类的话语，背后可能蕴含着不同说话人完全不一样的内容，如果不去清晰地核实，我们很可能早就陷入误解而不自知。

当事人：我老公出轨了，所以我跟他离婚了。

疏导员：听起来你很难过，发生这样的事谁都不想的……（共情反馈）

当事人：哈，你怎么听出来我很难过？我一点儿都不难过，高兴还来不及呢。熬了这么多年，总算摆脱他了，我现在感觉整个人都轻松了。而且两套房子都归我了，这些年的苦也算值得了！

疏导员：所以，你现在的心情很愉快？（澄清，封闭式问题）

当事人：也不是简单的愉快，就是轻松了，解脱了……当然，也不是完全没有遗憾。

疏导员：这个遗憾是针对什么的？（澄清，开放式问题）

当事人：主要是针对孩子吧。

就算是受训多年的疏导员，也不敢自诩一定能准确共情。我们可以用澄清性的提问为自己的反馈留有余地，否则就会出现上面案例中的尴尬曲解。这段对话中，疏导员一开始进行了"套路"性的共情反馈，结果立刻被当事人否定了。好在后续的对话中，疏导员立刻有所调整，明显放慢了澄清的节奏，放下了刻板印象。

"理所当然"是倾听中的大忌，而及时澄清是避免我们理解偏差的最重要手段。

提问用于聚焦

提问的时候,不能天马行空地问,想到什么问什么,否则,疏导的方向会很迷乱。同样,遇到当事人过于天马行空地叙述情况时,我们也要用提问的方式帮助他们将纷繁复杂的情况汇聚到一个需要解决的具体问题上,毕竟心理疏导不是一个"乱枪打鸟"的过程。

提问用于聚焦时,可以用试探性的封闭式问题,也可以用开放式问题。如:

听起来问题很多,别着急,我们来梳理一下,最根本/最着急/最开始/最重要/最困难/你最想说的是哪件事呢?

你觉得有什么是我可以帮到你的?

注意循序渐进,一步一步地推进、核实,一步一步地缩小范围。

Helen 与 Ann 是认识多年的闺蜜。

Ann:你最近经常唉声叹气,是遇到什么问题了?

Helen:唉,我不是不想说,是不知道从何说起……

Ann:那你能不能先告诉我是什么方面的问题?(第一次聚焦,开放式问题)

Helen:感情方面的……

Ann:你恋爱了?他是个怎样的人?(第二次聚焦,开放式问题)

Helen:其实这是最难的问题……她是个女生……我和她偷偷谈恋爱半年多了。

Ann:说实话,我有些诧异。这件事确实比较难开口,这半年你一定很难受。你是在担心家里人反对吗?(有参与、有共情的反馈;第三次聚焦,封闭式问题)

Helen:没那么简单啊。我妈一直在催我结婚,今年变本加厉地给我安排各种相亲。我已经推了很多次了,但为了应付我妈还是会去一两次。我女朋友知道了就很不高兴,整天跟我闹,逼着我跟我妈说清楚。她自己是跟她妈都摊开了说的,但我家跟她家情况又不一样……我有时候觉得她真是不理解我,烦死了,还不如分手算了……

第七章
"问"的技术

Ann：所以，你眼下最大的烦恼是如何跟女友互相理解，还是犹豫要不要分手？
（第四次聚焦，封闭式问题）

Helen：不，不，分手只是气话……其实，我想，我真正的烦恼是怎么搞定我妈。

我们可以看到，在这段对话中，尽管疏导员和当事人早就建立了较深的信任关系，但开始时 Helen 对于自己想倾诉的问题仍然头绪很乱，难以开口。这时，Ann 有意识地连问了几个开放式问题和试探性的封闭式问题，慢慢地打开了 Helen 的话匣子，Helen 的困境、情绪、想法也就浮出水面了。甚至可以说，在回答 Ann 的聚焦问题时，Helen 也越来越清楚自己的情绪和困境，能够更理性地找出问题的症结所在。心理疏导发挥作用，主要在于"引导"，而不是"指导"。

有时候，我们以为自己提出的问题是在聚焦，但当事人却觉得与他们讲的东西无关，让人感觉八竿子也打不着。这往往是因为疏导员太着急切入，把自己的焦点理所当然地当成了对方的焦点。所以，保持有余地的态度，多确认、多核实、多提问，才能避免这种鸡同鸭讲的情况。

女儿：我上周末回外婆家，结果几个舅舅又在为了赡养外婆的事闹得乌烟瘴气，都一把年纪了，他们还整天吵、吵、吵，还当着外婆的面，真让人生气。我妈居然说她是女儿，嫁出去了，她不管。我真是对他们几个人失望透了。

爸爸：那你干吗还喜欢往外婆家跑？你周末没有别的事情做？

女儿：我是想着外婆年纪大了，我和我妈能多陪陪她就多陪陪她吧。但他们天天当着外婆的面争吵……

爸爸：等我年纪大了，你也会经常回来看我吗？

这位爸爸的提问方式就容易让女儿感觉八竿子打不着。女儿显然沉浸在很大的情绪中，有愤怒、沮丧和焦虑，她对这个问题似乎还有很多话想展开来说。但爸爸两次都把话题扯开了，两次反馈和提问所关注的焦点都与女儿的不一致，这会让女儿有一种情绪被晾在一边的感觉。

提问用于质询

质询，简单而言就是探寻原因，找出"为什么这样"和"为什么不这样"的各种答案。带着好奇的质询应该是中立、开放且无预设的，但由于日常生活中的泛滥误用，我们大多数人在被质询"为什么"时，都很容易陷入"被指责""被追究""被责问"的情绪之中。于是自动启动了自我防御、辩解，甚至反击的对话模式。很多出于中立而问出的"为什么"，到对方耳朵里，都容易被误解为暗藏着否定。

例如，"你为什么会这样想"的潜台词似乎是"你不应该这样想"，"为什么发生这种事"的潜台词似乎是"你犯了什么错"，"你为什么要跟我说这些"的潜台词似乎是"闭嘴"。

在日常对话里，"为什么"是使用率很高的词语。经常在想知道事情的原因、人物的动机时，我们就会很直接地问为什么，"为什么会发生这样的事""为什么他今天没来""为什么你要跟我吵架"等。不过，在心理疏导中，"为什么"却是一个不受欢迎的词语。例如，我们试着读读以下这段对话。

小周：我觉得很慌，一想到还有那么多事等着我做，头都疼。但是，明明还有那么多工作没做，我却又忍不住去看视频、刷微博。我觉得自己好差劲啊，为什么一点自制力都没有呢？

小陈：你明明知道还有很多工作未完成，那为什么不开始做呢？

小周：我也不知道……一想到工作就很烦，很没有动力！

小陈：但我听到你说，想到还有很多事没做就很慌，那这种慌为什么没能让你动起来呢？

小周：这我哪知道……别说了，越跟你说我越感觉自己没用了……

我们发现，在这段对话里，小陈两次提问都用了"为什么"。也许小陈这两个问题的出发点是希望了解"是什么阻止了小周去行动"以及"在工作的烦和未工作的慌之间，小周为什么选择了后者"。然而，小周对这两个问题的回应都带有防御性——他很可能觉得小陈是在质问自己、鄙夷自己。因此，如果使用"为什么"一词去询问原因或动机，一定要注意问话的口吻、语气，不要让对方认为你是居高临下的强势者。

不妨试着用其他更委婉、温和的表达来取代"为什么"，如：

是什么让你没有这么做？
你这样做是出于什么样的考虑？

质询尤其适用于这种情况：听当事人讲述他的困境时，我们心里冒出了很明确的"答案"想要给他，总觉得一定能帮他很快解决问题。

实践经验已经一再提醒我们，这种找到明确"答案"的感觉通常都只是陷阱。疏导员兴冲冲地踩进去，当事人反而冷眼旁观："你以为我没有试过吗？你以为我没有想到吗？但我就是做不到／但对我就是没有用／但我的情况跟你不一样。"

但总有一些时候，我们实在克制不住想试试提建议，怎么办？至少要用质询提问的句式，而不是简单的陈述句。如：

你明明可以直接向父母表达自己的感受，是什么让你没有这样尝试？
如果下次他动手打你的时候，你直接报警，你觉得会发生什么？

只有质询的态度足够中立和开放，我们才能获得有价值的信息，避开拥有"答案"的优越感。这不容易。

提问用于赋能

赋能是最具有引导性质的提问技巧之一，主要目的在于通过提问引导当事人发现自身资源，着眼于问题的解决之道。

试想你的一位朋友在某次聊天中愁眉苦脸地向你诉说他的苦恼："我不擅长跟人聊天，每次聊着聊着就陷入了无话可说的尴尬境地。"这时，你会选择怎样提问？

为什么有时候会出现无话可说的情况？（询问原因）
有没有哪一次是好一些的？（询问例外）

大多数人的直觉提问是质询性质的，即上面第一句那样着眼于原因。我们通常希望知道困境出现的原因是什么，然后再根据原因做出改变。然而，这种提问方式容易让当事人陷入问题中，不断去回想、反思那些失败的经历，从而产生更多的挫折感。因此，我们还应该学习使用赋能性质的提问，帮助当事人鼓起解决问题的信心，鼓励当事人从过往的成功经验中获得资源和提示，避免指责、归咎和抱怨，也就是人们常说的"向前看"。

老林是单位里的"老油条"，经常迟到、早退。小欧是他的部门主管，领导要求小欧跟老林正式谈谈。

小欧：我注意到你上个月的迟到次数比较多，是有什么原因吗？（质询，开放式问题）

老林：我也没办法啊，我家住得远，早上起不来……

小欧：你住得远，每天来回奔波，的确很辛苦。但我也注意到，每周五你几乎不会迟到，有时候还来得特别早，是有什么原因吗？（共情性反馈；赋能，开放式问题）

老林：那是因为每周四晚上我爱人值夜班，所以周五早上没法送小孩上学。我得早早起来，把孩子送到学校，然后再直接过来上班，结果反而次次都到得特别早了。

小欧：听起来孩子和爱人是你努力早起出门的动力。你觉得做些什么可以让每周准时到岗的次数更多一些？（有力量的反馈；赋能，开放式问题）

老林：嗯，其实我也在考虑把早上送孩子上学的任务都承包下来，这样我爱人也可以多休息一下，我也不会上班迟到。

上面的谈话中，如果小欧把主要精力都放在"为什么周一到周四你经常迟到"上，显然作为"老油条"的老林早就准备好了各种理由和抱怨的套路，这次谈话的结果很可能仍然像以前一样，不欢而散，没有结果。但当小欧把问题转换到"为什么周五你能准时到岗"时，两人的思路一下子从"找茬"变成了"找资源"。一旦找到了能让老林偶尔准时到岗的原因（家庭责任感），把这个原因巩固和扩大一下，不就可以找到能让老林更经常准时到岗的办法了吗？从老林身上找出来的这个现成的办法，可比我们硬生生强加给他的各种所谓的建议更落地、更有效，也更容易被他接受。

第七章 "问"的技术

抓住例外，提升信心，询问资源，从而得出有效的改善途径，这就是心理咨询中常用的短期焦点解决技术。它重视当事人以往的成功经验、资源、力量、合理可行的目标，即是否存在有效的解决、改变方法，以及这些方法是如何产生的。这样，当事人就可以思考如何做出那些小而有效的调整。

提问用于赋能时，大多使用较有引导性的开放式问题。如：

你有没有在公众面前发言获得了很好的回应的时候？那时你是怎么做到的？

你刚才说你最近精神都很糟糕，那有没有哪天感觉比较好的？那天你做了什么？

你说你和父亲的关系从一次争吵后闹得很僵。那从争吵到现在，你俩有过关系缓和的时候吗？如果有，是发生了什么？

以前你有没有遇到过类似的挑战/情景/困难，你当时做了什么，而让情况没有变得更糟糕？你曾做过哪些有效果的尝试？

这些问句的共同点在于找出例外、挖掘资源，可以引导当事人回想起情况不那么严重的时刻，探寻使得情况不那么糟糕的因素。这种问句同时也向当事人提供了一种暗示：情况不会一直那么糟糕，你曾经有过成功的经验，只要我们一起找回那些亲身经历证明有效的方法并再次应用，我们是有能力摆脱当下的困境的。让我们回到本节一开始朋友求助社交困难的案例中：

朋友：我不擅长跟人聊天，每次聊着聊着就陷入了无话可说的尴尬境地。

你：我想问一下，有没有什么时候你感觉和别人还聊得挺开心的？（例外问句）

朋友：有啊，我跟你就经常聊得很开心。

你：哦？跟我聊和跟别人聊有什么不一样的地方，让你感觉比较好？（质询问句）

朋友：可能是因为我跟你也认识很多年了，在你面前出丑我也不担心你会因此而不喜欢我。我也不用总想着我这句话接得对不对，没有什么压力，想说什么就可以大胆地说。

你：好像在没那么紧张，不用担心自己的表现时，你能跟人聊得不错？（澄清问句）

朋友：嗯……我想一下……好像是的。在火车上我跟陌生人聊天好像也聊得挺开心的，因为我知道这一程结束，我们就不会有交集了，所以比较放松吧……

你：嗯，很好！还有别的什么情况下，你比较能聊吗？（例外问句）

朋友：别的……可能就是聊到我很擅长的话题吧，例如武侠小说……金庸啊、古龙啊、梁羽生啊，我都很了解就可以说很多话，别人也会被我说的内容吸引（笑）。还有篮球吧……哈哈，对于自己熟悉的领域，我还是可以聊的。

在这段对话中，我们发现当事人的情绪越来越放松，也越来越意识到自己其实有过跟别人聊得来的情况——当自己没有太在意自己的表现时以及谈论的话题是自己熟悉的领域时。这些例外能够帮助当事人提升自信，意识到对自己可能有用的资源：放松的状态、熟悉的话题。

有些当事人已经长时间困在沮丧的情绪之中，似乎很难一下子摆脱那种无能为力的感觉，所以对我们提出的"什么时候好"的问题没法回答，习惯于绝对化地说"没有好的时候""每个人都欺负我""随时都是危险的"。这时，我们可以放慢脚步，试着把例外定义为相对而言不那么糟糕，没有变得更糟糕，等等。

提问用于赋能时，还可以使用有赞赏性质的开放式问题。如：

在最近精神状态这么不好的情况下，你是怎么做到每天工作都不出错的？
在家里出了那么多事情的这段时间里，是什么力量支撑你走过来的？
在这么恶劣的条件下，你们是怎么做到没有放弃，坚持把项目往下做的？

提问的背后包含着我们对当事人已经做出的努力和坚持的肯定、赞赏，同时也向当事人传递出一份体谅、心疼和真诚的赞美，引导他们关注自己的努力，给予自己肯定。还是以上面的社交困难为例：

你：你说你在跟人聊天时常常很紧张。在这种情况下，你是怎么做到还愿意继续尝试跟人聊天的呢？如果是我，可能就不愿意再跟不熟悉的人对话了。（有参与的共情反馈，赋能提问）

朋友：唉……确实挺不容易的，但是我总得去面对啊。如果一直封闭起来当个沉默的旁观者，以后估计话会越来越少，自己也会越来越孤僻。我对自己说，多尝试一下说不定就能越来越好，越来越不紧张了。

你：你的认真和努力，真让我敬佩。

朋友：听你这么一说，我觉得我还挺有勇气的。

日常生活中，当事人可能被别人责备不够好或者由于表现不够好而直接被忽视，他们也很容易因此陷入自责情绪当中。很少有人会看到他们"已经努力了"。心理疏导中，我们要常常提醒自己，不能"站着说话不腰疼"，而应该切实地站在当事人的角考虑他们的处境、困难以及所做的努力。每一份努力和坚持都值得被珍惜、被肯定。

知识卡　短期焦点解决技术，构建解决之道

赋能式提问的思路，我们可以借鉴心理咨询后现代流派的短期焦点解决技术（见图3）。台湾的许维素教授在她的《建构解决之道》一书中，对此有深入浅出的阐述。而这项技术应用到心理疏导中，我们可以把它简化成这样的观念：①再糟糕的事情都有例外；②例外的背后就是资源；③找到资源、巩固资源、扩大资源；④对的事情做多了，自然就没有时间做错的事情。

图3　短期焦点解决技术

能不能从糟糕的事情中找出例外，这不仅仅是技术问题，也是信任问题。当我们习惯于"妖魔化"自己的子女、父母、领导、下属或竞争对手时，我们的眼睛是看不到例外的。"小孩子一点时间观念都没有，如果我不催他，他一定会迟到"，而事实上，他在约同学打游戏时从来不迟到，也不需要催促；"每个人都看不起我，都欺负我，想占我便宜"，而事实上，那几个刚入职的同事曾经表现出善意，反而是你瞧不上他们；"我跟他就不是一类人，三观不合，完全没法交流"，而事实上，你们每次不管吵得多凶，一旦到了孩子面前，都极有默契地各自闭嘴，努力维持和平表象。

> 这样的例外有价值吗？当然有。每一份例外背后，都是改变的资源，当事人既然能够创造出一个例外，就一定有机会创造出更多的例外，直到把例外变成常态。约同学打游戏时不迟到，背后的资源是"做自己喜欢的事情时更有行动力"，因此后续努力的方向是如何让起床变成孩子内心喜欢和认同的事情；有几个刚入职的同事表现出善意，背后的资源是"我的年龄和工作资历能帮助我自保"，因此后续努力的方向是加强工作上的震慑力，让别人不敢瞧不起；一旦孩子出现就停止吵架，背后的资源是"我们都很在意孩子，很想做好爸爸/妈妈"，因此后续努力的方向是多交流孩子的教育，争取达成更多的共识。
>
> 小的改变会累积成大的改变，个体的变化会引发系统的变化，这就是例外的价值。

练习　提问

尽量不要单独练习提问，而是把提问练习放在倾听和反馈练习之后。一方面，每一次提问都是为后续的倾听做引导，因此要练习带着澄清、聚焦、质询或赋能的目的提出问题；另一方面，每一次提问也是对当事人倾诉的回应，所以别忘了在提问之前先进行必要的共情反馈。关于提问的四个要点，你都记住了吗？如何用提问澄清逻辑、引导倾诉，推动疏导过程顺畅互动？多做以下的练习，可以帮助你逐步提高提问技巧。

1. 以3~5人为一个团队进行练习，找一个完整的时间段和一个安静的交流空间，大家围坐在一起。

2. 每次由其中一个人作为当事人，一个人作为疏导员，其他人作为观察者。当事人和疏导员面对面坐着，观察者适当后退，全程不打断。

3. 当事人述说一件最近烦心的事情。事情可大可小，可视团队的熟悉度自主把握开放程度。疏导员可以在过程中与当事人自然互动，必要时针对求助内容进行提问。观察者尽可能详实地记录疏导员的每次提问，标注提问的功能，并对提问方向、效果等进行评估。同时，观察者可记录3~5条"如果我是疏导员，我想问的问题"。

4. 对话持续15分钟左右，此后进行第一轮讨论。

（1）观察者向疏导员逐一反馈、核实：我听到你在×××时候提了×××问题，它的功能是澄清/聚焦/质询/赋能，从当事人的回答来看，这个问题的提法可能较恰当/太含糊/太偏题/太生硬。此外，如果我是你，我在×××时候想要提的问题是×××。

（2）所有观察者都发言之后，由当事人给予反馈：刚才过程中，你提的×××这个问题对我触动较大/很有启发/摸不着头脑/很不舒服……

（3）疏导员可以在最后与观察者和当事人进行核实、解释或其他交流。

5. 一轮讨论结束后，小组内可以更换角色，由不同的人扮演疏导员、当事人和观察者，交替循环。

6. 请注意，练习心理疏导技术的过程也是一种疏导，不要在练习中忽视了同伴的需求和感受，只有当疏导技术融入生活中的方方面面时，才能真正从技术变成思维和习惯。

chapter eight

第八章 "答" 的技术

很多时候,当我们完成了"听""说""问"这三步,心理疏导似乎就自然而然地大功告成了。不过偶尔,当事人会希望我们能更进一步,给出更明确的建议和指导:

我心里一团乱麻,你说我应该怎么办?

像我这样的状况,你有什么建议吗?

更激烈一些的时候,他们甚至会带着情绪直接打断我们的反馈或发问:

你说那么多有什么用?你就告诉我,我现在到底应该做些什么?

如何面对这种当事人迫切要求我们给出建议和答案的情况?在进入"答"的技术学习之前,我们务必停下来好好思考一下:倘若心理疏导真的能帮助到别人,那么是什么在其中发挥了作用?

"答"的局限性

虽然每次的具体情况可能不尽相同,但总结起来,心理疏导发挥作用的主要途径有以下六种(见图4)。

1. 情绪宣泄。当事人的焦虑、恐惧、沮丧、悲伤或愤怒,在倾诉的过程中能够

图4 心理疏导的作用途径

得以流动和释放，尤其当倾诉的内容能够被听到、被理解时，心理疏导的效果会更明显、高效。

2. 情感支持。寻求爱和归属是人类的共同需求，越是处于困境中时，我们越渴望跟同类待在一起，抱团取暖。在疏导过程中展示我们的陪伴和支持，能让当事人产生坚持下去的力量。

3. 信息传授。未知可能放大不确定感，增加额外的焦虑和恐惧；掌握的信息越多，相应的控制感和安全感也越强。如果疏导过程中当事人能够获得对问题更真实、全面的了解，那么不必要的焦虑和恐惧就会自然消弭。

4. 模式觉察。有时候把我们推到困境中的不是外力，而是自身固有的思维方式或行为模式。当我们麻木地一遍遍重复相似的错误时，疏导员的面质（当面质疑）可以及时点醒我们，让我们跳出循环，走出困境。

5. 资源挖掘。找到疏导员之前，当事人以为一切都无能为力了；跟疏导员交流之后，当事人发现还有很多办法可以尝试，还有很多朋友可以求助，还有很多经验可以吸取。这不正是心理疏导的价值所在吗？

6. 榜样示范。有些时候，当事人的获益不在于我们说了什么，而在于我们自身。他们看着我们如何直面情绪，如何安慰陪伴，如何包容慈悲，于是也默默地学着用同样的方式对待自己和身边的人，对自己和他人的苛责也就自然化解了。

纵观上面六种作用路径，引导情绪宣泄主要依赖于倾听技术，表达情感支持可以在共情反馈中实现，引导模式觉察和资源挖掘可以在使用质询和赋能的提问技术时实现，榜样示范可以通过真诚的参与性反馈促成，只有信息传授和一部分的模式觉察、榜样示范需要直接的指导、建议。因此，真正需要我们使用"答"的技术的情况远没有想象中那么多，即使是所谓的金玉良言也远没有想象中那么有帮助。时刻提醒自己，尽量回避直接提建议，避免越俎代庖。

没有帮助还不算是糟糕的，更糟糕的情况是"帮倒忙"。

阿兰发现老公手机里有跟其他女生"不清不楚"的对话，但她老公死活不肯承认出轨。她犹豫来犹豫去，不知道该怎么办，想到姐姐比自己年纪大，可能更有经验，决定找她商量。姐姐听了以后十分气愤，她告诉阿兰，自己以前也有类似的经验。当初前夫也是一再出轨、一再辩解，每次都被他蒙混过关，直到有一天真正"捉奸在床"

才认清他的真面目。她教阿兰一定要死咬不放，可以拿身份证到营业厅打印通话记录，可以多从同事那里打探消息，还可以请私家侦探帮忙跟踪、拍照。总之证据越多，以后离婚时越有优势。阿兰照着姐姐的建议做了，结果夫妻俩的关系变得越来越紧张。阿兰老公骂姐姐不安好心，阿兰也开始怀疑是不是姐姐自己婚姻不幸福，所以也见不得自己好，开始渐渐疏远了姐姐。结果，阿兰老公有没有出轨不得而知，但姐妹俩的感情是再难恢复了。

姐姐或许是一片好心想帮忙，但忘了具体问题具体分析，错把自己的经验生搬硬套到妹妹的身上，提了不恰当的建议。事实上，从心理学的角度反思，**但凡我们过于热心时，多半都是因为当事人的故事勾起了属于我们自己的情绪，在情绪的驱使下无意识地借着帮助别人的幌子，试图清算属于我们自己的"旧账"**。妹妹的诉说激起了姐姐内心深处被前夫欺骗的屈辱感，那些屈辱感一旦被唤醒就如熊熊火焰燃烧起来，"过去"与"眼前"的界限模糊了，"我的事"与"妹妹的事"搅和在一起，前夫和妹夫宛如一人，那些不得体的建议就不自觉地脱口而出了。

即使是正确的建议，也可能"帮倒忙"。

没过多久，阿兰老公的出轨行为也被证实了。两人不欢而散。离婚过程中，阿兰因为证据不足没有获得满意的补偿。她很后悔没听姐姐的话。从那以后，阿兰再遇上拿不定主意的事情，都会第一时间去找姐姐商量。即使有时候姐姐给出的建议，阿兰有些质疑，但事后的结果往往都证明姐姐才是对的。这更坚定了阿兰信赖姐姐的决心。而姐姐却从一开始的热心肠变得越来越不耐烦："你能不能不要一点点小事都来找我？你应该学着自己拿主意。""可是没有跟你商量，我不安心。我自己什么事情都做不好……"阿兰嘟囔着说，就像个孩子一样。

姐姐一次次的"答"，从潜意识层面诱导了妹妹一次次的求助、依赖，同时也在不断暗示和强化妹妹的无能感，剥夺了妹妹对自己生活的主导权。这种暗示的伤害性，比失败本身还要更可怕。

需要找人疏导和求助的人，本身就已经处在沮丧感和无力感之中，对自己充满了怀疑。如果我们此时不知道约束手脚，一味地提建议、给忠告，有意无意地把自己置于"我比你聪明/冷静/有经验/有办法"的优越境地，诱导当事人交出主权、俯首称臣，那我们的行为岂不是"乘虚而入"吗？掌握越多的心理疏导技术，越要保持清醒和敬畏之心。

我们摆正了给予建议的态度，再来学习具体的"答"的技术，就不容易误入歧途而不自知了。

传授信息的"答"

必要的时候，可以使用"答"的技巧提供建议。有些建议是针对专门领域的：例如患有身体疾病的当事人希望得到治疗、保健方面的建议；例如身陷官司、纠纷的当事人希望得到司法方面的建议；例如遇到财务问题的当事人希望得到理财方面的建议。这些建议的含金量取决于疏导员具有多少这方面的专业知识和技能。如果自我感觉不能胜任，就需要"转介"，把当事人介绍给我们认为可以并愿意给当事人恰当、有效建议的人——让专业的人做专业的事。

我很希望能告诉你多一些建议，但在这个方面，我的经验也不多，也许你可以去问问×××，看他是否能给你更多、更好的建议。

提供信息时尽量简明扼要，避免长篇大论，模糊了重点。可以多说说每个信息的来源和出处，可以多从自身出发而不只是高谈阔论，或者以相对客观的立场表述，少使用情绪化的词语。这些都是为了增加信息的可信度和说服力。

梅梅是一名刚上初中的女生。同寝室的小姐妹们发现她最近突然变得郁郁寡欢，走在路上姿态也是躲躲闪闪的，仿佛受到了什么惊吓。问了她几次，她都不开口，实在让人着急。直到有一天她自己憋不住了，才哭哭啼啼、吞吞吐吐地开始说。

梅梅：我……我完蛋了……我再也不纯洁了，我不知道如何是好，跟你们说也没用……上周六晚上，我一个人回寝室的时候，我看见了……有个人在路边……好可怕，他突然就跑到我面前脱裤子……我吓死了，一直跑、一直跑……后来我就一直做噩梦……太可怕了，我再也不是好女孩了……

小羽：啊，我上周五的时候也看到他了！就在五号楼后面，经常出现。前几届的人还给他起了个外号，叫什么"五号楼之花"……大家都说他有精神病。

玲玲：我也遇到过，听说他在我们学校附近很多年了，原来还当过校工，后来被大家抓住打了几次，可就是改不了，每隔一段时间就要出来吓人。

小玉：他是暴露癖，这是一种病，不过他也不会伤人，你别理他就行。要不我们给保卫处打个电话？

梅梅听得目瞪口呆。大家的态度有些轻慢，也没有人特地来安慰她，可她却觉得一下子得到了很多安慰，整个人都轻松了起来。

我们不必苛责这群孩子不够共情、不懂倾听，因为即使这样，他们也已经用自己的方式很有效地帮梅梅做了心理疏导。他们用最自然（因此也最有说服力）的反应在暗示梅梅：这件事没什么大不了，而且不只你一个人遇到过。

青春期的孩子处于性发育阶段，对与性有关的事件格外敏感、易受惊吓，又缺乏相关的知识和经验，难免走进死胡同，不必要的恐惧感也越积越多。而当"五号楼之花"、暴露癖这些标签一个一个被提出来时，梅梅心里对这一事件的"妖魔化"自然就越来越少。从这个角度看，我们给青春期性教育的建议就不会是"少教一些，以免吓到他们"了。

引导觉察的"答"

这主要是针对当事人的思维方式和行为模式的。有时，我们会发现当事人有一些他们自己未察觉，或察觉了却不知道该如何改变的固有局限。此时，我们可以尝试用带有面质性质的"答"来引导觉察，用带有示范性质的"答"来引导重构。

需要引导觉察的固有模式主要包括定势和投射。

定势。缺乏对事情的深入思考，每当事到临头，就根据"直觉"或惯性进行某种特定的自动化反应，即使现有的行为方式被一再证明是错误或无效的，也不知道变通、调整，跌进死循环的陷阱，一次次重复同样的行为轨迹。

例如，夫妻吵架，每次只要丈夫一提高嗓门，妻子就不自觉地让步。别人劝她不要害怕，可以坚持多争取一下，丈夫也许只是纸老虎。妻子反而说："我才没有让步，是他说得有道理,我当然就听他的了。"

再例如,有位女大学生谈过多次失败的恋爱,每次都被恋爱对象出轨、抛弃,她哭哭啼啼抱怨自己怎么运气这么不好,老是遇上渣男,却没发觉自己在择偶时一次又一次地被"像父亲那样自由洒脱"的男性吸引,而对"保守无趣的男人"自动屏蔽、无视。陷入盲目的自动化反应的人,往往无法觉察自己固有模式。此时,心理疏导的方向就是用面质的"答"帮助他们睁开眼睛,发现更多的可能性,离开死循环的链条。

这并不是你第一次遇上这种问题,我担心也不会是最后一次,除非你真正明白问题出在哪里,否则下次不过是换一个对手、换一个场景,依然上演同样的故事。让我们一起把这类事情都摆出来,好好看看共同的地方在哪里。

投射。无意识地把自己的想法、需求和情绪转移到别人身上,确信不疑它们就是别人的本意。尤其是某些想法、需求和情绪不能被自己接受,可能承受道德批判的压力时,我们更容易不自觉地把它们投射到别人身上。

例如,考试失败充满自我厌恶的人觉得身边的同学都讨厌自己,等着看自己笑话;对自己家境贫寒感到羞耻的男生,在相亲中总觉得每个女生都嫌贫爱富。

再例如,办公室人际氛围紧张时,同事们互相猜忌,常常能从竞争对手的"只言片语""眉梢眼角"中侦破出敌意和攻击性,但都不愿意承认那不过是自身攻击性的镜像而已。

心理疏导时我们要做的,恰恰是通过面质的技术,帮助当事人把自己的情绪认领回来,承认和疏导属于自己的情绪,同时也能以相对客观的视角看待他人。

我不知道他是不是如你所说的那样自私/畏惧/充满敌意,我更关心的是你的想法。你是不是同意这种想法?如果你也有类似的想法,要不要跟我多说一说?

用面质引导觉察要允许当事人保留意见和质疑。记住,我们更重要的目的是告知,不是证明。只要告知了,就算当事人当下看起来不接受、不认同,也一定有所触动。就像一颗小种子,埋在潜意识里,不知道未来的哪一天就会生根发芽,发挥效用。

引导重构的"答"

重构的意思是用新的视角、思路去看待同一个事物。正如心理咨询的理性情绪技术所强调的，影响我们情绪的常常不是事件本身，而是我们对事件的看法。同样的景色，在有些诗人笔下是"鸟从花里带香飞"，在有些诗人笔下是"感时花溅泪，恨别鸟惊心"；同样的境遇，在有些人眼中是"天将降大任于斯人也"，在有些人眼里是"万般皆是命，半点不由人"。而心理疏导时我们期待能引导当事人用更积极、乐观，或者至少更中性、客观的思维模式，重新定义对自己和外界的看法，重新建构对困境和目标的理解。

大东：昨天下班坐公交车回家，有个老人让我给他让座，我居然没同意。你说我是不是变得越来越冷血了？

小北：你当时是怎么想的？

大东：主要是他的态度太不好了，一上车就拿手指捅我，逼我站起来。一副理所当然的样子，真是一点都不客气。再加上昨天下班的时候我实在太累了，不想站一路回家……结果他干脆就站在我旁边不走了，别人给他让座他都不去。我尴尬死了。

小北：说实话，我挺惊讶的，我认识你这么久，很少见你这么有主意。这跟冷血不冷血没关系，而是你在学着重视和照顾自己的感受，而且顶住了道德绑架的压力，真不简单。如果下次再遇上这种事，你会怎么做？

大东：要依着我原来的性子，估计就不敢再不让了。但听你这么一说，嗯，我想想……我估计可能还是会让，但也要看当时的情况和他的态度。至少我不会有那么多愧疚感了。

上面的对话中，小北引导大东对"不让座"这一行为进行了重新建构。同一行为对不同的人存在不同的意义，显然对大东而言，不让座并不等同于冷血。小北对这个行为的理解是：有主意，顶住压力，重视和照顾自己的感受，不简单的进步。这个理解是符合大东的现实情况的。

需要引导重构的固有模式主要包括推诿、偏执等。

推诿。我们进行引导时,当事人并不都能很快理解自己的固有模式。有些人习惯于把原因都归咎于外界,归咎于客观且不稳定的因素,如别人的恶意、恶劣的气候、坏运气等。偶尔对外归因不是问题,但如果养成了推诿的习惯而不自知,就会慢慢丧失承担的勇气。

例如,刚入职的小职员抱怨工作太忙,天天加班,不仅损害身体健康、影响心情,还占用了自己与女友的约会时间,破坏了两人的关系。每当女友发脾气时,他就苦着脸无奈反驳:"没办法,我也是被迫的,是领导变态,总不能辞职不干吧?"

而心理疏导中,我们就可以尝试通过带有挑战和示范性质的"答",引导他把行动的责任承担起来——是我自己选择了加班,因为我想要获得物质回报/因为我希望得到领导赏识/因为我害怕显得不合群/因为我在储备升职加薪的可能性/因为我目前不打算挑战换工作这件事,虽然我情感上不喜欢,但加班是我权衡思考以后的选择,希望你能认同我的选择。

当我们敢于把行动的责任承担起来,也就自然获得了改变目前行动模式的信心和方向。

你一直在强调你是被迫的,这会让你感觉压力小一些吗?那么你还打算继续这样被迫下去吗?目前这个局面,你愿意承担的责任有哪些?

偏执。思考问题极端化,过分偏重于事物的一方面,不自觉地把事物的某些属性夸大成它的全部属性或全部选项,一旦认定了某个观点或立场,就全盘肯定它的内容,全盘否定其他可能性的存在,缺乏弹性和权衡的分寸。

现实生活中偏执模式的人容易显得古板、生硬,与大家格格不入,他们看似很坚持原则,但他们所坚持的原则却不一定正确或有意义。如果心理疏导中,我们在对方的倾诉中听到了大量的"应该""必须""一定"等词语,或者"一文不值""彻底完蛋"之类的绝对化表述,可能就要试着多使用挑战和重构技术了。

例如,严厉的父亲对儿子很失望,认为他太不"爷们儿",说话做事一点都不干脆,以后一定不会有出息。即使其他人夸儿子心思细腻、学习努力,父亲也坚持"那些都不重要,只有像我这样才算真男人"。在对偏执进行挑战时,直接驳斥容易遭遇短兵相接，我们可以尝试暗度陈仓，悄悄地用更中性的词语替换极端的词语。这一点跟第六章中"有力量地反馈"有异曲同工之妙。

你刚才说的"老板必须对员工公平、公正"，我们能不能换成"我希望老板对我更公平、公正"？你试着重新说一遍，看看会不会有不一样的感受？

不过，如果是恋爱中女友坚持"没及时回电话就是不够爱我"，即使我们知道有些偏执，也不适合直接面质。因为心理疏导中一定要坚持"疏为先"的核心理念。

需要注意的是，儿童期的偏执是很常见的，孩子眼中的世界单纯而绝对，因此应对起来也就可以简单地一分为二、爱憎分明。但成长过程中不断经历的挫败、丧失，会生动地教给他们，成年人的世界没有绝对的好坏，每个人、每件事、每个时刻都是复杂而相互影响的。所以我们对每个人、每件事，甚至对自己，都会产生爱中有恨、又亲近又逃避、又欣赏又妒忌、又怀疑又依赖等复杂而纠结的情绪。当我们无力整合这些复杂的情绪时，偏执就成为某些人的保护伞，毕竟自我怀疑和不确定感会带来持续的痛苦体验。

练习　引导

练习引导时，可以像练习倾听、反馈和提问一样，通过模拟的疏导过程来进行，也可以只使用文字、录音、视频等材料，通过一起分析材料背后需要引导的问题，逐步使引导的方向清晰化。多做以下的练习，可以帮助你逐步提高对自己或当事人身上各种固有模式的觉察。

1. 以3~5人为一个团队进行练习，找一个完整的时间段和一个安静的交流空间，大家围坐在一起。

2. 每次由其中一个人作为当事人，述说一件最近烦心的事情。事情可大可小，可视团队的熟悉度自主把握开放程度，但陈述过程尽量真实、详细。

3. 当事人暂时退出围坐的圈，坐到一旁安静听。其他人依次说说自己从刚才的诉说中发现了哪些可以引导、面质或挑战的东西。发言过程中，可以对照下面的提示，逐条看看自己的觉察敏锐度。

（1）当事人是否存在认知上的片面、模糊？补充收集哪些信息，可以帮助他应对这件烦心事？

（2）是否在当事人身上发现了定势、投射、推诿、偏执或其他固有思维模式？这种模式是怎样影响当事人当下的处境的？

（3）如果我是疏导员，我会这样对他说……

4. 在第一轮发言结束后，邀请当事人回到圈内，逐一反馈每个成员对自己的建议是否有帮助。有哪些建议额外地触动人心或让人不舒服？

5. 一轮讨论结束后，小组内可以更换角色，由不同的人扮演当事人和疏导员，交替循环。

6. 请注意，使用心理疏导技术的人本身也可能存在一些思维定势，不要忘记在练习过程中提醒自我觉察。通过觉察自我，能够更好地帮助他人，同时，通过疏导他人，我们也能加深对自己的觉察。

应用篇

心理疏导：
助人与自助之路

chapter nine

第九章
心理疏导在自我成长中的应用

自我接纳：拥有积极的自我意识

人的一生就如一个漫长的旅行，在旅途中我们会遇到各种各样的人与环境，发展出各种各样的关系。但没有人可以陪伴我们走完全程。对所有人来说，了解自己、接纳自己、喜爱自己都是一个非常重要的议题：如果一个人能够与自己好好相处，他的一生就会充实、快乐、有意义。

一个人在社会化过程中逐步形成的对自我以及自己与周围环境关系的多方面、多层次的认知、体验和评价，我们称为"自我意识"。自我意识是一个人关于自己全部的思想、情感和态度的总和。自我意识由自我认识、自我体验、自我调控三方面构成，也被称为自我的"知、情、意"。这三方面密不可分，对个性的形成、发展起着监督、调控的作用。人的自我意识是随着人生每一个阶段的成长而逐渐发展的：它始于婴儿期，萌芽于童年少年期，发展于青年期，而在成年期得以构建完善。其中，从青少年期向成年期过渡的青春期是自我意识形成的关键时期。在这个阶段，如果自我形象得到良好建立，人就会了解与接纳自己的优缺点，顺利地迈入下一阶段。

拥有健康自我意识的个体，具有以下特点：

一、积极地肯定自我

人都有缺点或短处，要发展自我，明智的做法是正确对待自己的短处，而不是否认、遮掩或回避它们，这只能是自欺欺人。因为自己存在一些缺点就妄自菲薄的个体，整体自信心会越来越下降，甚至连自己原来有的优势也将失去。而积极的自我肯定，则可以最大限度地调动个体的能动性，使其心情愉悦，智力和创造力得到充分发挥，朝着自我完善的方向大踏步迈进。

二、正确对待挫折和失败

一个人在成长过程中，难免会遇到各种各样的挫折。拥有良好自我意识的个体，有勇气面对挫折，认真总结经验教训。在遇到失败时，他们的第一反应不是自我否定或者放弃，而是反思和修正努力的方向，相信自己的能力不是一成不变的，是可以被提高的。

三、保持乐观情绪

在竞争激烈的现代社会中，人们经常面临着各种压力。拥有良好自我意识的个体，也会有很强的情绪调节能力，即在压力情境下，可以保持乐观、开朗的情绪，不对未来抱着悲观的假设，也不将自己的负面情绪转移给身边的人。

自我意识是心理健康的重要标志。心理健康的人对自己有客观的、符合实际的认知，能够接纳自我，却不盲目自负。一个人爱自己和尊重自己是爱他人的重要前提。因此，心理疏导的重要一课，就是帮助当事人面对"自我"难题。

那么，对于受挫后自尊心受到打击的青少年，对于担心性取向暴露后家人无法接受的人，心理疏导工作该如何开展呢？

案例1：考试受挫的自我反思

当事人：李　雷

疏导员：韩梅梅

李雷是一位高三的学生。在高中阶段，他多次获得模拟考年级第一，是同学眼中的"大神"。长期稳定的好成绩让李雷非常自信：自己一定会成为清华、北大的学子。

李雷有自己的学习方式，他认为老师制订的复习计划"太照顾笨学生，拉慢了我的进度"，因此上课时他习惯于做自己买的奥数真题或为参加清华、北大的自主招生做准备。高二下学期，李雷参加了清华、北大的自主招生，目标是获得这两所大学至少 15 分的加分。然而事与愿违，参加清华、北大自主招生的优秀学生很多，竞争激烈，最终李雷没受到这两所大学的青睐，均未获得加分。

高三时李雷发现自己心态出了问题：他明白自己此时应尽快调整自己、备战高考，但很难集中注意力。每次打开书都会想起自主招生面试失败的经历。课间同学们说笑，他经常会觉得他们也许是在取笑自己不自量力，越想越难受。

李雷的前桌韩梅梅发现李雷越来越沉默寡言，不复高一高二时的神采飞扬。于是韩梅梅借请李雷喝奶茶的机会与他谈心。

韩梅梅：李雷，我看你最近好像都不大提得上劲，可以跟我说一说吗？	韩梅梅主动表达关心，李雷一开始避开了正面回答，但又没有明确拒绝。因此，韩梅梅还是可以进一步尝试的。
李　雷：呵……是吗？这么明显吗？	
韩梅梅：你以前给我们讲题都一副"小爷天下第一"的样子，不仅讲原理，讲常规解法，还给我们露一手快捷解题法。现在我一问你题，你语速都变慢了，而且讲完常规解法就结束了，也没什么"这题其实不难"或者"这题其实动动脑子就知道要考什么"之类的点评了。	
李　雷：嗯。现在再说这种话不是让人笑话吗……以前不知道自己几斤几两，现在还能不知道吗？	对情绪进行共情反馈，然后用提问澄清和聚焦，直入主题。
韩梅梅：听起来你很沮丧，最近遇上什么事情了，是自主招生吗？	
李　雷：嗯。你应该也听说了吧，清华、北大都没给我加分。这么丢人的事没什么好讲的。我一直以为自己挺厉害的，到了外面才发现，自己真是太看得起自己了。跟真正的牛人比起来，我什么都不是。	有内容、有参与的共情反馈；用"产生怀疑"替换了当事人较偏激的自我否定用语，这个替换是有积极意义的。

韩梅梅：你对自主招生抱了很大期待，所以受挫的时候让你对自己的能力产生了怀疑。其实这次自主招生的结果，我也替你感到惋惜。

李　雷：你是不是觉得我很可笑？我知道，班上很多人都在等着看我的笑话，看我就像个小丑，平时似乎牛气哄哄的，其实有什么了不起。本来就是个书呆子，除了读书什么都不会。现在连读书都做不好了……还有谁会看得起我？

> 注意这段话，乍一听，似乎李雷正身处很不利的人际环境，但倾听逻辑时，我们要分辨客观事实与主观推测：一方面，青春期以自我为中心的个体容易过度夸大别人对自己的关注；另一方面，他借此把对自己的愤怒、嫌弃投射到"班上很多人"身上。因此后续疏导的重点不在于人际关系，而是自我意识。

理论链接　青春期是自我意识飞跃发展的关键期

美国心理学家埃里克森提出，人的自我意识发展持续终身，但会经历八个不同的发展阶段，每个阶段都有该阶段的核心任务。阶段之间不可逾越，即未完成前一阶段的课题时，就不可进入下一阶段。其中，青春期的发展目标是建立起良好的自我认同，而该阶段面临的危机则是自我认同混乱。

青春期是自我意识发展的关键期。此时人开始清晰地意识到自己的内心世界，关注自己的内在体验；喜欢用自己的眼光和观点去认识和评价外部世界，开始有明确的价值探索和追求；强烈要求独立，产生了自我塑造、自我教育的紧迫感和实现自我目标的驱动力。青年的世界观、人生观、价值观的形成是心理成熟的标志。

韩梅梅：我怎么会觉得你可笑？我只是有些担心你，你这种想法最近经常出现吗？

李　雷：（沉思）是的，经常。这种想法最近总是不由自主地冒出来，让我心烦意乱。其实我知道我在很多人眼里太自负，甚至有人可能会说我很傲，但是这就是我一

> 简单直接的表态，有参与的共情。
>
> 这几段中韩梅梅的反馈都很简短，有内容、有情绪，也有简单的自我暴露，但

直以来所相信的：我觉得我和别人是不一样的，我是……（看了一眼韩梅梅）我是比大多数人更厉害，是应该被你们仰视的。而现在，事实就摆在这儿了，我没我想得优秀，我真的就是一个平均水平的自视过高的普通人。

韩梅梅："普通人"这个想法让你心烦意乱？

李　雷：是的。可能有点"中二"吧。我知道"山外有山，人外有人"，我也一直知道自己不是最厉害的。但是……结果出来的时候还是很难受。我在想，自己是不是太自以为是了？（哽咽）我为自主招生准备了那么久，到头来就像一个笑话一样。我没办法接受，我真的没办法。

韩梅梅：（给李雷递纸巾）这件事让你很难受，我明白的。我们都有过自我怀疑的时候。我还觉得我英语很好呢，结果上次英语竞赛还不是只拿了三等奖。

李　雷：（擦眼泪）我竟然在女生面前哭了，丢人。

韩梅梅：不会啊，每个人都有低落的时候，能哭出来也会舒服一些吧？

李　雷：嗯嗯。（擤鼻涕）哭出来好像是比憋着好一些。
（李雷显得有些不好意思，刻意埋头喝奶茶，韩梅梅没有着急追问，也安静地喝着奶茶，等李雷情绪缓和。两人沉默了5分钟……）

李　雷：哎，我感觉自主招生这件事的后劲儿太大了。过了几个月了我还是没缓过来，做什么事都提不起神来。没参加前，我还跟爸妈保证，无论什么结果都会以平常心面对，但事到眼前才发现根本做不到。前两个月我也跟班主任保证过，说我会调整好自己的状态。但现

不打断对方的倾诉节奏，又充分表示出关注和理解。如果这时候我们急于做评价、讲道理、给建议，当事人的情绪就没法得到充分的表达和宣泄。因此，耐心倾听本身，就是疏导的过程。

在倾听过程中，让当事人掌握节奏，疏导员耐心跟随即可，不必过于急迫、热情。如何在沉默中保持淡定，也是疏导员需要练习的技巧。

这段表述中，李雷已经能够判断出别人的嘲笑不一定是客观事实，更多的是自己的主观感受。

在我无论怎么努力，感觉就是很难静下心来。我总是觉得很烦躁，怎么样都没办法集中注意力。有的时候旁人一说笑，我就不由自主地觉得是不是在笑我。我总是开心不起来。这样下去，我都不知道高考我还能考上什么大学。

> 这是很重要的提示：当事人情绪有所缓解，理性思考能力开始提升。疏导员后续可以尝试更有引导性的工作了。

韩梅梅： 这种挫败感我也经历过，觉得自己一无所长、没脸见人，干什么都没劲。给自己一点时间，慢慢来，先不要给自己太多压力。

理论链接　挫折的构成要素及影响

1. 挫折情境。指个体需求未能获得满足的各种情境或障碍事件，如考试失败、比赛失利、受到讽刺打击、失恋、重大疾病、自然灾害等。

2. 挫折认知。指个体对挫折情境的知觉、体验和评价。挫折认知不一定是对实际发生的挫折情境的知觉，也可能是个体对预设的、想象的挫折事件的认知。个体的知识经验会影响其对挫折情境的知觉判断，因此不同人对同一挫折情境的认知也不一样。

3. 挫折反应。当个体遇到挫折，自我需求不能获得满足时，就会产生相应的情绪反应和行为反应。常见的情绪反应有愤怒、焦虑、紧张、沮丧等，常见的行为反应有回避、退缩、攻击（对外或对内）等。

当挫折情境、挫折认知和挫折反应三者同时存在时，就构成了心理挫折。

挫折的消极心理影响：

影响个体实现目标的积极性。个体在遭受挫折后，情绪会处于不安、焦虑、矛盾冲突等消极状态之中，对自己的能力会过低估计，而对各种困难则过高估计，对目标的达成缺乏信心，从而影响个体实现目标的积极性，逐渐地就会降低个体的抱负水平。

降低个体的创造性思维水平。个体在遭受挫折后，会引起情绪紧张、苦恼、失望等消极反应。如果是重大挫折，还会引起情绪状态的巨变，甚至直接影响神经系统，造成大脑功能紊乱失。

——摘自《大学生心理健康教育实用教程》，黄占华主编

韩梅梅： 自主招生早就结束了，但对你而言还一直没有结束。它对你意味着什么？

李　雷： 意味着我不够优秀，我只是一个普通、平凡的人！

韩梅梅： 我注意到你不止一次提到了这个词，"普通人"。做一个普通、平凡的人，对你意味着什么？

李　雷： （沉默）成为普通人意味着一切努力都白费了，我彻底失败了。我不能成为普通的人，我要很优秀，才能读很好的大学，找很好的工作，过很好的生活。

韩梅梅： 如果你去不了很好的大学，没有找到很好的工作，对你来说意味着什么？

李　雷： （更长时间的沉默）意味着我会让我妈妈失望，让我爸爸失望，让我全家人失望，我辜负了他们十几年的培养，不仅我自己的人生失败了，他们的人生也看不到希望了。

韩梅梅： 让他们失望，对你意味着什么？

李　雷： 意味着我没有被爱的价值了……

韩梅梅： 我听到了一个逻辑——如果你没有考上很好的大学，没找到很好的工作，你就是一个失败者，你在乎的人就不会爱你了。那我问你，如果我高考没考好，去了一个不怎么样的大学，你还会跟我做朋友吗？

李　雷： 你不会考不好的，别瞎说。

韩梅梅： （笑）放轻松，只是假设一下啦。如果一年后，我没考上好的大学，你会觉得我是个失败者吗？你还会跟我做朋友吗？

李　雷： （思考）我会很替你觉得惋惜，但我不会觉得你是个失败者。因为高考不是唯一的出路，人的未来也不是完全由他读的是哪所大学决定的。很多人没读985，

韩梅梅开始更积极地介入，她接下来的一系列提问，是逐步澄清、聚焦和质询的过程，从李雷最表面的具体想法入手，探索决定这个想法背后的深层想法，然后探索决定这个深层想法后面更为深层的想法。这样一步一步探索下去，逐渐深入，我们就有可能发掘出当事人内心各种想法的根源、核心和固有模式，同时也能引导当事人启动自我觉察能力。

澄清和聚焦的提问："如果你的想法是对的/真的/真的发生了，它意味着什么/会怎么样/是什么意思？"

用提问方式来促进当事人进行探究，探究想法背后的想法。当个体对这个提问做出回答后，我们可以在新的回答基础上继续提问，直到触及核心信念为止。

提问用于质询。假设性问题是短期焦点解决中常用的提问技巧之一。

成就也一样很高。而且，我跟你做朋友又不是只看成绩，我们认识这么久，我对你的了解可不会因为一次考试就颠覆了。

韩梅梅：（笑）我不相信。说不定那时候你一看我活得那么普通，又没好学历，又没好工作，早就懒得理我了。

李　雷：我哪有那么肤浅，高考成绩和上哪所大学又不是评判一个人的唯一标准，我跟你的友情也不是说有就有，说收就能收的……慢着，你就在这等着我呢，是吧？

韩梅梅：是呀，你这不挺清楚的吗？既然你知道没上好的大学不等于失败，那为什么还对自己这么严苛呢？我跟你一样，觉得自主招生没获得加分、高考没考到好的大学不代表一个人是该被鄙夷的失败者。虽然你爸妈对你期待很高，但他们十几年对你的感情，也不是说没就没、说收就收的，对吧？

李　雷：（笑）你说得对。认真想来，自主招生失败，他们没有怎么责备我，是我对自己的期待太高，其实是高标准、严要求。我总得对自己有些期待吧？

韩梅梅：（认真）对自己有期待当然是好事，但是当你的期待偶尔没有实现的时候，也许可以不用太焦虑和自责，更不需要全盘否定自己。在我看来，由于一次的失败而觉得自己不优秀、不好的想法，是有些以偏概全的。

> 巧妙地引导换位思考，比直接讲道理，更能引发李雷的思考。

理论链接　几种常见的非理性思维

贝克在《认知疗法：基础与应用》中总结了12种常见的非理性思维。以下摘录其中五种：

1. 极端化思维

非此即彼，又称为黑白分明、极端化或对立分割性思维。指个体用简单的二分法看待事物，习惯于对事物得出一个确定的结论（是或非、对或错、好或坏）。是一种对事物要么全部接受，要么全盘否定的思维方式。

2. 灾难化

灾难化指个体对未来持非常消极的预期，往往把一次失败看成是一场灾难。容易产生这种非理性思维的个体通常缺乏自信、自主性较差、受暗示性强，一个细微的外部刺激也会引起他许多极端的想法，带来强烈的情绪反应。

3. 无端否定

无端否定就是不合理地否定自己的积极经历、事迹或素质。例如考试取得了好成绩的学生，认为这只是自己运气好，考试发挥得好，并不能说明自己有能力，学习方法得当。

4. 贴标签

贴标签是指评价者不是根据实际情况具体分析，而是以内心的刻板印象（成见）来评价外界事物的思维方式。

5. 以偏概全

以偏概全是指远远超出现有情境得出一个更大范围结论的思维方式。例如，个体由于自己在某个方面的不足或某件事的失败而消极地否定自己，认为自己各方面都不好。

李　雷：其实你说得对，我也知道我有点钻牛角尖了。可是我不知道怎样才能变好一点。我迫切想回到从前那个不会想那么多的自信的状态，但是很难……

韩梅梅：我们来试看看。如果你以前很自信的状态是满分10分，最低落、最自我怀疑时是1分，你觉得可以给自己现在的状态打几分？

运用短焦技术的评量问句。

李　雷：嗯，也许4分？嗯，还是打个5分吧。

韩梅梅：咦？为什么是5分而不是1、2、3、4分？

询问为什么不是更低的分数，让李雷发现自己的能量。

李　雷：这个问法还挺奇特的，我以为你会问为什么不打高一点呢……（挠头）我觉得吧，有的时候我还是挺自信的。比如说有的题，别人还没看懂题目，我就已经做出来的时候；比如说数学老师借我练习册去看解法的时候……

韩梅梅：嗯，看来，在某些时候，你还是很自信的。

李　雷：嗯，偶尔吧……也不是经常。只要不想起来那些糟心的事情就还可以。

韩梅梅：那我们来假设一下，你现在给自己打5分，那如果要打到6分，你觉得需要达到一个怎样的状态呢？

李　雷：6分的话……6分的话……就差1分啊？这很难想啊……

韩梅梅：对，就1分，没事，今晚不上晚自习，慢慢想。

李　雷：1分的话，那我希望自己不要觉得别人说什么都是在说我。当别人说笑时，我不要敏感，还可以专注地做自己的事。

韩梅梅：好，那我们就以不在意别人的说笑作为一个短期目标。

韩梅梅：你觉得要怎样做才可以达到这个目标？

李　雷：我不知道可不可以控制住自己不去想，但我担心越不想想，就越会想。

韩梅梅：是。那你以前有过这样的经历吗？特别在意别人的看法，因而让自己的状态受到影响的时候？

李　雷：嗯……我得想想。没有太深刻的印象了。

（韩梅梅安静、闲适地等待李雷回忆）

李　雷：初三的时候参加市里的化学竞赛。当时我们学校只有五个名额，校内选拔的时候其实我是第七还是第八名，反正跟第五名差个两三分吧。可能是我的班主任

提问用于赋能，引导李雷寻找资源。

去跟负责的老师说，我发挥很稳定，让我去更好。反正后来就没要前面那几个，让我去了。结果不知道谁开始传谣言，说我走了后门，我当时就很生气。

韩梅梅： 怎么个生气法？这件事是怎么影响到你的？

李　雷： 我就觉得我一定要证明自己啊，我要证明给他们看，凭我的实力就该我去，不需要走后门。但是这样反而给自己很大的压力，所以有一阵状态一般般。

韩梅梅： 那你是怎么度过那一段时间的呢？

李　雷： 感觉也没怎么……我当时找了一个自己特别敬佩的师兄聊天，聊完就觉得好了很多。师兄给了我很多鼓励和经验，让我知道自己还有更长远的目标，不要困在这个事情上。（笑）好像现在这个事情也是一样，我有点被困住了，庸人自扰。其实我这次也可以找他聊天，不过想到他刚上大学，可能不耐烦听我的事……

韩梅梅： 感觉这个师兄是你的一位良师益友。或许你可以试着找他聊聊。

李　雷： 是的，其实想起初三时跟他聊天，我就觉得现在有点解脱出来了……我记得他当时跟我说，路还很长，你的层次远不止在这里。其实这些话我也听别人跟我说过，但是听一个你特别佩服的、比你更牛的人对你说，感觉就是完全信服。（笑）嗯，我还是找机会打扰一下我师兄吧。这次谢谢你请我喝奶茶，感觉好多了。

提问用于澄清。

总评：
关键事件的成败对于个体培养自信心有重要影响。尤其对于学生而言，学业成败几乎成了最主要的自我评价来源。韩梅梅逐步引导李雷意识到自我评价标准的狭隘性，对他后续耐挫力的培养都会有长久的帮助。

案例2：中年危机的自我迷失

当事人：陈明

疏导员：卢琳

陈明今年45岁，是一家大企业的高级技术人员。在别人看来，陈明的日子可谓美满：事业有成，报酬丰厚；与妻子结婚多年，鲜少争执；儿子成绩优秀，考上了985高校。然而，陈明却感到自己已经在很长一段时间"不在状态"。虽然生活里没什么危机，陈明却总有一种焦虑感，这种焦虑感让他在下班时间也无法放松，在做自己喜欢的事情时也无法开心起来。陈明的妻子卢琳察觉到了丈夫的变化，于是在某次晚饭后，主动邀请丈夫一起去散步谈心。

卢琳：我们很久没有一起散步了。

陈明：是啊，我们也很久没一起做过什么了。这次要不是你非得拉我出来，我倒更愿意待在家里看看书、看看电视。

卢琳：你就是太懒了，看你这啤酒肚，哪还有年轻时的样子，你去同学聚会没人嘲笑你吗？

陈明：又不是只有我一个人胖了，大家都胖了。还有头发快掉光的呢。站一排谁都不是帅哥美女，有啥好取笑我的？

卢琳：好吧，那我也不取笑你了。陈明，我最近觉得你有点不对劲。

陈明：哟，你在跟你那群小姐妹整天出去玩之余还记得我呀？我说你今天咋不去跳舞，要跟我散步呢，原来是想审问我。

卢琳：别贫嘴。你最近时不时长吁短叹的，想不注意到都不行。跟我说说吧，遇到什么事情啦？

陈明：没什么事情，你别瞎操心。

卢琳：陈明，我跟你结婚二十多年了，可以说是这个世界上最了解你的人。咱们是夫妻，要是这事儿不能告诉我是觉

疏导员和当事人之间的关系非常亲密（例如夫妻、情侣），对于心理疏导来说，既是资源，又是挑战。如果夫妻或情侣之间平时无话不谈，愿意分享工作、生活中的琐事，则心理疏导做起来顺理成章。若夫妻或情侣之间陪伴、交流较少，或者其中一方认为跟对方交流工作上的事情没必要或难为情，则心理疏导开始时会面临很大的阻抗。

注意：

在这里，疏导员的语气不是耐心、宽和的，这是因为她和当事人的关系。在平

得不好意思，那没必要；要是这事儿是你的隐私，那你就别一天天地在我面前叹气吸引我注意力。

陈明： 卢琳，我不是不乐意跟你讲，关键是，还真没发生啥棘手的事，都挺好的。

卢琳： 那你发现自己最近频繁叹气了吗？还有，我最近注意到你抽烟也多了。

陈明： 也不是没注意到，但我也不知道自己怎么了，就是有种没啥意思的感觉。

卢琳： 可以更详细地说说你的感觉吗？

陈明： 咱俩聊这些好像怪怪的。有点说不上来。

卢琳： 我们确实很少像这样深入谈论自己的内心感受。一开始觉得难为情是正常的，尝试一下吧，可能话匣子打开就好了。

陈明： 好吧。我其实也察觉到自己最近很没精神。这种感觉非常复杂，有时是觉得有劲儿不知道往哪使，干脆就不想使劲了；有时是想放松下来但内心老有一种紧张感，觉得还不到放松的时候。这种感觉不是说最近有什么很难的任务、很重要的项目那种焦虑感，而是有一种不知道哪里来的沉闷感，像一张网把我网住了，喘不过来气的感觉。

卢琳：（握住丈夫的手）听到你最近这么难受，我很想和你一起分担。是去年新产品研发太紧张了，现在还没缓过来吗？

陈明：（长叹一口气）和那也有关系吧。去年研发新产品的时候，我发现自己是真不中用了。小年轻们一个个打了鸡血一样地拼命，做出来的东西也一个比一个好。我这个大前辈占着高级技术人员的头衔，后辈们来问意见的时

时的心理疏导中，亦可不必过分拘泥于技巧，可视疏导员与当事人的关系，用双方都感到舒适的方式进行对话。

　　告诉当事人自己关注到的细节，一方面是一种情感反馈，当事人可以更好地意识到自己目前的状态，另一方面也是在告诉当事人自己对他的关心。

　　承认事实，并继续鼓励当事人敞开心扉。

　　共情，给予当事人被支持的感觉。

候,我却只能给出一些经验性的粗浅建议。我就有一种挫败感,我知道自己应该多学一点东西,不要被后浪拍死在沙滩上。我也下了一些新文献,买了一些新书,但总是看不进去,感觉看过了脑子里也记不住。年初的时候公司挖过来一个人,我之前跟你提过吧?

理论链接　流体智力和晶体智力

卡特尔把智力的构成区分为流体智力和晶体智力两大类(见图5)。

1. 流体智力:随神经系统的成熟而提高,如知觉速度、机械记忆、识别图形关系等。流体智力不受教育与文化影响,但受年龄影响较大,其峰值在30岁左右,随后会随着年龄的增长而快速下滑。

2. 晶体智力:通过掌握社会文化经验而获得的智力,如词汇概念、言语理解、常识等以记忆储存信息为基础的能力,一直保持相对稳定状态。

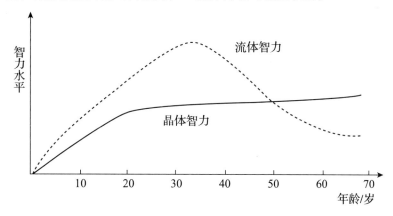

图5　流体智力、晶体智力与年龄增长关系图

卢琳: 嗯,你跟我提过一次,但没说具体。说是行业里小有名气的专业人员。

陈明: 是的,夏建树,才36岁,但手里的专利却是我远远比不上的。不仅如此,他性格果断又善于管理,自他来了以后，我们的研发效率是实打实地提高了。

卢琳：那么对于一个比你小了快10岁的人当了你上司这件事，你感觉如何？

陈明：挺好的啊。建树那么能干，连带着我们部门都经常受到表扬。

卢琳：这是你实实在在的心里话吗？因为我感觉很多人遇到类似的事情都不会很开心。

陈明：我都说了跟你聊天别扭。不聊了，不聊了。

卢琳：陈明，不要害怕跟我说你的心里话。我能感觉到当你说到夏建树时，语气里掩藏的那丝失落。你瞒不了我，跟我讲讲吧。

陈明：我怎么讲？跟自己老婆讲这个比跟兄弟讲更难受。

卢琳：为什么呢？是觉得我不能理解你？

陈明：你不懂……

卢琳：你尝试一下嘛，你什么都不跟我说，我就更难懂了呀。

陈明：我这么跟你说吧，没有哪个丈夫不想在妻子心里留个厉害能干的印象的。尤其到了我们这个年纪，你还打扮得漂漂亮亮的，而我又发胖、发际线又高，跟你站一起感觉比你老了十几岁，已经很让人没有自信了，我怎么乐意跟你抱怨说被一个三十几的人压一头的事？难道不显得自己没本事还气量小吗？

卢琳：我很高兴你这次跟我说出来了，不然我还不知道你心里有这样的情绪与担忧。对于自己没能早点察觉你的情绪，我很愧疚。不过，你不用觉得没有自信，有时候我还觉得你收入那么高，外面那么多年轻貌美的小姑娘很让人有危机感呢！话说，你这种感觉是什么时候出现的？

> 共情，通过当事人的语气、神态察觉当事人真正的内心感受。面质当事人后又合理化当事人的情绪，让当事人得以面对和说出自己的真实感受。注意，面质的技巧更适用于双方关系足够深厚、彼此足够了解的心理疏导中。

> 当对方的情绪与自己部分相关时，疏导员可以适当地自我暴露，缓解当事人的负面情绪。

陈明： 很难想起来是从什么时候开始的。就是有一天，我洗完澡看着镜子里自己的发际线和"游泳圈"，突然就有了一种恐慌感。好像不知道什么时候，生命就已经进入了这样的阶段。虽然我很早就以老年人自称，但内心一直觉得自己还可以做出很多东西来。但事实上，尽管我不觉得自己一事无成，但说句实话，跟我十几岁或二十几岁时想象的四十几岁的自己，还是有区别的。现在公司的资源很多都向年轻人倾斜，我当然明白、理解，但是那种紧张又无奈的感觉却怎么也甩不开。我们公司你也知道，非常现实，上头也说得很直白，不会养对公司没有贡献的人。说出来怕你笑话，我担心自己有一天会被炒鱿鱼。建树来了之后，对比着同组的几个年纪差不多的人都不够看了，不只是我，老李、老钱他俩虽没明说，但私下也唉声叹气、愁眉苦脸的。现在看到这些小年轻们，我们都笑不出来，压力太大了。

卢琳：（用力握住陈明的手）看来你们都有非常大的压力，担心自己在公司的贡献比不上年轻人，对自己眼下的成就不满但又难以改变现状。又担忧，又无奈。太不容易了。

> 共情的技巧。握住对方的手给予支撑感。

陈明： 可不嘛，哪比得上你在学校里捧着铁饭碗轻松。

卢琳： 看你这酸溜溜的语气。不过，一直都是你为家里的经济贡献多，要不是靠你的高收入撑着，光是儿子那些补习班的费用就能让我们揭不开锅了。这些年辛苦你了。

> 通过表达自己对丈夫的感谢和肯定，帮助当事人肯定自身的价值。

陈明： 以前其实并不觉得辛苦，工作有盼头、有信心、有干劲。现在可能打心眼里不自信了，总有一种使不出劲儿、集中不了精神的感觉。反正比不得你那工作，课备一次能上好几轮，还能越讲越熟练。

卢琳：怎么突然说到我了，我怎么感觉你对我有些不满？

陈明：我哪敢对你有不满啊？没有。

卢琳：你别用嘲讽腔了，我还不了解你？有什么不满的趁今天一并说开了岂不是更好？

陈明：我不说，我说不过你。一会儿有理也变成没理了。

卢琳：你这是存心气我呗。有啥想法你就说，说了才能解决问题。

陈明：你不觉得儿子上大学以后，你就彻底放飞了吗？周末几乎都不着家，打扮得花枝招展的，不是跟这个姐妹出去玩，就是跟那个同学聚会。

卢琳：我听明白了，你希望我周末可以多留在家里陪陪你。

陈明：其实我说不来。因为我经常会突然加班，所以我一直觉得，跟你说让你少出去玩不公平。而且要是你推了哪个小姐妹的约陪我，我又突然要回公司的话，也怕你埋怨我。但是有时我自己待在家里还是感觉挺冷清的。我自己也不会做饭，你没在家我都凑合着吃。

卢琳：听起来怎么有种"闺怨"的味道呢？好像我把你扔在家里似的。咱俩是夫妻，也不怕实实在在地沟通。我的想法是，自己辛苦了半辈子，好不容易孩子上了大学，自己有了的时间，就尽量过得丰富多彩一点。咱俩刚结婚的时候就有这个分歧，我爱出去玩，你爱待在家里，只是后来儿子出生，我没时间也没精力再出去玩了，所以你现在会觉得孩子上了大学之后我就变了。 　　真诚地表达自己的想法，解除丈夫的误解。

陈明：我说不过你。总之你爱玩你就去玩吧，当我今天啥也没说。

卢琳：你听我说完啊。我知道，你怨我现在陪伴你的时间太少了。其实，可能从孩子出生以后，我们就把更多的注意 　　提出方法、建议，促进问题解决。

力转到了孩子身上，对彼此的关注都大大减少了。以前孩子在家不觉得，现在孩子不在家，明显感觉不一样了。作为夫妻来说，确实应该多给对方一些陪伴。我也愿意以后减少一些聚会，多和你在一起。

陈明： 反正你以后别在儿子面前埋怨我不让你去玩就行。

卢琳： 放心，我不会的。不过话说回来，付出是双方的，偶尔你也要陪我出去玩才可以，我可不愿意经常待在家里，你知道我最闲不住。那这事算解决了吧？陈明同志还有什么心里话没有？

陈明： 咱俩可以多说说话。我觉得我们这样聊聊还挺好的。

理论链接　中年危机

个体进入中年之后，产生的生理及行为上的不适应和心理上的不平衡，被称为中年危机。男性在此阶段感受到老化的威胁，女性则在45岁以后进入更年期，生殖能力结束。中年人在家庭与社会中的地位受到挑战：家庭中子女开始成家立业，部分工作被青年人接替，这种地位的变化，破坏了他们长期养成的生活习惯，内心矛盾重重，产生焦虑、紧张、自卑等情绪。到中年晚期危机最严重，此时他们已离开工作岗位，退休在家，由紧张忙碌突然变得无事可做，活动范围减小，社会地位下降，使他们感到若有所失、内心空虚。若长期不能解决这种危机，就会使个体心理发展失调，出现病态的行为方式。

紧张和疲劳是中年人的普遍现象。中年人要学会量力而行，并恰如其分地评估自己的生理和心理承受能力，对岁月的变迁所带给自己身体的变化要能够坦然接受。同时要把重心向家庭倾斜，多体验家庭生活的乐趣。另外，工作中的困扰也应及时和家人交流，争取他们的理解和支持。事实表明，家人之间的相互关心和爱护，对人的心理健康十分重要。此外，遇到冲突、挫折和过度的精神压力时，要善于自我调节，保持心理平衡。

卢琳：呵，是谁一开始还很不愿意跟我聊呢？那既然咱俩的问题解决了，再说说你吧？

陈明：还说我？不是都说过了吗？

卢琳：对于工作上这种力不从心的焦虑感，还愿意再谈谈吗？

陈明：就是有一些想法、有一些目标，但是做的时候发现没那么容易。而且还不仅仅是烦躁了，甚至有的时候接到新任务或者一想到每周例会要报告工作进度时，就会有种想打退堂鼓的感觉。这种退缩感是以前从来没有过的。我觉得这算是一种对于新挑战的恐惧。

卢琳：当你接到一个新任务下意识地产生了退缩感时，你脑海里有什么想法或是什么画面吗？

陈明：嗯，我觉得我脑子里会一直想，万一没做出来怎么办，领导会不会失望，会不会觉得我不能给公司创造价值了，应该尽快解雇掉；年轻人们怎么想，会不会觉得我的能力配不上这个位置；关键是，我还非常在意夏建树，要是没做好，觉得自己实在丢不起这个人，甚至有的时候我都暗暗希望他表现不好，有点等着他摔一跤的意思。

卢琳：我听着你似乎有一个这样的逻辑——如果你哪次没有表现好，等待你的一定是公司解雇、同事嘲笑的宿命，并且，你隐隐地盼着夏建树表现不好。

陈明：是。我这个逻辑没毛病吧？现在互联网公司裁员那么多，人人自危啊。

卢琳：我觉得你这样就会形成一个负循环——因为担心怕被解雇、怕被嘲笑而产生一种焦虑感，不敢接任务、不能专心干，因此也就没有好的产出和表现；但这又会加深你对"我干不好"的自我验证，从而更加恐惧、回避……这样下去你的问题会越来越严重的。

> 将话题重点转移回当事人未完的主题上。

> 引导当事人察觉自己内心的自动化思维，即我不能失败。

陈明： 我这不是正在想办法调节嘛……

卢琳： 想要摆脱这个负循环，就要找最脆弱、最容易改变的一环。在我看来，这一环要么是你的想法，要么是你的行为。只要你像以前一样，抱着一种"我能"的想法，就自然不会有退缩的情绪。再不然，你不管三七二十一，什么都不想就是去做，遇到困难不要打退堂鼓就是冲，那做着做着你就会发现，顾不上患得患失、想东想西了，而且做着做着你也会发现没有那么可怕。还有，你担心别人嘲笑你，其实是一种投射，因为你觉得要是夏建树失败了，你就可以看他的笑话。其实，大家自己手头上的事情都够忙了，哪有空关注你呢？只管放宽心。

> 说的技术，从负循环中找到最容易击破的一环。

陈明： 哎哟，你说得轻巧，哪有那么容易啊！

卢琳： 别怕，我陪着你一起调节嘛。以后有什么困难都跟我说一下，我们一起想办法。

> 在一次疏导未能完全解决当事人心结的情况下，可给予当事人陪伴的承诺。

陈明： 这句话今晚你说多少遍了？好吧好吧，以后都跟你说一下吧，有个人分担一下确实没那么焦虑了。

案例3：性少数者的自我救赎

当事人：张林

疏导员：王怡

张林今年29岁，从大一与恋爱半年的女朋友分手后，一直没公开谈过恋爱。父母对他的婚恋很上心，频繁地催促他找对象，并热心地为他安排了几次相亲。张林对此十分苦恼，因为他从大一的恋爱中发现，他经常有种角色错乱的感觉，觉得自己应该是被保护者和被照顾者。在怀疑自己的性取向两年后，张林尝试与一位同性约会，但感觉并不好，觉得周围的人都在悄悄议论他们。这次经历让张林在后面的几年中，仅尝试与同性发生网恋和性行为，未能发展出一段稳定的同性恋情。两年前,张林遇见一位志趣相投的同性网友杨平,双方在一次见面后都感觉到了强烈的吸引。于是,两人渐渐发展为同居的情侣,但日常生活中以"合租好友"的方式为身边人熟知。张林希望有朝一日可以与男朋友光明正大地约会,得到亲朋好友的祝福,但现阶段他并不敢公开恋情。

王怡是张林关系很好的同事,注意到张林近期心事重重的样子,在一次下班后,约张林谈心。

王怡:你最近怎么回事,失魂落魄的样子?跟我说说吧。

张林:唉,就那样呗。

王怡:让我猜猜,又被爸妈逼婚了。

张林:嗯,下周又有两个相亲。我都跟我爸妈明确说不去了,他俩说都是同事朋友的孩子,都说好了,如果不去就是不给别人面子,丢他们的人。那我能怎么办啊,只能去呗。

王怡:那你可以去见见呀,不合适就当多交个朋友呗。再说,指不定还真的就互相看中了,姻缘就来了呢。

张林:(沉默)没用的,不会有合适的。

王怡:听起来你好像很悲观。还是说,其实你已经暗中有对象了?

张林:(犹豫)没……没有没有,就是觉得概率太小了。

王怡:(笑)好好好,别紧张。那么你现在面临的最大的难题是爸妈逼着你相亲,你无法推脱?如果这是你不愿意聊的部分,咱们就不聊这个话题了,开开心心地吃,日料可不便宜呢。

张林:(叹气)唉,一言难尽吧。倒不是我不想跟你聊这个话题,实在是不知道怎么说。我其实希望他们不要对我结婚这件事抱有希望,我可能这辈子都不结婚。

王怡:我听明白了,你父母希望你尽快结婚这件事跟你自己的

王怡主动表达关心,张林一开始避开了正面回答,但没有明确拒绝。因此,王怡根据自己对张林的了解进行了猜测,被猜中心事的张林打开了话匣子。

对情绪进行共情反馈,然后用提问澄清,进一步了解张林的困境。

注意到张林的非言语信息,判断张林此刻的情绪,并把是否要继续深入谈话的主动权交给张林。

希望是相悖的，这让你感觉很有压力，但是你也清楚你希望的对于父母来说，是难以接受的。

张林：（皱眉，咬着下嘴唇，呼气）嗯。唉，我不知道怎么把这个事说清楚。与其说压力来自父母，不如说更大的压力来自自己吧。我觉得自己不能接受自己现在这个状态。

王怡：现在这个状态？是指没有办法违背父母意思的状态吗？

张林：不是……你知道那种不能接受自己有怪癖但是自己确实有怪癖的人吗？我觉得我跟他们很像。

王怡：我大概能理解你说的意思。你愿意再说具体一些吗？

张林：（沉默，低头）……

（王怡安静地等待张林，过程中不做任何催促，亦不用眼神、肢体等给予压力）

张林：我觉得可以跟你说……我不喜欢女生。

王怡：（尽量不表现出惊讶或"我早就知道"的情绪）嗯，是"不喜欢异性喜欢同性"还是"对跟异性相处有恐惧感"？

张林：（低头）前面一个。

王怡：喜欢同性的人虽然比起喜欢异性的人少，但在我看来这是一种自然的个人选择。我想知道你为什么觉得自己跟"有怪癖的人"很像呢？

张林：不像吗？我内心深处觉得我这样是可耻的。我不知道你们说觉得没问题很正常时会不会偷偷在心里想，天啊，张林喜欢男生，真是变态啊。

王怡：（真诚）我向你保证，我没有也不会这么想。我确实觉得这没什么奇怪或者变态的，只是个人的选择。

张林：（缓和）其实我知道你不会这样，所以我才愿意先告诉你。

准确的共情，不仅点出了张林的压力，同时也说出了张林未说出的话：他所希望的"父母接受他终身不婚"其实很难实现。

在难以对"现在这个状态"做清晰的界定时，需要用提问帮助澄清。

通过提问对"不喜欢女生"这个表述进一步澄清，了解张林的问题。切记，不要想当然地理解当事人的表述，如果不能确定某个表述的含义，应及时询问当事人，以达到更精确的理解。

这里的提问很有技巧，一来通过询问表达了自己的观点：我不认为这样是怪癖。二来可以发掘张林背后的想法：他为何不能接受自己目前的状态？

有力的表达，张林能感受到包容和抱持。

王怡：嗯。不过听起来你其实不是很接受自己喜欢同性这一点。

张林：嗯，现在好多了。我以前觉得自己就是个偷偷摸摸的罪犯，内心深处觉得我有种"真是作孽啊"的感觉。

王怡：嗯，这好像是一种自罪感。也许这种感觉困扰你一段时间了，对吗？

张林：是的，好久了……感觉我一直卡在这里。一开始我也尝试过跟有好感的、不同类型的女孩约会，但感觉都不太对，而且我发现自己偶尔会被男生吸引。然后我就在想自己是不是（同性恋）。我就去看了一些资料……后来我就想要不然试一下是不是，如果不是就可以心安了，如果是……那起码也能早点确定。后来就在 APP 上约了一个男孩吃饭，其实和他在一起感觉还挺好的，但是整场约会下来我都感觉很紧张，好像周围的人都在看我们、议论我们。就是如坐针毡那种感觉，你知道吗？后来很长一段时间我都没再尝试（跟男生约会）。

王怡：嗯嗯，那种被周围的人观察和议论的感觉一定很不舒服，以至于后来你都很久不尝试探索自己的性取向了。我感觉你这一路的自我探索很不容易，这份努力和勇气很棒。后来你是怎样重新鼓起勇气的？

张林：后来应该算是比较走运吧。我在一个游戏里面认识了我现在的男朋友。慢慢地我们发现彼此各方面都很合适，就在一起了。我们在一起的时间其实也不算短了，不过都还没有做好准备要对外公开。

王怡：和他在一起后，你们一起外出时还会有被围观的不舒适感吗？

张林：其实多多少少还是会有，但是我男朋友告诉我适应就好。

询问，帮助张林觉察自己困在了当前的情绪中。

当当事人的表达很长时，我们除了要倾听话中的内容，更要听到话中的情绪、话中的期望。张林表达的事件主要有二：一是他对于自身性取向的探索，期望通过一些方法尽快确定自己的性取向；二是在约会过程中的不舒适，隐含着被平等对待的期望。这些都是可以在后续谈话中反馈给张林的。

而且后面我自己也知道，可能是自己敏感了，别人根本不在意，生活节奏那么快，谁有空管你啊？但我俩都会注意不去有可能碰到熟人的地方，他在他公司算个小领导，怕影响前程。

王怡：看来在这段关系中，你对于在公众场合与同性约会适应得更好了。而对于公开你俩关系这件事，你俩各有忧虑。

理论链接　同性恋认同发展的六阶段模型

最早也是应用最广泛的同性恋认同发展模型是卡斯基于人际和谐理论提出的，此模型以三个维度（自我知觉、行为觉察、觉察他人反应）来研究同性恋的认同发展过程，包括六个阶段：

1. 认同困惑——发现自己与众不同，性取向开始个性化；
2. 认同比较——开始怀疑自己可能是同性恋，积极寻找相关信息；
3. 认同容忍——认为自己应该是同性恋，积极寻求与同性恋群体接触；
4. 认同接受——接受自己的同性恋倾向，开始对一部分人暴露自己的同性恋身份；
5. 认同骄傲——批判异性恋，以自己的性取向为傲，活跃在同性恋群体中；
6. 认同整合——对异性恋不再有敌对态度，心理与行为，性取向与自我完全统一。在这一模型中，认同是发现自己性取向本质的过程，认同形成后将终生不变。卡斯用线性模式来解释这个过程，一旦进入第一阶段，就必须完成随后的所有阶段，凡是没有达到积极认同的人，都被视为是认同早闭。

王怡：感觉你现在最担心的是你父母的态度。我可不可以问一下，你的打算是什么？

张林：嗯……其实我现在还不知道怎么打算，可能瞒一天算一天吧。说实话，我这样瞒着他们，每次看到他们兴冲冲地找照片给我看、帮我安排约会，我就觉得很内疚，感觉怎么这么大个人了还要爸妈这样为我操心、谋划。有时我都想算了，就顺了父母的意，找个他们喜欢的女孩过一辈子吧。但是这样做不是害了人家姑娘吗？我良心上过不去。总之，我的心很乱，完全不知道该怎么办。

王怡： 听得出来你现在心里很混乱。我们先来梳理一下你刚提到的可能性，你愿意先谈谈哪一种呢？瞒着、拖着父母或者跟一个女孩结婚？

张林： （皱眉）我好像有点害怕听到第二种……刚听你说出来的时候，突然感觉心里绷得很紧，很难受。

王怡： 那我们可以先讨论一下第一种方法：瞒着、拖着父母，这似乎是你比较能接受的方式。

张林： 是的，可能我是拖着不想让我爸妈知道吧。我都不敢想我爸妈知道我喜欢男生之后，会是什么反应。

王怡： 听起来，你对他们的反应有一个猜测。这个猜测是可怕的、不敢想象的。

张林： （苦笑）是的。我爸我妈可能会觉得白养了个儿子，他们肯定很难接受。我爸可能会气到生病住院，我妈可能会哭个不停。我不知道他们会不会跟我断绝关系。我爸特别爱面子，他可能会气得不要我这个儿子了。

王怡： 这种场面所有人都不愿意面对，我明白你的担忧。我们来想象一下，你觉得如果你爸妈得知你喜欢男生后，最好的可能性是什么？

张林： 最好的可能性是他们完全不介怀，他们还会支持我、鼓励我。但这是不可能发生的。

王怡： 这是不可能发生的，这是你的一个猜测。我们可不可以讨论一下，看看有没有什么证据可以支持你的这种猜测？

提问和引导穿插，帮助张林厘清解决问题的思路。

共情。询问"最好的可能性"，使张林意识到自己最坏的想象不等于事实，还存在其他的可能性。

张林：我妈不是一个特别有主意的人，但是我比较知道我爸。之前我有意无意地提到过有些国家和地区允许同性恋结婚，他的评价是乱来，他觉得那样不利于民族繁衍后代，他说长此以往，人口负增长会越来越厉害……

王怡：听起来他对同性恋婚姻的反对是建立在一个宏观层面的，有没有什么信息表明他对于同性恋婚姻这件事本身很反感、很排斥？

张林：也许是我心虚，我没跟他正面讨论过这个话题。我很担心他说出那些很难听的话……（叹气）但是我了解我爸，他是一个"老古董"，让他接受这种事，一定是很难的，更何况我家就我一孩子。我不敢让自己有这么好的想象。

王怡：我理解你那种不想面对的心情。那么，有没有证据说明，你父母其实没那么排斥同性恋？

张林：我爸的话，我实在想不到，我跟他的交流也不是太多。他给我的印象是比较传统那种。我妈的话，我觉得她其实不是那么排斥同性恋。有次我们一起看节目，我跟她说"这个主持人是同性恋"，她说"这又没啥，主持得好就行了"。但是我觉得放在我身上又是两码事了，我妈是很希望抱孙子的。唉……

王怡：听起来，你妈对此是较为开明的。只是你不能确定如果是你的话，她是否能平静接受。那么，你想到的确实有可能发生的、最好的结果是怎样的呢？

张林：他俩只要能稳住不进医院，我就已经烧高香了。

王怡：你对他们的健康很担忧。那你所能想到的最坏结果是怎样的呢？

张林：其实我刚刚说的就是最坏的结果。如果不是你问，我就没想过还会有其他结果。

> 询问支持和不支持张林最坏的猜测的证据，帮助张林意识到自己的猜测不一定是事实。

> 引导张林展开正面想象。

王怡： 实际上，在最好和最坏中间，还有很多可能性。我们先来讨论一下在你脑海里萦绕不去的那个结果吧。这个结果包含两件事，一件事是爸妈住院，一件事是断绝关系。你觉得哪个对你来说是更难接受的？

张林： 都很难。其实前者吧，只要不气到中风、不气死，都是可以恢复的，但我就担心万一。而后者呢，我很担心我爸妈再也不让我回家了。他俩年纪也不小了，不让我照顾他们，谁来照顾他们呢？

王怡： 你很孝顺，这也是为什么现在你这么发愁的原因。或许我们可以评估一下，你爸妈会气到中风或者更严重的结果的可能性有多大？

张林： 嗯……我看过一些小说和电视剧中有这样的情节，但是在现实生活中我还没看到过生气中风的，倒是有两个认识的叔伯是酒喝多了中风的。

王怡： 有什么信息可以帮助你更准确地评估吗？

张林： 问问我的医生朋友？上网查一查，了解一下关于中风的知识？

王怡： 只要你愿意去找，总有一些方式可以让你对这个概率做出更准确的评估，这个概率肯定不是100%。那么，咱们再来评估一下，你爸妈会跟你断绝关系的可能性有多大？

张林： 我不知道……也许……30%到40%吧。毕竟我爸妈只有我一个孩子了。唉……我真不孝……我爸妈得有多生气多难受啊……

王怡： 好，我们先不讨论同性恋是不是不孝，在这一点上我跟你有不同的看法。但听起来他们会跟你断绝关系的可能性不大，那你觉得最可能的结果是什么？

有力的表达，明确告知张林可能性不止一种。

让张林确切地评估某种"预料的坏结果"真实发生的可能性。在这一步，当事人通常会发现"预料中的坏结果"发生的可能性并不大，只是当事人沉浸在焦虑、恐惧情绪中时，容易陷入这种最坏情况发生的想象中。

张林在叙述中常常会偏离王怡提问的问题，再三地陷入懊恼、自责、焦虑等负面情绪中。此时疏导员别忘了"温柔地把当事人拉出坏情绪的泥沼"，让讨论继续回到原来的方向。

张林：就像我前面说的，情绪很大，很生气，不想再看见我。我担心我爸妈身体不好，受不了这个打击。

王怡：你认为他们因为这个生气会持续多久？

张林：我真的不知道……大怒的话可能会有两三个月吧……

王怡：那两三个月以后呢？你觉得情况会变成怎样？

张林：过了两三个月以后可能他们就没那么生气了……（低落地）也许以后会认清楚这个事实吧……我让我爸妈太无奈了……

> 利用几个追问，帮助张林预演事情的发展，避免张林继续逃避想象。因为这样的逃避会让张林更深入地沉浸在对未知风险的畏惧中。

王怡：认清事实？是指你的爸妈会接受你是同性恋的事情，并且愿意和你恢复交流吗？

张林：嗯……无奈地接受吧。我不知道，但我觉得我爸妈应该不会以后都不理我。我爸妈确实是思想很传统的人，但他们也真的很爱我。（哽咽）我更担心在这个过程中其他人的议论会伤害我爸妈，他们已经这个年纪了，怎么受得了。（掩面流泪）

> 澄清，将张林的表述细节化，使张林对自己的目标更加清晰。

（王怡递纸巾后安静地等待张林的情绪平静下来）

张林：事实上，这是我最恐惧的——我担心爸妈会因为我的性取向受到伤害，身体上的或者精神上的。其实我很清楚，只有我快点儿结婚才不会给他们添麻烦。如果我这样拖下去到35岁，到40岁，其实也是一样的，爸妈会着急、会担心，亲戚邻居也会议论。不过这次跟你聊天之后，我发现其实我是不会考虑真的找个女孩结婚的，我做不到真的喜欢一个女生。这样耽误别人，我会一辈子受到良心的谴责的。这对我和我男朋友来说都是一种煎熬。

王怡：嗯，与女孩结婚不再是一个选项了。

张林：是的，（笑）可能拖着父母也不是。其实拖也是痛，就是长痛，（舒一口气）告诉他们反而是短痛。我从来没敢想过要告诉他们，我觉得这太可怕了。

王怡：（笑）现在看来，是一样可怕对吗？

张林：是的，没我想象中那么可怕。无论是拖着不说还是直接说，其实都不会好受的，都是我必须去面对、去经历的。其实很感谢你今天来问我，有个人说一下、分担一下这种痛苦是很好的。

王怡：别客气，以后有烦恼也可以找我聊啊。

理论链接　可能性区域技术

在这个案例中，王怡化用了心理咨询中常见的一种技术，即可能性区域技术。这个技术常用于对某件事情的发展感到担忧、焦虑的当事人。它的核心要点，就是让当事人认识到对于还没发生或即将发生的事情，不止存在一种可能（特别是最糟糕的可能），这种可能性可以描述为一个从最糟糕到最好的可能性区域。当事人评估这种可能性区域范围，并确定最可能发生的结果，这个过程可以矫正当事人对未来消极的预期认知，改善当事人焦虑和抑郁的心情。

可能性区域技术通常由三个问题构成：

1. 事情最糟糕的可能是什么？
2. 事情最好的可能是什么？
3. 事情最有可能的结果是什么？

首先，通过最糟糕可能和最好可能这两种可能构成可能性区域；其次，搜集各种信息做出决策，确定最现实（最有可能）的一种可能性。当当事人发现问题并不是想象中那样糟糕，特别是考虑到更多现实情况以后，认知就会发生改变，心情就会变好。

讨论了可能性区域以后，我们还可以讨论面对可能性区域的态度和行为策略——"坦然面对，争取更好"。一般而言，疏导员需要引导当事人坦然面对最糟糕的可能，有时需要为发生最糟糕的可能做相应的应对措施，去争取更好的可能和结果。

情绪管理：做情绪的主人

情绪是什么呢？如果说情绪存在于我们的体内，那么我们可以随心所欲地控制自己的情绪吗？有时候，本来不应该发火，却总是生气；想和朋友和解，却还是心存怨恨。

生气时应该怎么办？羞愧、恐惧时又应该怎么办？为什么要理解、关怀他人？与朋友吵架后应该如何处理……每天，我们的情绪都会在感情的影响下左右摇摆，而我们却经常不知道该如何控制自己的情绪。这就涉及情绪管理。

情绪管理是指通过研究个体和群体对自身情绪和他人情绪的认识、协调、引导、互动和控制，充分挖掘和培植个体和群体的情绪智商，培养驾驭情绪的能力，从而确保个体和群体保持良好的情绪状态，并由此产生良好的管理效果。这个名词最先由 *Emotional Intelligence*（情绪智商）一书的作者丹尼尔·戈尔曼提出。他认为这是一种善于掌握自我，善于调节情绪，对生活中矛盾和事件引起的反应能适可而止的排解，能以乐观的态度、幽默的情趣及时地缓解紧张的心理状态。

产后抑郁情绪是情绪管理中比较特殊的例子。一个女人一生中最"狼狈"、最脆弱的时候，大概就是怀孕和生孩子依次到来之际。

产妇跳楼这样的意外不知道是怎么发生的，但就是一起又一起出现了，甚至这样的悲剧每隔一段时间就会"刷屏"上热搜，无数女人站出来哭诉自己的不幸，画面震撼又心酸。但是就算之前的事件闹得沸沸扬扬，还是没能唤醒公众足够的认知，仍会用"矫情""作"等字眼来解释，"键盘侠"们的评论中透着刻薄和无知。

网络上的伤害尚能被屏幕隔绝起来，但来自身边人的漠视和不理解却随时会成为压垮骆驼的最后一根稻草。据统计，出现诸如情绪低落、悲观绝望、烦躁不安等产后抑郁情绪的产妇，比例为50%～70%，其中发展为产后抑郁症的产妇占比10%～15%。如果在这个时期不但不被支持理解，反而经常被指责，可想而知，焦虑、彷徨、抑郁这些消沉的情绪，就很容易变成产后抑郁症，缠上妈妈们。

在有关采访中，每当回忆起产后抑郁阶段，一位新手妈妈的眼泪便扑簌簌往下掉。她清楚地记得每当深夜来临，她看天花板就像一层又一层交织的网，随时要把自己吸进去，极大的无力感和恐惧感让自己快要喘不过气来。这时孩子如果啼哭，烦躁的情绪便不可遏制地涌出来，如果丈夫事不关己地在旁边酣睡，除了绝望，没有其他词语能描述自己当时的心情。

从大量的案例中我们不难发现，产后抑郁情绪的产生来自多个方面，最主要的原因是生理和心理两个层次上的。生理上，新手妈妈在孕前与孕后体内的激素大起大落，影响其情绪的起伏以及各种各样的身体变化，而适应这些变化并不容易，所以负面情绪一再累积终将爆发；心理上，当新手妈妈出现委屈、愤怒等情绪时，急需身边人的支持，大量的事实也证明，家人（尤其是丈夫）的关爱和鼓励不但能缓解，还能有效预防妈妈们的产后抑郁情绪。同样，家人的误解和冷落，也能给产后抑郁的妈妈带来灾难性的创伤。

因此，这是个一体两面的问题，需要从两个方面共同推进才能调和。一方面，新手妈妈应当给予自己足够的关爱。当负面情绪出现或睡眠不足易怒时，应当先将自己的情绪通过有效的方式疏通干净，或者与家人商量自己的状态，表明自己需要更多的休息时间，希望彼此相互理解。另一方面，新手妈妈的家人要给予更多的包容和支持。每个人都可能会出现低谷时期，尤其是新手妈妈，常常还处于毫无招架之力的状态中，家人的陪伴与理解会是最温暖的关怀。

情绪管理的另一种典型情境是处理丧亲的哀伤。亲人的重要性不言而喻，每时每刻陪伴在我们身边的是他们，为我们遮风挡雨的是他们，双方长期的陪伴会带来强烈而密切的情感联结。同时，情感联结也让我们能够更好地与对方沟通、互动，从而进一步形成相互依赖的关系。

如果原本陪伴在自己身边的亲人突然离世，永远地离开了自己，往日的温情戛然而止，这带来的打击几乎是毁灭性的，因此丧亲是人们所有经历中最具创伤性的事件之一。尤其对于不谙世事的幼童而言，他们还处在被照顾、被呵护的年纪，自愈能力尚未形成，至亲的离世对他们而言仿佛丧失了整个世界。

丧亲带来一系列后果，包括生理反应、认知反应、感受反应及行为反应等，因为这件事情太突然了，而且对方占据自己内心的重要位置，所以一系列哀伤反应接踵而来，哀伤、眷恋、思念、痛苦，无法摆脱。彼此曾经明明那么近，现在却又那么远。有时，个体会把自己封闭起来，不愿与外界交流。

这些哀伤反应是十分正常的，爱和恨是正常人的情感组成部分，但过度的反应却是不健康的心理状态，因此过度的哀伤应该得到恰当的处理。接收到亲人离世消息的瞬间，聪明的身体会运用恰当的心理防御机制，维持我们的机体正常运转；接着由于与亲人的密切联结让我们的情感屏障受到损伤，这些损伤并非一时半刻能自行复原，故而需要借助足够的情绪宣泄才能重归平静。

哀伤处理是较长期的过程，需要足够的耐心。

首先，个体需承认亲人已故的事实。这是最难也是最关键的一点，人们常常在至亲离世后采取否认、回避的态度，表面上看是帮助自己远离悲伤的源头，但其实是在拒绝处理自己的哀伤。没有这一步做基础，便无从谈论哀伤处理。

其次，充分宣泄自己悲伤、痛苦、不甘的情绪。在这个事件中无论我们有多少情绪都是正常的，应该尽可能地释放出来，也许是放声大哭，也许是找人倾诉，也许是自己听音乐或外出散步，只要是适合自己发泄情绪的方式都可以采用。

最后，感受自己与已故亲人之间爱的联结，感受亲人的爱今后也会随时陪伴在自己身边，永不会消逝，我们要做的是将这份爱更好地传递下去。西方人经常在葬礼上回顾死者生前的事，有时甚至还以幽默的方式来表达，可能还会伴有笑声，这并非对逝者不尊，恰恰相反，正是他们相信死者永远没有离去，只是换了其他的方式陪伴他们，所以他们才认为应当带着死者的爱继续幸福快乐地活下去。

案例4：新手妈妈的抑郁疏导

当事人：龚　红
疏导员：陈可丹

龚红今年28岁，性格外向、活泼开朗，比较好强，具有完美主义倾向，刚生完孩子一个多月后，她的状态越来越差。

她待在家里放眼望去，房间里堆满了纸尿布，地上还撒上了奶粉，房间里的玩具散落一地。作为新手妈妈的她，一边抱着孩子，一边泪流不止。悲伤、抑郁、焦虑像野兽一样踩在她的胸口，让她喘不过气来。而当她看到孩子爸爸忙于应酬，回家自顾自倒头就睡时，就忍不住向他咆哮。这种无助感让她无法入眠，以泪洗面是家常便饭。然而她的老公、婆婆觉得她太矫情了，这让龚红与他们之间的关系也开始恶化。她有时想着想着就特别想要一走了之，但每次看到无辜的孩子又狠不下心来，于是自己状态一天天恶化……

陈可丹作为龚红的好友，在探望龚红时发现她总是神情游离、目光空洞，觉得有必要和龚红聊一聊。

陈可丹： 红，你最近看起来不太好，怎么了？

龚　红： 啊？有吗……被你看出来了。我最近真的很不开心，常常想哭，很郁闷，脾气也很大……

> 陈可丹作为龚红的好友，主动表达关心，对龚红会是很好的情感支持。

理论链接　产后抑郁情绪

产后抑郁情绪，表现为时常泪流满面、心情沮丧、烦躁不安、半夜睡不着、疲倦不堪等。

产后抑郁情绪产生的生理原因是，从怀孕至分娩，女性体内的激素水平变化很大，女性雌激素和黄体酮增长 10 倍，这个变化导致了孕期女性的情绪起伏和各种各样的身体变化；在分娩后，激素水平又在 12~48 小时内迅速恢复，这对于新妈妈而言，在刚刚经历了分娩的巨大消耗后，又要承受生理的自然变化引发的情绪反应。

产后抑郁情绪有以下四个方面的表现：

1. 情绪低落

消极悲观，对一切事物没有兴趣；对生活失去热情，对工作失去积极性（一般已无心工作），适应不了上班节奏；激动易怒，往往因为小事怒不可遏，控制不住自己的情绪，甚至会莫名其妙发火。

2. 封闭自己，不愿交流

喜欢独处，不愿意和陌生人接触，甚至是相熟的朋友、同学、同事都与自己的距离拉得越来越远，但本人并没有意识到，习以为常地认为这是社会冷漠、世态炎凉造成的。往往会因此把责任归结于他人，认为自己的判断是正确的。

3. 身体疲乏

整天感到很累，疲于做任何一件事。无论身体素质如何，都感觉自己能力有限，没有更多精力做另外的事，让其他人误以为是懒惰、不积极、不求上进、没有进取心等。实际上自己已濒临精神崩溃的边缘，这种误解，更促使自己不愿意交流，下决心同其他人划清界限。

4. 极度悲观

无端把自己的命运渲染得很悲苦，觉得自己很不幸，找不到其他途径缓解这种情绪，盼望以死求解脱。尤其是在黑夜，伴随身体上的不舒适，这种念头非常强烈。

陈可丹：嗯……我感觉到了你的不快乐和沉闷…… 龚　红：是啊……我自从生完孩子，情绪就越来越差，常常想摔东西，看到婆婆和老公都很烦。他们不帮我就算了，还常常念叨我，有时候我都想直接从楼上跳下去得了！ 陈可丹：听起来这些坏情绪压得你快喘不过气来了，让我抱抱你好吗？（拥抱龚红） 龚　红：（崩溃大哭）我真的不想过这样的日子了，我觉得自己好没用，连妈妈都做不好！	陈可丹首先共情龚红，令龚红将内心的悲伤、压抑等负面情绪充分释放出来。在疏导过程中，当事人的情绪发泄是最首要也是最重要的环节。

理论链接　角色认同

角色认同，由斯特赖克提出，是指一个人的态度及行为与他当时应扮演的角色一致。

一个人了解了角色期望之后，就有一个对角色规范的接受程度问题，即他是否愿意按照角色规范去做。一个人接受角色规范的要求、愿意，履行角色规范的状况，称为角色认同。

孕妇分娩后需要立即切换到母亲的角色，如果不能在认知和行为上都与母亲的角色保持一致，则可能导致该角色无法认同，从而怀疑自我。

陈可丹： 大声哭出来吧……把你的委屈统统说出来，我在听，我在听……

龚　红： 我好委屈啊！我生孩子这么苦，好多事情压得我好重好重……家里还没有人理解、帮帮我，我熬不下去了！

陈可丹： 是的是的，大家都没有试着去理解你，你很委屈……我很心疼你。

（龚红大哭15分钟后）

陈可丹： 怎么样，哭完好点了吗？

龚　红： 嗯……但还是觉得委屈。

陈可丹： 你可能有些产后抑郁情绪，所以调节情绪对你来说是最首要的。我稍后发一些调节产后情绪的小建议给你。你现在可以说说哪些事情让你觉得委屈吗？

> 陈可丹待龚红情绪初步发泄后，接着全情地倾听龚红的委屈，引导龚红把内心的认知诉说给自己，从而开展后续对话。

理论链接　产后情绪调节

产后可能会发生情绪起伏，产生诸多负面情绪。情绪宜疏不宜堵，调节情绪的第一步就是释放情绪。有以下三种有效释放情绪的方式，可根据个人情况进行选择。

1. 呼吸放松调节法

通常情况下，呼吸是通过胸腔完成的，但呼吸放松调节法中提倡腹式呼吸，它是一种以腹部作为呼吸器官的方法。首先，找一个合适的位置站好或坐好，身体自然放松；然后，慢慢地吸气，吸气的过程中感受腹部慢慢地鼓起，到最大限度时开始呼气；呼气时感受气流经过鼻腔呼出，直到感觉前后腹部贴到一起为止。

2. 音乐调节法

音乐调节法是指借助情绪色彩鲜明的音乐来控制情绪状态的方法。

很多人都有这样的体验：听着催眠曲就不知不觉进入了甜美的梦乡；在紧张学习了一天之后，高歌一曲会消除疲劳。现代医学表明，音乐能调整神经系统的机能，解除肌肉紧张，消除疲劳，改善注意力，增强记忆力，消除抑郁、焦虑、紧张等不良情绪。运动员赛前如果有异常的情绪表现，比如过分紧张，听一段轻音乐，往往能使情绪稳定下来。正如德国著名哲学家康德所说，音乐是高尚、机智的娱乐，这种娱乐使人的精神帮助了人体，能够成为肉体的医疗者。

3. 合理宣泄调节法

合理宣泄调节法就是把自己压抑的情绪向合适的对象释放出来，使情绪恢复平静。消极情绪让人们觉得痛苦难忍，对这样的情绪如果过分压抑会引起意识障碍，影响正常的心理活动，甚至会使人突然发病。这时如向自己的亲朋好友把自己有意见的、觉得不公平的事情坦率地说出来，倾诉自己的痛苦和不幸，甚至痛哭一场，或者向远方的知己写封书信诉说苦衷，则可使情绪平复。当然，情绪宣泄要合理，要注意对象、场合和方式，不可超越法律、纪律规定的范围。

龚　红：很多，比方说照顾小孩很累……我觉得自己不知道怎么当一个好妈妈…… **陈可丹**：这可能是你自身对于妈妈的角色还没转换到位，接下来你可以和其他妈妈多交流或多找点书来看，这会非常有效。	龚红对于担任新手妈妈比较陌生，陈可丹针对该情况给出合理的建议，这在疏导过程中十分有帮助。

> **理论链接　母亲角色转换**
>
> 新手妈妈常常处在母亲角色转换的过渡期，这个阶段可以通过以下方式逐渐实现对母亲这个角色的适应：
>
> 1. 运用母亲角色，关心、爱护、触摸孩子，经常与孩子进行情感交流，积极采取母乳喂养。这些有助于新手妈妈消除自认为无能的心态。
>
> 2. 可以从怀孕3个月后开始练习进入母亲角色，通过阅读书刊、听讲座等途径，学习育儿知识和技能，如喂奶、洗澡、换尿布、抱婴儿等。同时，还要对婴儿正常的生长发育规律、常见病痛防治及安全防范有一些了解，并对意外情况有心理准备。
>
> 3. 在孕期与丈夫一起向医生咨询，阅读有关书刊或向准妈妈学习。

龚　红：嗯……是呢，我确实有很多不懂的，这些让我常常觉得很无助。这个时候我婆婆和老公一点儿忙都不帮我，全都各做各的，太过分了！

理论链接　缺乏共情

共情，也称为同理心，是由人本主义创始人罗杰斯所阐述的概念。共情或共情状态，是指准确地、带有情绪色彩地觉察另一个人的内在参照系，就好像你就是他，但又永远不失去"好像"的状态，即体验别人内心世界的能力。具体包含三个方面的含义：

1. 借助对方的言行，深入对方内心去体验他的情感、思维。

2. 借助自身的知识和经验，把握对方的体验与他的经历、人格之间的联系，更好地理解问题的实质。

3. 运用恰当的方式把自己的共情传达给对方，以影响对方并取得反馈。

共情的意义：

1. 被共情者会感到自己被理解、被悦纳，从而感到愉快、满足。

2. 促进被共情者的自我表达、自我探索，从而达到更多的自我了解和双方更深入的交流。

3. 对于那些迫切需要获得理解、关怀和情感倾诉的对象，有更明显的效果。

因此，在人们急需被共情却缺乏共情的情况下，容易在彼此间设立起无形的屏障，产生对抗、冷战、隔离等不良模式。

陈可丹：嗯……他们没有充分体谅到你是他们的不对，那你曾向他们提出过来帮帮你的要求吗？

龚　红：这种事情不是应该要自觉吗？还需要我去提醒，这样还有什么意思？

陈可丹：你看你，你要想想啊，并不是每个人都知道你在想什么，有时候你要主动去求助，对方也许想帮你，但看到你一副十项全能的样子就退缩了。

> 陈可丹及时调整龚红的错误认知，让龚红从其他角度思考问题，从而增加了问题被解决的可能性。

> **理论链接　产后情绪疏导方式**

在释放情绪的基础上，需要合理地引导自己，以预防负面情绪的出现：

1. 转移注意力。不要总将精力放在不好的事情上，多关注一些愉快的事情，或者自己喜欢的事情。

2. 不苛求完美。没有人能做一个完美的妈妈，不要对自己有太高的要求，降低心理预期可以减轻一些负担。

3. 适当给自己放假。照顾孩子是个体力活，孩子睡眠也不规律，所以孩子休息时，自己也要尽量休息；适当调节生活内容，听听音乐、散散步，抽空放松自己。

4. 纠正认知偏差。人受困扰，不是由于发生的事实，而是由于对事实的认识。决定情绪的是人的认知，主动调整自己对事情的看法，纠正认识上的偏差，多从光明面看问题，就可减弱或消除不良情绪，变阴暗为晴朗。

5. 主动求助。当感到无助、情绪崩溃时，可以向自己的伴侣、闺蜜、父母倾诉，寻求帮助，不要一直自己扛着。

6. 求助医生。当自我调整没有改善时，应该积极求助医生。产后抑郁可以用药物来治疗，但药物可以通过乳汁分泌代谢，影响孩子的喂养，所以一定要咨询医生，不要盲目用药。

龚　红：这样嘛……那我尽量试试，我的个性确实比较好强……

陈可丹：很开心你可以慢慢地打开心结。坏情绪没有那么可怕，只要合理疏导并且找到背后的原因去解决，就能顺利度过产后的这个时期了。

龚　红：我没想到还有那么多能力需要锻炼，我总是要表现自己，觉得自己会很多了……

陈可丹：是啊，每个人都有不少的东西要学，这样才能不断地成长嘛。加油，我相信你可以的。

总评：

本案例中，龚红的情绪比较多而且压抑得较深。陈可丹首先充分共情龚红，并利用足够的时间让龚红释放情绪，这对于处在抑郁情绪中的当事人来说至关重要；接着根据龚红对于自身情绪的认知，陈可丹给予一定的引导和

龚 红：谢谢你，可丹，我知道该怎么办了。	建议；最后鼓励龚红勇敢面对生活的挑战。总体而言，本次疏导注重情绪调节，给予的建议针对性强，同样可运用到此类负面情绪疏导的案例中。

案例5：丧亲事件的哀伤处理

当事人：小　可

疏导员：刘社工

小可今年14岁，是一名初一女生，由于爸爸妈妈常年外出打工，所以她和爷爷奶奶相依为命，生活多年。小可与爷爷奶奶的感情融洽，爷爷奶奶呵护她、照顾她，小可与爷爷奶奶的感情甚至超过了爸爸妈妈。

小可的奶奶充满爱心、和蔼可亲，一直以来陪伴小可玩耍，照顾小可的生活起居，奶奶在小可心目中的位置非常重要。然而在一场巨大的地震中，奶奶永远地离开了她，没有留下一句话。小可得到消息后脑袋嗡的一声全部空白，顿时感到无法呼吸，昏了过去。从那天开始，小可整天沉浸在奶奶去世的悲伤中，以泪洗面，脑海中总是浮现奶奶牵她去小溪边玩时的笑容，给她扎头发的温柔。奶奶的关爱历历在目，小可每每想起便难过得无法自拔。

爷爷看到小可的情况不佳，便邀请了震后心理疏导员刘社工来帮助小可。

刘社工：小可，你好，叫我阿姨就可以啦。（微笑并轻拍肩膀）	刘社工以亲切的肢体接触和小可打招呼，首先侧重于营造安全的聊天氛围，与小可建立良好的互信关系。

理论链接　亲和效应

在人与人的交往和认知过程中，人们的心理定势大体上可以分为肯定与否定两种形式。肯定式的心理定势，主要表现为对于交往对象产生好感和积极意义上的评价；否定式的心理定势，主要表现为对于交往对象产生反感和消极意义上的评价。

我们在人际交往中，往往存在一种倾向，即对于自己较为亲近的对象，会更加乐于接近。"亲近的对象"就是我们俗称的"自己人"。所谓自己人，大体上是指那些与自己存在着某些共同之处的人。

在现实生活中，我们往往更喜欢把那些与自己志向相同、利益一致，或者同属于某一团体、组织的人，视为"自己人"。在其他条件大体相同的情况下，和"自己人"之间的交往效果一般会更为明显，其相互之间的影响通常也会更大。

所有这一切，反过来又会进一步巩固并深化自己对交往对象原来已有的积极性评价。在这一心理定势的作用下，"自己人"之间的相互交往与认知必然在其深度、广度、动机、效果上，都会超过"非自己人"之间的交往与认知。可见，人们在与"自己人"的交往中，肯定式的心理定势发挥着一定的作用。

亲和可以说是打开很多人心灵大门的通行证。所以在疏导过程中，为了与当事人建立良好的互信关系，我们也可以适当地展现自己的亲和：

1. 要注意微笑。微笑能够化解对方的不信任，迅速拉近双方的距离。微笑还是自信的表现，只有自信的人，才会经常在脸上浮现着自信的笑容。微笑还是一个人素质的反映，微笑使人显得特别有礼貌，体现了对人的尊重。无论从哪个方面来看，微笑都是一个非常好的习惯。

2. 要亲切地与人打招呼。对于陌生人来说，建立和谐人际关系的一个重要方法就是注重礼貌、礼仪。

3. 要有眼神的交流。低着头，反映了缺乏自信；而眼睛乱瞟，反映了傲慢，或者过于随便。因此，和人打招呼时一定要有眼神交流。

小　可：阿姨，你好。（眼圈泛红，低着头，情绪压抑）

> **理论链接　哀伤反应**
>
> 1. 感觉：悲哀、愤怒、内疚与自责、焦虑、孤独感、疲倦、无助感、惊吓、苦苦思念、解脱感、轻松、麻木……内疚与自责是丧亲者常有的感受。丧亲者常常因为自己对逝者不够好，没能及早就医等事，感到内疚和自责。
>
> 2. 认知：不相信、困惑，沉浸在对逝者的思念中，产生幻觉，感觉逝者仍然存在。
>
> 3. 行为：失眠、食欲障碍、心不在焉的行为、社会退缩行为、梦见失去的亲人、避免谈失去的亲人、寻求与呼唤、叹气与坐立不安、哭泣、旧地重游、携带遗物与珍藏遗物。

刘社工：你看起来很难过，能和阿姨说说怎么了吗？ **小　可**：（摇头）没什么，没什么……	刘社工温和地跟随着小可的情绪，逐步打开小可紧闭的心房。

> **理论链接　哀伤的种类**
>
> 了解哀伤的种类，有利于疏导员进一步了解当事人的情感体验。丧失哀伤一般分为以下四种：
>
> **1. 长期的哀伤**
>
> 是指过度延长，而且永未达到一个满意结果的哀伤反应，周年祭日的悲伤可能会长达十年或更久。
>
> **2. 迟缓的哀伤**
>
> 又称被禁止的、压抑的或延后的哀伤反应。当事人在丧失发生的当时情绪反应不足，在日后再度失落时却产生了过多、过强的哀伤反应。迟缓的哀伤也可以在看到他人经历哀伤时感受到，如看电影、电视等。

3. 夸大的哀伤

当事人体验到强烈的正常悲伤反应，觉得不胜负荷，因而产生不适应的行为。比如，因无望感引发非理性的绝望，再加上忧郁现象，形成临床上的抑郁症。

4. 伪装的哀伤

当事人虽然有引起生活困难的症状及行为，但不认为自己的症状或不适应行为和丧失有关。

刘社工：嗯……你现在和谁一起住呢？

小　可：和爷爷还有……（开始啜泣）我不相信……没有！这不是真的！

刘社工：嗯……

小　可：奶奶没有死，没有！（大哭）

> 关键性的提问让小可的主要诉求事件有出口，接着刘社工给予小可足够的时间留白，安静地陪伴，让小可充分释放情绪。

理论链接　心理防御机制——否认

否认是一种比较原始而简单的心理防御机制，其方法是借着个体在创伤情境下的想法、情感及感觉来逃避心理上的痛苦，或将不愉快的事件"否定"，当作它根本没有发生，来获取心理上暂时的安慰。"否定"与"压抑"极为相似。"否定"不是有目的地忘却，而是把不愉快的事情加以"否定"。否认有以下四种形式：

1. 本质上的否认

对现实的否认，即使有大量的证据证实其存在。这种否认的防御机制在临床上是比较常见的。例如，严重的酗酒者通常不只是把他们酒瘾的严重性最小化，而是完全不允许自己去承认他们已经染上酒瘾。

2. 行动上的否认

通过行为象征性地表达出"那个令人厌恶的事实并非真的！"

3. 幻想中的否认

坚持错误的信念以避免去面对通常令人恐怖的现实。

4. 言语上的否认

利用一些特殊的字眼使自己相信现实的虚假性。

理论链接　哀伤的五个阶段

美国心理学家伊丽莎白·库伯勒-罗丝在她 1969 年出版的 *On Death and Dying*（《论死亡与临终》）一书中提出了"哀伤的五个阶段"：

第一阶段否认：通常接收到悲伤、灾难性事件的信息时，我们会先否认事情的发生，把自己隔离起来。这其实是一种心理防卫机制，我们宁愿选择性地把这些事实藏起来，也不要面对残酷的事实。

第二阶段愤怒：当我们无法再欺骗自己，从"否认"中走出来时，痛苦所造成的冲击太大，所以会将内心的挫折投射到他人身上，有时也会投射到自己身上。接着我们可能会开始怨天尤人，怪天怪地怪别人，甚至对自己生气。

第三阶段妥协：当"愤怒"过后，我们的想法可能有些改变，努力让结果不那么坏，有时也会暗自祈祷（讨价还价），让坏结果不要那么快到来。

第四阶段绝望：在这个阶段我们体会到失去的事实，了解到"讨价还价"也于事无补，于是痛苦再次地来袭，而且这次是扎扎实实地打在心上，没有理由可以逃避了。这时的我们变得脆弱、消极，所以要非常小心，很多人可能因为"走不出来"，而选择结束生命。

第五阶段接受：这个阶段我们变得冷静，走出"沮丧"，体悟人生无常，并不需要一直把自己困在悲伤中。我们学会了放下，重建生活，准备开启一段新的人生旅程。

当巨大的不幸和变故来临时，我们的情感波动大致如此。通过了解"哀伤的五个阶段"，就明白了身处绝境、失去依赖感的人是怎样一种心理状态。有时候一个念头的转换、一个想法的改变，都是"接受"的关键。

刘社工：是的……奶奶的死让你很难过很难过，没办法接受…… 小　可：奶奶怎么可以死？她对我那么重要！她死了我怎么办啊！（痛哭） 刘社工：嗯……奶奶怎么可以死，她对你来说那么重要…… （小可放声大哭，宣泄哀伤情绪）	刘社工充分共情小可，让小可感受到自己被感知、被接纳，从而更愿意继续释放情绪。

理论链接　情绪释放

心理学研究发现，当人烦恼、忧郁、苦闷时，尤其需要他人的理解和疏导。

个体寻求能够理解自己的对象，把闷在心里的苦闷宣泄出来，求得他人的疏导和指点。个体以正确的方式、方法去释放、宣泄不良情绪，对促进个体身心健康和全面、和谐的发展具有重要意义。

刘社工：嗯……嗯……我知道而且感觉得到你很痛苦，接受不了这个事实…… 小　可：（哭泣逐渐停止）奶奶真的对我很重要。 刘社工：嗯……可以说说奶奶在世的时候让你感受到了什么吗？ 小　可：奶奶很细心地照顾我，经常带我出去玩。只要是我想要的东西，她都会尽量给我，而且她还会经常鼓励我，告诉我很多道理……她让我感受到爱、包容和温暖。 刘社工：嗯……奶奶给予了你很多的爱、包容和温暖，奶奶在你心目中是很棒的人。 小　可：嗯……奶奶是一个很善良的人。 刘社工：如果，此时奶奶就在你跟前，你最想和奶奶说什么呢？	刘社工与小可共同回忆奶奶对小可的照顾。这也是缅怀逝者、感恩逝者的一种方式。 刘社工在小可释放情绪后，通过提问她与奶奶的经历来让小可感受到与逝去亲人的爱的联结，从而使小可得到情感上的慰藉。

小　　可：奶奶……谢谢你这么用心地照顾、呵护小可，奶奶……你在天堂要好好的，奶奶我爱你！（再次大哭）

刘社工：嗯……嗯……奶奶一定听到了……

（小可放声大哭，宣泄哀伤情绪）

刘社工：嗯……小可，奶奶如果听到了，会对你说什么呢？

小　　可：奶奶……奶奶说要我好好和爷爷生活，照顾好自己，希望我天天开心……

刘社工：嗯……奶奶送了美好的祝福给你，那么你会怎么做呢？

小　　可：我会好好过的，好好学习，好好和爷爷过日子，以后也照顾好爷爷。我希望奶奶放心，但是我不会忘记奶奶的。

刘社工：嗯……是的，你很孝顺。小可，你每年都可以通过一些方式来怀念奶奶。比如，扫墓或在需要的时候，在心里和奶奶对话，只要你觉得合适都可以。

> 刘社工在帮助小可初步释放情绪及建立与奶奶的联结后，进一步提供给小可怀念奶奶的方式，从而逐步开始面对现实的生活。

理论链接　仪式哀悼

　　面对丧亲，人们会采用各种悼念方式，如悼念的仪式、风俗等，实为人们面对丧亲的一个哀伤过程。

　　祭奠仪式就给人们提供了这样一个过程：

　　1. 通过固定的仪式，提供了一个特定的时间和空间，完成与丧亲对象的分离，增加丧亲的确认感。

　　2. 通过多重意义的象征、比喻和情节，可以充分宣泄因死亡而带来的各种情感。

　　3. 众人聚集得以分享和获得支持。

　　4. 所致悼词和个人对死者的哭诉，个人的冲突和痛苦，得以用社会和文化接受的方式进行表达。

　　5. 不仅仅是面对死亡，其他的丧失情况同样需要一定的祭奠仪式。

第九章
心理疏导在自我成长中的应用

小　可：嗯……我知道了，我会的。

刘社工：你觉得奶奶现在去了哪里？

小　可：在天堂。

刘社工：嗯……奶奶现在开心吗？

小　可：嗯……奶奶看到我现在的样子变开心了。

刘社工：小可真是一个很棒的孩子，奶奶一定很欣慰。

小　可：嗯！谢谢阿姨的鼓励，我会好起来的。

刘社工：嗯。（拥抱）

总评：

　　哀伤处理的过程中，刘社工主要注重小可悲伤情绪的宣泄，首先通过建立互信氛围、共情及时间留白等方式让小可逐步释放自身压抑的情绪；接着帮助小可建立与逝者的情感联结，从而得到心理上的宽慰；最后提供给小可怀念逝者的方式，协助小可慢慢放下对逝者的关注，把注意力转移到现实生活。总体而言，情绪宣泄既是重点也是难点，当事人情绪宣泄后一切水到渠成，疏导员在本案例中的处理方式十分到位。

理论链接　处理哀伤时需要完成的心理任务

1. 确认和理解丧失的真实性。
2. 体验悲伤的痛苦。
3. 应对由于丧失所带来的环境和社会性的改变。
4. 转移与丧失对象的心理联系。
5. 修复内部和社会环境中的自我。

第十章
心理疏导在家庭生活中的应用

亲子互动：陪伴孩子共同成长

家庭是人们最初的生活场所，一个人的社会性发展绝大多数情况下是从家庭开始的。通过家庭成员，特别是父母的抚养与教育，孩子逐渐获得了知识和技能，掌握了各种行为规则和社会规范。在诸多影响孩子社会性发展的家庭因素中，父母教养方式是最重要的一个。在父母对孩子的教养行为中，价值观念、行为方式、态度体系及道德规范，会从家庭的上一代传递给下一代。

一般而言，父母的教养方式可以被归纳为两个维度：其一是父母对待孩子的情感态度，我们称之为"接受——拒绝"维度；其二是父母对孩子的要求和控制程度，我们称之为"控制——容许"维度。在情感维度的接受端，家长常以积极、肯定、耐心的态度对待孩子，尽可能满足孩子的各项要求；在情感维度的拒绝端，家长常以排斥、冷漠的态度对待孩子，对他们不闻不问。在要求和控制维度的控制端，家长会为孩子制订较高的标准，并要求他们努力达到这些要求；在要求和控制维度的容许端，家长宽容放任，对孩子缺乏管教。

根据这两个维度的不同组合，可以形成四种教养方式：权威型、专断型、放纵型和忽视型。不同的教养方式无疑会对孩子的社会性发展和个性形成产生重大影响（见表3）。

表3 不同教养方式的影响

教养方式	维度类型	可能后果
权威型	接受+控制	儿童期：心情愉悦，幸福感；高自尊和高自我控制 青少年期：高自尊，高社会和道德成熟性；高学术和学业成就
专断型	拒绝+控制	儿童期：焦虑，退缩，不幸福感；遇到挫折易产生敌对感 青少年期：与权威型相比，自我调整和适应较差；但与放纵型和忽视型相比，常有更好的在校表现
放纵型	接受+容许	儿童期：冲动，不服从，叛逆；苛求且依赖成人；缺乏毅力 青少年期：自我控制差，在校表现不良与权威型或放纵型相比，更易产生不良行为
忽视型	拒绝+容许	儿童期：在依赖、认识、游戏、情绪和社会技巧方面存在缺陷；攻击性行为 青少年期：自我控制差，学校表现不良

权威型教养方式

这是一种理性且民主的教养方式。权威型的父母认为自己在孩子心目中应该有权威。但这种权威来自父母对孩子的理解与尊重，来自他们与孩子的经常交流及对孩子的帮助。父母以积极、肯定的态度对待孩子，及时热情地对孩子的需求、行为做出反应，尊重并鼓励孩子表达自己的意见和观点。同时，父母对孩子有较高的要求，对孩子不同的行为表现奖惩分明。这种高控制且在情感上偏于接纳和温暖的教养方式，对孩子的心理发展有许多积极影响。这种教养方式下的孩子，独立性较强，善于自我控制，自尊感和自信心较强，喜欢与人交往，对人友好。

专断型教养方式

专断型父母要求孩子绝对服从自己，希望孩子按照他们为其设计的发展蓝图去成长，希望对孩子的所有行为加以保护和监督。这也是一种高控制型的教养方式，但在情感方面与权威型父母有显著的差异：专断型父母常以冷漠、忽视的态度对待孩子，他们很少考虑孩子自身的要求与意愿；对孩子违反规则的行为表示愤怒，甚至采取严厉的惩罚措施。这种教养方式下的学前期孩子常常表现出焦虑、退缩和不快乐。他们在与同伴交往中遇到挫折时，易产生敌对反应。青少年时期，在专断型教养方式下成长的孩子与权威型相比，自我调节能力和适应性都比较差。但有时他们在校的学习表现比放纵型和忽视型的学生好，而且在校期间的反社会行为也较少。

放纵型教养方式

放纵型父母和权威型父母一样，对孩子抱以积极、肯定的情感，但缺乏对儿童的控制。父母放任孩子自己做决定，即使他们还不具备成熟的判断力。例如，任由孩子自己安排饮食起居，纵容孩子贪玩、看电视。父母很少向孩子提出要求，例如，不要求他们做家务事，也不要求他们学习良好的行为举止；对孩子违反规则的行为采取忽视或接受的态度，很少发怒或训斥孩子。这样教养方式下的孩子大多很不成熟，他们随意发挥自己，往往具有较强的冲动性和攻击性，而且缺乏责任感，合作性差，很少为别人考虑，自信心不足。

忽视型教养方式

这类父母对孩子既缺乏爱的情感和积极反应，又缺少行为方面的要求和控制，因此亲子间的互动很少。他们对孩子缺乏最基本的关注，对孩子的行为缺乏反馈，且容易流露厌烦、不愿搭理的态度。如果孩子提出诸如物质等方面易于满足的要求，父母可能会对此做出应答；而对于那些耗费时间和精力的长期目标，如培养孩子良好的学习习惯、恰当的社会性行为等，这些父母很少去完成。这种教养方式下的孩子与放纵型教养方式下的孩子一样，具有较强攻击性，很少替别人考虑，对人缺乏热情与关心。这类孩子在青少年时期更有可能出现不良行为问题。

父母的教养方式对孩子的行为方式、性格习惯有着深远的影响。对于孩子，既要给予适当的管教，也要给予适当的尊重和爱。因而，在与孩子相处过程中，父母需要时刻注意觉察及反思自己的言行，是否存在对孩子过度专制、过度放任或过度冷漠的情况。

第十章
心理疏导在家庭生活中的应用

案例6：学习与青春期孩子相处

当事人：李媛

疏导员：程菲

李媛的儿子陈立今年14岁，初二学生。李媛一直致力于儿子的全面发展，从小没少让陈立上各种特长班。而聪慧、懂事的陈立也让李媛成为其他妈妈羡慕、佩服的对象。然而，自从陈立加入学校的田径队后，情况却有些变化：陈立很喜欢田径队，把很多的时间投入到了体育训练中，因而学习成绩稍有下滑。李媛非常紧张，多次劝说儿子退出田径队，无果，于是私下前去劝教练让陈立退出。陈立得知此事后十分愤怒，已经半个月没和李媛说话了。李媛十分苦恼，遂向同是家委会的朋友程菲诉苦。

李媛：程菲，你可得帮帮我，我真的不知道怎么办了。陈立要恨死我了。

程菲：发生什么事啦？

李媛：还是这田径队给闹的。之前跟他好说歹说，道理说尽了就是不答应退出田径队。你说我还能咋办？我只好找他们教练说去啊，我说"我家陈立还是要以学习为重，以后他就不来了，你们也别叫他去训练了"。后来这事儿被我儿子知道了，就闹别扭了，这都两周多没跟我说话了。如今他是没法去田径队了，但是也不好好去上课，我听他老师说他上周都旷课两次了。真是愁死我了。你说这孩子，咋这么不懂事啊！

程菲：听起来确实很让人闹心。自己的一番苦心没有被儿子理解，儿子还因此埋怨你。我可以问一问你为什么一定要他退出田径队吗？

李媛：唉，因为这种事儿我听得太多了。你见过有几个孩子能

> 李媛是主动倾诉者，因此在心理疏导的开始，程菲只需简单地提问。

> 对情绪进行共情反馈：在李媛的视角，自己为了儿子十分操心，却得不到理解。在此基础上再用提问去了解李媛的陈述中未提及的内容。

真的体育又练得好，还能保持学习成绩的？一般能有一样行的就不错了。我从小送孩子练这练那的，就是想让他身体能好点儿，没想到他自己太喜欢跑步了。我之前不是找他那教练吗，教练说这孩子训练非常刻苦，想拿名次，还劝我说，我儿子是个好苗子，该让他试试。教练当然想让学生都去练体育，拿了名次他们才有奖励。可我不想我儿子走弯路，你看那些学体育的，多辛苦啊，日晒雨淋的，还这伤那痛的。我可不想让我儿子这样。

程菲： 我明白了，你是担心陈立走弯路，担心他辛苦或者因为训练落下伤病。这些想法你都跟陈立说过了吗？是怎么说的呢？

李媛： 都说过啊！我就说："儿子啊，难道你妈我会害你吗？从小到大妈哪不是尽心尽力地为你好的？我吃过的盐比你吃过的米都多！你这想法太幼稚、太不成熟。"我还跟他说："学体育的能出头的没几个，你肯定不是其中一个。我不是看不起你，这是客观事实，赶紧别做这些无用功，把心思都放回学习上来。"你看，我也没说什么过分的话，也跟他说得很明白了。他以为自己很厉害，但是"人外有人，天外有天"，他到了省里能拿啥名次啊？这孩子就是一点都听不进去，倔得像一头驴。跟他说话，他就拿眼睛瞪我或者翻白眼，真是没把我气死……

程菲： 作为一个妈妈，太理解你的心情了。当孩子的想法和做法与我们希望的背道而驰的时候，真是又无奈又着急。从我们的经验判断，知道怎样的选择对孩子可能是更好的。我们可能很容易以为只要把情况、道理说明白，孩

听需求。李媛说了很多，但最后两句才真正回答了之前的问题，即让儿子退出田径队的原因。

有参与地反馈，让李媛感受到程菲的支持。同时，对于青少年心理特点的讲解，也可以有效缓和李媛的焦虑。

子就会立刻理解。但实际的情况是,这个年龄段的孩子,正是自我意识萌芽的时候。他们正是希望可以自己做决定、探索世界的时候。在我们看来再理所当然的选择,孩子也不一定会立刻接受。

李媛: 你说得很有道理。唉,我也不知道为啥孩子越大越不听话,真是操碎了心。

程菲: 这是青春期孩子特有的心理,你也别太焦虑了。

理论链接　青春期孩子的心理特点

1. 独立性增强。随着自我意识的形成,青春期孩子的独立性急剧增强,强烈希望用自己的标准判断、衡量是非曲直,渴望用自己的眼睛看世界,希望"当家做主",成为自己命运的主人。可以说,青春期是人从被动转化为主动、从依赖成长为独立的重要时期。

2. 情绪波动大。青春期孩子情绪易波动,内心比童年期更为敏感、细腻。他们既会因成功而激动喜悦,也会因一时的挫折而消沉沮丧。在青春期,他们还容易出现强烈的自卑或自傲心理,变得更加在意外貌和他人的看法。在这个阶段中,亦容易出现逆反心理。

3. 心理闭锁。青春期孩子由于心理不断发展,已经学会隐藏、掩饰自己的真实情绪,出现"心理闭锁"的特点。部分青少年进入青春期后会变得沉默寡言,他们经常躲在自己的房间里,很少与父母交谈,甚至会拒绝父母的关心。

4. 行为易冲动。受情绪波动的影响,青春期孩子的行为也容易出现冲动情况。这是由于控制神经尚未发育完善的原因。位于前额叶的控制中心一般到成年早期才能完全成熟。

5. 性心理困扰。青春期阶段是人的生殖系统、第二性征发育的高峰期。人的性意识会有较快的发展。青春期孩子会更清楚两性间的差异。这个时期也是性心理困扰的多发时期。

李媛： 这孩子都两周没跟我说话了，我能不急吗！我真是不知道可以做啥了。中间我好几次跟他说话，他也不出声，也不看我，完全不知道在想啥。把我给气的，我没忍住就骂了他几句，居然就学会旷课了。真是让我气得不轻。

程菲： 是啊，孩子不理自己，当父母的最难受了。不过，我有一个感觉，好像在你和陈立关于这件事的整个讨论中，沟通是单向的，你单向地向孩子输出你的观点，希望孩子接受。感受也是单向的，我能听到你的生气和无奈，你也向我描述了你儿子的反应和做法，但你好像没提到过他的感受和想法。我想问一下，你觉得整件事里面，孩子的感受是怎样的呢？

李媛： （沉默）我儿子肯定也是一肚子气……但你没问的话，其实我倒没想过这方面。（皱眉）可能一来呢，我觉得孩子要生气也气不长，哪怕他生气了我也不担心他能气多久；二来……可能我觉得他的气不应该，因为我是为他好啊，我苦口婆心的，为他操心这操心那的，不感激也算了，哪来那么大的脾气啊？你说是不是……

程菲： 你之前没考虑到孩子的情绪，原因是你觉得他不会气太久以及他不应该生气。（温和地）不过我有很多这种明知道不应该生气，但还是忍不住生气的时候。比如说，我婆婆很喜欢收拾我的卧室，我跟她说过很多次，主卧不需要她收拾，她总是很喜欢进来帮我们打扫以及整理。其实客观上我知道，老人的出发点是好的，同时整洁一点确实更好，但每次我发现我的东西被挪动了位置，还是觉得非常生气。我因此跟我婆婆产生过不少次的矛盾。其实我不是不知道她是好意，但还是会觉得生气。

反馈的技巧。向李媛反馈在倾听过程中自己的感受：李媛一直在谈论自己，这表明李媛可能缺乏对儿子情绪与想法的关注。程菲的反馈起到了提醒作用。

借"说自己的事"启发李媛思考。程菲举的例子是很多人生活中常见的日常小事，因此很容易引起李媛的共鸣。

李媛：我知道，我妈也很喜欢收拾我的东西，每次我要用都找不到，而且说也不听……老人家总是觉得这样是为我们好，但说实话，这样反而弄得更麻烦、更不舒服。我明白你想说啥了。（笑）你看，咱俩都四十多的人了，遇到爸妈管自己的事儿，遇到爸妈跟自己意见不合的时候都气得不行，更别说我儿子了。

程菲：（微笑）是的是的。换位思考的话，你就很容易理解你儿子为什么会生气了。我们的爸妈觉得是为我们好的事情，我们不一定会认同，有时反而觉得起了反作用，因此理解、感激就无从谈起了。

李媛：你说的有道理。可我儿子毕竟还是个孩子，你说我不管他吧，也不合适。你说眼下我该干吗，再哄哄他，向他认个错？

程菲：在那之前，有两个问题你得想明白了。一个是你哄他的目的是什么，是为了让他听你的，还是让他愿意跟你沟通？另一个是你要向他认什么错，你错在哪儿呢？

（李媛若有所思。程菲安静地等待李媛再次发言）

李媛：说句实话，其实前面我哄他并不那么真心实意，我觉得当妈的姿态都放低了，做儿子的就该赶紧明白自己做得不对了，是这么个性质。我觉得，他这个年纪，对社会完全不了解，追求的东西都没有价值。我想到他会难受那么一阵子，但最终会理解我的。为了他的前途，哪怕难受一阵子，这事儿我也必须做。这么说来的话，我哄他其实还是想让他认同我、理解我。

程菲：我发现了，你太担心孩子以后会后悔做错选择，所以先帮他做了选择。当妈的真是用心良苦啊。话说回来，陈立为什么那么喜欢田径队呢？

"答"的技术。没有直接告诉李媛应该如何做，而是通过两个问题来引起李媛的自我觉察：在李媛前面的倾诉中，未流露出后悔、惭愧的情绪，更多是委屈、生气，因而李媛对儿子的"认错"未必出于真心。这两个问题可以帮助李媛察觉到自己与儿子沟通中常处于"上位者"模式，从而进一步意识到二人沟通不具备平等性。

李媛： 小孩嘛，喜欢那种被人夸的感觉。我也不知道他咋就那么喜欢，拿个名次又不容易，累死累活的。还有，他应该喜欢跟那一群田径队的小孩在一起吧，之前每次说起田径队谁谁又有什么趣事时，就眉飞色舞的。有一次他们聚会完我去接他，一群孩子咋咋呼呼、吵吵闹闹的，我儿子跟我说，这叫"团队氛围"。

程菲： 陈立为什么喜欢在田径队，你刚说的"团队氛围"可能就是很重要的一点，他在田径队里找到了一群志同道合的朋友，对田径队有了归属感。归属感是人类很重要的一种需求。

（李媛若有所思）

程菲： 其实他从学习成绩上也可以得到夸奖和荣耀，但他还是很希望可以在田径上有所成就。也许，这是他在用自己的方式，探索如何在这个世界中找到自己的位置。这在心理学上称为"自我实现"的需求。

理论链接　马斯洛需求层次理论

马斯洛理论把人类的需求分成生理需求、安全需求、社交需求、尊重需求和自我实现需求五类，层次由低级到高级（见图6）。

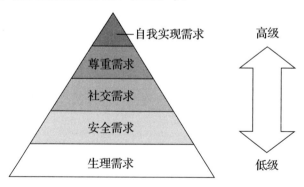

图6　马斯洛需求层次理论

各层次需求的基本含义如下:

1. 生理需求

这是人类维持自身生存的最基本要求,包括饥、渴、衣、住、性等方面的需求。如果这些需要得不到满足,人类的生存就成了问题。在这个意义上说,生理需求是推动人类行动的最强大的动力。马斯洛认为,只有这些最基本的需求满足到维持生存所必需的程度后,其他的需求才能成为新的激励因素,而到了此时,这些已相对满足的需求也就不再成为激励因素了。

2. 安全需求

这是人类要求保障自身安全、摆脱事业和丧失财产威胁、避免职业病侵袭、解除严酷监督等方面的需求。马斯洛认为,整个有机体是一个追求安全的机制,人的感受器官、效应器官、智能和其他能量主要是寻求安全的工具,甚至可以把科学和人生观都看成满足安全需求的一部分。当然,当这种需求一旦相对满足后,也就不再成为激励因素了。

3. 社交需求

这一层次的需求包括两个方面的内容。一是友爱的需求,即人人都需要伙伴之间、同事之间的关系融洽或保持友谊和忠诚;人人都希望得到爱情,希望爱别人,也渴望接受别人的爱。二是归属的需求,即人人都有一种归属于一个群体的感情,希望成为群体中的一员,并相互关心和照顾。社交需求比生理需求更细致,它和一个人的生理特性、经历、教育、宗教信仰都有关系。

4. 尊重需求

人人都希望自己有稳定的社会地位,要求个人的能力和成就得到社会的承认。尊重需求又可分为内部尊重和外部尊重。内部尊重是指一个人希望在各种不同情境中有实力、能胜任、充满信心、能独立自主。总之,内部尊重就是人的自尊。外部尊重是指一个人希望有地位、有威信,受到别人的尊重、信赖和高度评价。马斯洛认为,尊重需求得到满足,能使人对自己充满信心,对社会满腔热情,体验到自己活着的用处和价值。

5. 自我实现需求

这是最高层次的需求，是指实现个人理想、抱负，发挥个人的能力到最大限度，完成与自己的能力相称的一切事情的需求。也就是说，人必须干称职的工作，这样才会使他们感到最大的快乐。马斯洛提出，为满足自我实现需求所采取的途径是因人而异的。自我实现需求是在努力发掘自己的潜力，使自己越来越成为自己所期望的人物。

马斯洛需求层次理论的基本观点：

1. 五种需求像阶梯一样从低到高，按层次逐级递升，但这样次序不是完全固定的，可以变化，也有种种例外情况。

2. 一般来说，某一层次的需求相对满足了，就会向高一层次发展，追求更高一层次的需求就成为驱使行为的动力。相应地，获得基本满足的需求就不再是一股激励力量了。

3. 五种需求可以分为高低两级，其中生理需求、安全需求和社交需求都属于低一级的需求，这些需求通过外部条件就可以满足；而尊重需求和自我实现需求是高级需求，通过内部因素才能满足，而且一个人对尊重和自我实现的需求是无止境的。同一时期，一个人可能有几种需求，但每一时期总有一种需求占支配地位，对行为起决定作用。任何一种需求都不会因为更高层次需求的发展而消失。各层次的需求相互依赖和重叠，高层次的需求发展后，低层次的需求仍然存在，只是对行为影响的程度大大减小了。

4. 马斯洛和其他的行为科学家都认为，一个国家多数人的需求层次结构，是同这个国家的经济发展水平、科技发展水平、文化发展水平和人民受教育程度直接相关的。在不发达国家，生理需求和安全需求占主导的人数比例较大，而高级需求占主导的人数比例较小；在发达国家，情况则刚好相反。在同一国家的不同发展时期，人们的需求层次会随着生产力水平的变化而变化。

李媛：你说到"自我实现"的时候，我想起我填志愿那会儿，我爸非让我填会计，我说我不想学，我爸也没问我想学什么，为啥想学，就一直跟我说会计好会计好，听他的准没错。其实我也知道会计好找工作，但是当时我认为自己有语言天赋，如果学外语，应该可以学得很好。最后我还是学了会计，但也因为这事儿心里抱怨了他好几年。这么一说，还真怪不得陈立不跟我说话。（沉默）你说我现在应该怎么做呢？

程菲：前面我还问你一个问题，如果你要跟儿子道歉，你觉得你错在哪里？这个问题你现在好像已经有答案了。（笑）

李媛：我觉得我之前没太把我儿子当成一个人，就是说我没太管他自己的想法、感受，想强行让他接受我的想法。哪怕我儿子生气了，我也还是没当一回事，觉得他不该气我。其实他确实该气我，因为我该多尊重他一些。还有就是教练的事儿，我是绕过我儿子做了决定，这其实让他很没有面子……我之前跟他认错说的都是"虽然妈这样做让你不高兴，但是妈都是为你好"。虽然我跟他道歉了，但还是想让他赞同我是对的，他是错的……

程菲：（笑）你这反思和总结的能力杠杠的啊！那你打算后面怎么做？

李媛：首先还是得认真地、真诚地跟我儿子认个错，如果他接受了，我们就可以好好聊一聊。我还是觉得没必要花太多时间练体育，影响到学习。不过我刚才突然想到，我儿子可能有他自己的规划，因为他之前很生气地说，"你啥都不知道就乱来，比赛完离期末考试还有一个月，我保证能赶上去的。"虽然这种规划可能是很幼稚没有效果的，但是我也可以听听他具体是怎么打算的，再跟

> 注重引导，避免直接回答问题、直接提建议。时刻记着：相比于快速解决问题，更宝贵的是李媛解决问题的欲望和信心。

> 真诚的赞美。

他谈判谈判。我可以让步一些，但我希望他也能让步一些，让我可以安心一点，你说是不是？这不过分吧？他那个规划呢，要是有可取之处，我是愿意让他继续训练的。

程菲： 先认真道歉，然后听他说，最好你俩都能各退一步，听起来不错。

李媛： 嗯。我今晚回去得寻思寻思，具体怎么说我儿子才乐意听。

程菲： 孩子进入了青春期，交流起来真的不是一件容易的事情呢！要比以前花多很多的心思和耐心。友情提示，在交流过程中，要时刻记住这个阶段孩子的心理特点啊。我推荐你看《非暴力沟通》里面说的一些沟通技巧，我感觉是很有效的。

李媛： 好好好，我一会儿就去书店买。

> 适当的总结。
>
> **总评：**
> 我们要允许青春期孩子的叛逆。孩子做得不好，可以适当地引导，但不要粗暴地压制、扼杀。不然，扼杀的不仅仅是他的叛逆，还有可能是他的精神和人生。

案例7：帮助孩子适应二胎生活

当事人：敏敏

疏导员：爸爸

敏敏5岁时，妈妈决定生二胎。敏敏一开始懵懵懂懂，每当人们问起她的意愿，她总是说支持妈妈。但等到妈妈真的把弟弟生下来，抱回家以后，敏敏表现出了极大的抗拒和不适应。她嫌弃地给弟弟起了个小名叫"多多"，有时会抢弟弟的牛奶喝，硬要挤在妈妈和弟弟中间睡觉，还会趁大人不注意时偷偷掐掐弟弟的小手。

敏敏的妈妈又要照顾新生的小宝宝，又要顾虑大女儿，实在很头疼，有时会忍不住大声责骂敏敏。敏敏感到很委屈，觉得妈妈不爱自己了，于是哭着找爸爸倾诉。

爸爸：你为什么满脸不高兴？

敏敏：妈妈不爱我了，她只爱弟弟。

爸爸：妈妈做了什么，让你觉得她不爱你了？

敏敏：妈妈刚才骂我，很凶很凶，而且她每天都跟弟弟在一起，很久都不跟我玩了。我叫她给我讲故事，她也不理我了。

爸爸：妈妈不能陪你玩，要不我来陪你吧，我来给你讲个故事，好不好？

敏敏：不要，不要！我要妈妈给我讲！哼，我讨厌弟弟，我不要弟弟！

爸爸：宝宝为什么不喜欢弟弟？

敏敏：弟弟整天都黏着妈妈，就是因为他，妈妈都不爱我了，你也不爱我了，你们都不爱我了。而且弟弟一点也不好玩，笨笨的，又不会说话，又不会走路。他长得好丑啊，都没有头发。你看我多漂亮，我的头发长长的，可以扎小辫子。可是妈妈都不给我扎小辫子了，以前她可喜欢我了。呜呜……

> 爸爸首先尝试"解决问题"的思路，但孩子"不买单"。她的反应说明，此时她最大的需求在于情绪的宣泄，而不是现实问题本身。
>
> 情绪1：愤怒
>
> 开放式问题，用于质询。我们不是不知道孩子的答案，但仍然要给孩子抱怨的空间，用"为什么"做出邀请，允许和接纳她的负面情绪。
>
> 情绪2：悲伤、委屈

理论链接　二胎对大宝的心理冲击

现在二胎家庭越来越多，二胎的到来对家庭中原本处于"独生子女"地位的大宝而言是很大的挑战。有些孩子开始出现各种退行表现，例如，情绪容易失控，大吼大叫或频繁哭泣，时隔多年后又开始尿床，做奇奇怪怪的事情吸引大人注意，反复询问爸爸妈妈是否爱自己，等等。如果此时家长疏忽了孩子的感受，一味打压、提要求，反而会加大孩子适应生活变化的难度，形成创伤和阴影。孩子从来都不是愚钝的，他们有一颗敏感的心，时刻需要家长多一丝关心。

家长需要调整心态：

1. 孩子的排斥情绪是正常的本能反应，与道德水平无关，只是有些孩子更明显，有些孩子更快适应。应允许孩子适当表达排斥情绪，引导孩子选择理性的宣泄方式，否则压抑的怒火可能导致孩子的行为失控。

2. 承认孩子的生活发生了巨大变化，包括家长的陪伴时间、关注精力、物质投入等，而不是遮遮掩掩地承诺"会像以前一样爱你"。承认孩子的损失能避免孩子感觉孤军奋战。

3. 对二胎养育的疲惫和压力做充足准备，有意识地避免自身情绪向孩子转嫁。

4. 适当安排孩子参与二胎的照顾，能够加强孩子之间的联结，但不要成为负担。同时主动安排与大宝的单独相处，满足孩子的安全感。

爸爸：敏敏说妈妈不爱你了，可是我觉得，敏敏也不爱妈妈了。

敏敏：不会啊，为什么说我不爱妈妈？

爸爸：你每天早上都去幼儿园，跟其他小朋友玩，都没有陪妈妈，妈妈也会难过的。

敏敏：但是我是小孩子啊，就必须去幼儿园。而且我在幼儿园很忙的，我要搭积木，还要吃点心、做游戏。

爸爸：你在幼儿园的时候，心里还有爱爸爸妈妈吗？

敏敏：当然有。我一放学不就跑回来抱你们了吗？

爸爸：所以啊，妈妈有时候也会很忙，她很忙的时候就没办法陪你，但她心里还是很爱你的，一直一直爱你。等她一有空了，她不是就跑过来给你讲故事了吗？

爸爸：所以，妈妈不陪你不是不爱你，是她太忙了。等她忙完手头的事情，就可以好好抱抱你啦。而且就算她正在忙着照顾弟弟，她的心里也一直记挂着我们敏敏的。就像敏敏一样。

敏敏：可我还是不喜欢弟弟。我们可以把他丢掉吗？我不想要弟弟了。要不然，我们把他送给别人家吧。

爸爸：你原来不是说，很想有个弟弟妹妹陪你玩吗？

情绪3：疑惑

用类比的方式引导孩子换位思考。

引导重构。从更积极、客观的角度重新理解妈妈的行为。

敏敏：可是我现在不想要了啊。

爸爸：你是多多的姐姐，就像小猪佩奇是小猪乔治的姐姐。如果有一天，佩奇把乔治丢了，乔治该多可怜啊。他找不到回家的路，也找不到爸爸妈妈了，只能一个人孤孤单单地流浪，一边饿着肚子，一边抱着他的玩具恐龙。你说，乔治会哭吗？

敏敏：会的。

爸爸：他会怎么哭？

敏敏：（学乔治的声音）嘤嘤嘤，我要爸爸妈妈，我要回家，我也要姐姐。

爸爸：那如果是多多呢，他会怎么哭？

敏敏：多多不会说话，但他也会很难过的……爸爸，我们还是不要把多多丢掉吧。

> 不要急于批判孩子的想法，要倾听他们语言背后的情绪、需求和目标。

> 与孩子讲道理时，最重要的不是逻辑，而是情感，描述细节有利于激发孩子的"感同身受"。

> 引导反思，而不直接给出答案。

理论链接　卡通形象在孩子成长中的作用

瑞士心理学家皮亚杰将孩子从出生后到 15 岁的智力发展划分为四个阶段：感知运动阶段、前运算阶段、具体运算阶段和形式运算阶段。

前运算阶段是指从孩子学习一种语言开始持续到五六岁。在这个阶段，孩子通过语言、模仿、想象、符号游戏和符号绘画来发展符号化的表征图式。他们的知识仍然在很大程度上取决于自身的知觉。

这个阶段的孩子已经能够理解童话故事，会被故事中的人物、情节带动出各种情绪体验，也在这些情绪体验中开始模仿学习。他们喜欢某些符号化的卡通形象，就像喜欢现实世界中的朋友一样。由于卡通形象的用词、表情、喜好、思维方式都比成年人更亲切、易理解、有共鸣，孩子常常更容易在不知不觉中被它们影响。这种影响小到词汇量的积累、穿着打扮的模仿，大到规则习惯的跟从、是非观的形成。

这一方面提醒我们，教育这个阶段的孩子时，可以多借用细节丰富的卡通形象，帮助孩子将抽象的道理变成具体的榜样行为；另一方面也警示我们，重视大众媒体上各种卡通作品的管理和审查,避免孩子过多、过早接触各种不良行为的示范,例如暴力、色情等。

爸爸:可是多多霸占了妈妈,妈妈就没有时间给你讲故事了,怎么办?

敏敏:其实我可以自己看书,我已经是大孩子了。但我害怕妈妈爱多多比爱我更多,怎么办?

爸爸:爱一个人,就要想办法给他他喜欢的东西。比如,弟弟需要喝奶,妈妈爱弟弟的方法就是给他喝奶;你喜欢听故事,我爱你的方法就是给你讲故事;小猫喜欢吃鱼,我爱小猫的方法就是给它喂鱼。只是方法不一样,不是更爱谁多一点。

敏敏:那我要怎么爱妈妈呢?

爸爸:你觉得妈妈喜欢什么东西?

敏敏:嗯,妈妈最喜欢睡觉,我看她现在天天都在睡觉,还老是打哈欠。

爸爸:是啊,妈妈太辛苦了,需要多休息。所以你要怎么爱妈妈呢?

敏敏:我要让妈妈多休息,我要学会自己扎小辫子,就不用让妈妈辛苦了。

爸爸:敏敏真棒!

敏敏:爸爸,那你更爱我还是更爱弟弟?

爸爸:你为什么会担心我不够爱你呢?

敏敏:飞飞的奶奶说,我有弟弟了,爸爸妈妈就不爱我了,以前我可以吃一个苹果,以后就只能吃半个了,因为要分一半给弟弟。

爸爸:你把半个苹果分给弟弟吃,弟弟把他的苹果也分一半给你吃,你瞧,换来换去,不是一样多吗?只要你好好爱

> 孩子在"爱谁多一些"这件事情上反复纠结,前后都还有其他表现。这一次疏导员从正面出击,希望引导孩子聚焦在"如何爱",而不是"爱多少"上。

> 逐步递进、逐步引导,尽量放慢速度,让孩子的思维能跟得上。

> 孩子又再次纠结在这个问题上,说明孩子不仅仅是认知上的困惑,更多是情绪上的恐慌。这次疏导员从侧面出击,用开放式问题质询情绪的原因。

弟弟，等他长大了，他会买很多很多的苹果给你吃，好不好？

敏敏：太好了！

爸爸：下次如果飞飞的奶奶再这么跟你说，你告诉他，我爸爸说我们家有很多很多苹果，不用你操心。

> 教会孩子如何保护自己。

理论链接　不良逗弄行为的心态分析

成年人在社交或私下场合与孩子接触时，有时会采取"逗弄"的姿态，既包括亲如父母的人，也包括陌生人。他们会反复追问"你爱爸爸还是爱妈妈"，然后在孩子左右为难、不知所措时哄堂大笑；他们会不怀好意地暗示孩子"爸爸妈妈不爱你""你不是亲生的""妈妈爱弟弟"，然后等着看孩子一脸震惊或恐惧；他们喜欢出各种对孩子而言根本不可能理解的"脑筋急转弯"，再当众大声宣布孩子的失误……以上种种行为，都会对孩子的身心健康造成严重影响。

但为什么总有人乐此不疲地逗弄孩子？可能存在以下几种心态：

1. 工具性目的，逗弄孩子是他们缓解尴尬、融入社交的手段。在他们眼中，孩子跟玩具、宠物一样，可以信手拈来，娱乐自己和其他人；

2. 以为能锻炼孩子的心智。但没有爱意的为难是不会让孩子提升智慧的，只会让孩子不断累积羞耻感和挫败感。

3. 转移自身挫败感，简而言之就是"捡软的捏"。当他们看着孩子不舒服时，自己的心态才能达到平衡。殊不知这个过程中，其实也暴露了他们自己内在的恐惧和懦弱。

4. 恶意的社交伤害。企图通过伤害孩子，达到破坏孩子家庭关系的目的。

敏敏：如果弟弟长大以后跟我抢东西，怎么办？

爸爸：你是姐姐，你会教他讲道理的，对不对？他是弟弟，他会听你的话，还会以你为榜样。如果姐姐天天抢东西，他就会学你，天天跟你抢东西；如果姐姐知道谦让，知

> 疏导员的话语孩子可能无法理解，但对话中的郑重、深情，孩子是能够感同身受的。孩子会把整个情

> 道照顾弟弟，他也能学会爱姐姐，有好东西时也会想着你。
>
> **爸爸**：敏敏啊，你可能听不懂，但我还是想跟你说，爸爸妈妈都没有弟弟妹妹，从小家里只有我们自己，有时候真的挺孤单的，这是我们的遗憾。我们希望你和多多能不一样，可以相互扶持，一起长大。等到有一天爸爸妈妈不在了，你们就是这个世界上最亲的人，你们会在一起回忆爸爸妈妈，回忆我们的家。所以，多多才是爸爸妈妈可以给你的最大的礼物。
>
> **敏敏**：那我们现在一起去看看弟弟吧。

境印刻在潜意识的记忆中，对后续产生深远影响。

恋爱婚姻：趟过爱情的多瑙河

亲密关系，一个亘古不变的话题，由于爱情二字本身便盈满了浪漫色彩，令人神往，自古以来无数男女为之耗费心神，寻寻觅觅，渴望蓦然回首下寻见真爱，自此相伴一生。

每段爱情的伊始往往甜度满满，大量多巴胺和5-羟色胺的分泌使恋人的大脑皮层兴奋异常，沉溺于"粉色气泡"中，甘愿丧失理智，把世界上所有最好的形容词毫不吝啬给予对方，形容为飞蛾扑火也不为过。这些不仅在世界名著中大量渲染，从我们日常"吃狗粮"的过程中也有深刻的体会。

但是，亲密关系随着时间的推移，将逐步从甜蜜期过渡到磨合期，双方进行更为深入的交往，对彼此的全面了解也将拉开帷幕。这时候彼此的人格特质、行为习惯都不断在发生碰撞，若是能基本满足性格合拍、志趣相投、价值观一致等条件，方能修成正果。可以说，磨合期才是对爱情真正的考验，一场恋爱的结果将在当中见分晓，而磨合期的顺利度过也能为婚姻奠定良好基础。

遗憾的是，不少伴侣由于种种原因在磨合期分道扬镳，无缘携手走到最后，只能以分手的方式结束。许多人在这之后并不能快速调整状态，而是长久地沉浸于分手的痛苦中，不断地自我折磨、自我怀疑，不愿意面对已分手的事实。在经营一段亲密关系的过程中，每个人都难免会经历争吵、冷战、委屈，甚至绝望。因为亲密关系像是每个人的软肋，爱是"想触碰又缩回手"，我们越是渴望被爱，越是容易在亲密关系中受到伤害。

有时候，结束一段关系后，即便愿意展开一段新恋情，也会发现同样的困境在下一段关系，下下段关系中一再重演。是的，虽然我们反复经历过亲密关系中的困境（甚至是相同的模式），但或许因当局者迷，我们很难对自己在关系中的角色和功能做出准确的判断，无法觉察亲密关系当下的状态。所以在下一段亲密关系中，我们依然会狠摔在同一个坑里，却"丈二和尚摸不着头脑"，之后不愿想起也不敢感受当时的伤痛，从而产生出"再也不相信爱情""不会再爱了"的想法。

我们知道，爱与被爱都是一种能力，亲密关系中这两种能力的关键作用也不言而喻。既然是能力，便能够通过科学而恰当的方式训练获得，从而更好地在亲密关系中展示自我，探索双方的契合度。那么，磨合期中究竟要如何"修炼"爱情，爱情失利后又要怎么做才能不重蹈覆辙？

首先，我们应该对爱情有充分的了解，当我们谈恋爱时究竟在谈什么？不同于亲情、友情，爱情有其独特性和不可替代性，我们需要了解爱情背后的组成成分。其次，我们需要了解人为什么需要爱情，爱情究竟带给我们什么样的心理体验和感受。再次，学会经营爱情，双方应当了解亲密关系的不同发展阶段及相应的状态调试。最后，如果确实不合适了也要学会放手，照顾和爱惜自己。

案例8：经历分手也是一种成长

当事人：张纪

疏导员：张可

张纪是一位大学刚毕业不久的男生，今年23岁。毕业那年刚和初恋女友晓雯恋爱满三年，恋爱期间两人在外人看来形影不离、感情融洽，却被女方突然提出分手。晓雯毅然决然地决定离开，不愿回头。

张纪在分手初期多次联系晓雯，但女方表示对他已无感情，告诉他不要再纠缠。

张纪便找到晓雯身边的女性朋友，希望她们能再次撮合彼此，朋友深受其扰，晓雯无奈之下将张纪从通讯录中拉黑。自此，张纪睡眠质量急剧下降，暴瘦数十斤。这一年来，张纪的情绪时常不稳定，只要想起和晓雯度过的时光，便觉得自己的心空落落的，做什么都提不起劲来，深夜里更是常常彻夜难眠，希望晓雯能够重新回到自己的身边。分手至今，张纪内心仍常感到极度痛苦，难以走出。

张纪的姐姐张可目睹弟弟日益消沉，主动找到张纪，希望能开导他。

张可：张纪，姐姐看到你自从失恋以来一直状态不好，怎么了呢？ **张纪**：我也不想这样，可我就是怎么也打不起精神来，满脑子都是她。分手后我觉得自己是个彻头彻尾的失败者，什么事情都不想做。 **张可**：嗯……你很难打起精神，什么事情都不想做……感觉到你很伤心。那你用过什么方法来释放自己的这些情绪吗？	张可与张纪是姐弟关系，张可主动提出谈话，让张纪感受到姐姐的关心和爱护，从而更愿意开口袒露自己的心声。 张可协助张纪主动寻找情绪疏导的方法，让张纪先把内在的负面情绪释放出来，后续才能更好地面对今后的生活。

理论链接　情绪疏导

情绪是指个体对外界刺激的主观的、有意识的体验和感受，具有心理和生理反应的特征。

情绪不可能被完全消灭，也很难用意志控制，它的到来和离去有着自己的规律。我们越是希望情绪尽早离开，它越会停留在我们身上。所以在某种程度上，我们越允许自己充分体验失恋后所浮现出来的情绪，那些情绪就越可能放过我们；而我们越是压抑它、掩埋它，它可能会纠缠我们越久。

情绪可以进行有效疏导。失恋之后经常出现两种负面情绪，一种是巨大的悲伤，一种是愤怒。对于这些负面情绪，我们应该允许它存在，并用适合的方式释放它：

1. 适度宣泄法。失恋者在失恋后不要独自把痛苦长期埋在心底，更不要时常独自品味，可以找些亲朋好友倾诉心中的烦恼，将痛苦和烦恼宣泄出来，以减轻心灵上的负荷。

2. 注意力转移法。是把注意力从引起不良情绪反应的刺激情境，转移到其他事物上或从事其他活动的自我调节方法。当出现情绪不佳的情况时，要把注意力转移到使自己感兴趣的事上。比如，外出散步，看看电影、电视，读读书，打打球、下盘棋，找朋友聊天，换换环境，等等。这都有助于失恋者的情绪平静下来，在活动中寻找到新的快乐。这些方法，一方面中止了不良刺激源的作用，防止不良情绪的泛化、蔓延；另一方面，通过参与新的活动特别是自己感兴趣的活动，而达到增进积极的情绪体验的目的。

除了适度宣泄和注意力转移之外，自我安慰、心理暗示、幽默升华等都是不错的情绪调节方法。

张纪：我觉得自己好没用啊，每天就陷在这些情绪里，也不敢和好朋友说，所以确实没有怎么去释放这些情绪。

张可：嗯，我知道我知道，你觉得很不好意思和朋友说这些。要知道你难过是可以的，谁失恋不难过的。（点头）

张纪：我就是搞不懂啊，为什么她突然就不爱我了？她怎么能说分手就分手？她是不是从一开始就不爱我？我都怀疑人生了，我到底做错了什么？

张可：我充分感受到了你的烦恼和困惑，姐姐等下想分享一些情绪疏导的方法给你，希望对你有帮助。那你消沉的这段时间是怎么度过的呢？

张纪：我每天都浑浑噩噩、度日如年，不知道自己在干什么。一闲下来就想我们的恋爱经过，哭哭笑笑的，像个神经病……

> 张可通过安静的倾听和全然的关注体会张纪的心情，收集张纪的困惑。这些陪伴对于刚刚失恋的张纪而言也是非常好的疗愈。

> 张可运用共情的方法，让张可体会到被理解、被接纳的感受。

理论链接　失恋发展阶段

失恋，指恋爱心理的平衡被打破，经历了一种被恋爱对象否定或被恋爱对象中断恋情的巨大挫折。失恋有以下五个发展阶段：

第一阶段，否定。难以接受这消息，不相信事情是真的发生了。

第二阶段，愤怒。觉得这是对方单方面的决定，自己成为受害者。

第三阶段，讲价。为阻止对方离开，不惜一切讨价还价。

第四阶段，悲伤。开始知道感情已逝，感觉一时间失去所有。

第五阶段，接受。终于接受两人关系告一段落，思考如何面对以后。

了解失恋的不同发展阶段，可以对当事人的状态有所了解和预测，从而帮助其更好地面对现状。

张可：是啊，谁还没失过恋呢。姐姐以前失恋的时候也非常委屈和痛苦，失恋确实让人不好过。我刚分手那两天一直躺在床上，什么都不想做。但是，这之后我会主动去想这段关系到底出现了什么问题。你呢，你想过她为什么提分手吗，可能是什么问题出现在了你们的恋爱中？

张纪：我想过，我这段时间一直在回顾我们两个人的恋爱经历。我和晓雯大学三年亲密无间，每天一起上下课、一起去自习，我给她买早餐、送她去车站，对她很关心也很照顾。我觉得我对她已经很好了，但是她分手的时候说对我根本就没有爱情的感觉，她觉得我们更像朋友，不应该再彼此耽误下去了，祝福我找到真正的另一半！

> 张可通过适当的自我暴露，让张纪感受到自己并不孤独，还有人能够理解自己。可以鼓励张纪更多地暴露，也能够帮助张纪从不同的视角进行思考。

理论链接　爱情三角

美国心理学家斯腾伯格提出的爱情理论，认为爱情由三个基本要素组成：激情、亲密和承诺。

激情是爱情中的动机成分，是情绪上的着迷。主要包括深厚的情感和性欲，以身体的欲望激起为特征。

亲密是爱情中的情感成分，指心理上喜欢的感觉。即热情、理解、交流、支持及分享，主要包括联结感、紧密感和喜爱，在爱情关系中能够引起温暖体验。

承诺是爱情中的认知成分，指维持关系的决定期许或担保。主要包括将自己投身于一份感情的决定及维持感情的努力。

虽然两性间的爱情形式因人而异，但其实都是由这三个基本要素以某种方式的混合所演绎的。斯滕伯格进一步将动机、情绪和认知各自在两性间发生的爱情关系，称为激情、亲密与承诺，即以动机为主的两性关系是激情的，以情绪为主的两性关系是亲密的，以认知为主的两性关系是承诺的、守约的。而完美的爱情应该是三者俱备，且合而为一（见图7）。

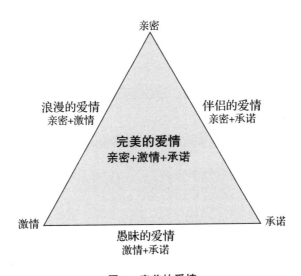

图7 完美的爱情

激情、亲密和承诺共同构成了爱情，缺少其中任何一个要素都不能称其为完美的爱情。斯滕伯格之所以把具备三个基本要素的爱情称为完美的爱情，是因为建立一段稳定、持续的爱情需要恋爱双方耗尽毕生的精力去培育、呵护，这是一项贯穿人生的浩大工程。

张可：看来晓雯对爱情的想法和你不一样，你们可能缺少了爱情的一些要素。你呢，你觉得她说得有道理吗？ 张纪：仔细想想挺有道理的……两个人如果和朋友似的，这恋爱谈着也没意思，恋人和朋友就应该是不一样的。只是为什么她根本就不跟我商量，自己就做了决定？我觉得她太自私了，一点也不考虑我的感受！我的付出她一点都不放在心上，我因为这个很难过。 张可：是啊，她这个决定没有和你商量是有点自私，她这样会让你感到很难过。但我们试着从积极的角度看看啊，她其实是真正在为你考虑，才希望你能找到更好的另一半呀。她不希望你们再继续耗下去，也是为你节省时间呀。	张可根据张纪的回应适时提问，引发张纪积极的反思。 张可在营造相互信任的气氛后，乘胜追击，开展安慰和劝告。此时张纪更能听进旁人的建议。

理论链接　积极心理学

积极心理学倡导人们转变原有的消极观念，采用积极、正面的角度看待事物，从而获得更高的主观幸福感。

如从积极的角度来看，失恋也可以带来不少我们没有意识到的好处：

1. 思念一个人总比对任何人都无动于衷要强。
2. 失恋的时候，你的朋友会特别多。
3. 失恋给了我们一个借口，可以去尝试自己平时不敢尝试的事情。比如，立刻出发去旅行，买下一直舍不得给自己买的礼物，等等。
4. 有更多时间关注除了恋情之外的事情。比如，关心父母、打拼事业等。

……

从积极的角度去看待事物，可以转换人们的固有认知，从而引发更为正面的情绪，帮助人们从负面情绪中顺利摆脱出来。

张纪：如果这么想的话，是会舒服很多，心态也平和一些……可我有时候好累啊，为什么人要谈恋爱啊？可以不要爱情吗？我不想再受伤了！	张可及时反馈张纪的困惑，让张纪初步明白爱情为什么被

张可：哈哈，你这个想法很有趣，失恋快让你变成哲学家了。你想嘛，大多数人都有寻求爱和归属感的需求，而恋人是不是恰好能满足这个需求？那爱情就产生了呀。

> 需要，从而有更多的探索欲望。

理论链接　亲密关系

亲密关系理论认为，当一个人能提供以下三个功能时，你就会觉得离不开他，紧紧依附于他：

1. 寻求亲密。
2. 当你生病、遇到危险或外界威胁时，他就成为你的避风港，照顾你、支持你。
3. 他像一个安全基地，给你安全感和自信，让你无所畏惧。

这三个功能满足了人们天生就有的三大需求：与人亲密，被人照顾，有充足的安全感和自信的来源。从而与他人形成一种社会联结，获得归属感。

亲密关系之所以重要，正是因为它能满足人们的归属需求。即与他人密切接触，被他人认同、接纳和支持的需求。

马斯洛需求层次理论中提到，归属需求属于较高层次的需求。人人都希望得到相互关心和照顾，而且感情上的需求比生理上的需求更细致，它和一个人的生理特性、经历、教育、宗教信仰都有关系。

张纪：嗯，没错，和喜欢的人在一起感觉很踏实和安全。但是为什么不能一直甜蜜，为什么会有那么多问题出现在亲密关系中呢？扎心……

张可：是呀，这确实让人无法接受。我想这是因为爱情并不会永远停留在最初的时期，许多考验都会陆陆续续出现在交往的过程中，度过了证明你们真的很合适，没度过也是你们彼此成长的好时机哦。

> 张可在良好的谈话氛围里讲述自己的观点，引导张纪正确认识爱情。

> **理论链接　亲密关系的发展阶段**
>
> **第一阶段：共存**
>
> 亲密关系的第一阶段，往往都是从互相吸引开始的，此时我们总是对伴侣怀有很高的期待。在共存阶段，双方都是表现自己最好的一面给伴侣看，但是我们没有真正考虑过，对伴侣的设想是否完全是真实的。
>
> **第二阶段：反依赖**
>
> 亲密关系的第二阶段就是双方进入反依赖阶段，我们忽然发现伴侣并没有我们想象中好，而且往往在这个阶段，很多人都会启动对伴侣的改造计划，但是这一改造计划并不一定会成功，甚至让我们对伴侣更为失望，因为我们的需求没有得到满足。此时，我们看到了最真实的伴侣在我们面前呈现，很多时候伴侣之间的分歧与磨合结果就是在这个阶段见分晓。
>
> **第三阶段：独立**
>
> 亲密关系的第三阶段，则是独立的内省阶段。要记住，亲密关系中的伴侣是来帮助我们更加深刻地认识自己的，最终找回自己。这个阶段最需要摒弃的概念，是好人和坏人，我们需要诚实地接纳伴侣的性格。这通常需要追溯到原生家庭，从源头去认识伴侣以及我们自己。
>
> **第四阶段：共生**
>
> 当亲密关系真正进入第四阶段，往往意味着我们已经找到了亲密关系的真谛。我们不会再对伴侣有过多的要求，而是看到彼此关系其实是一体的，双方灵魂相契。此时我们会对伴侣充满真正的爱，会真正"看"到伴侣的内在，会重新拥抱伴侣，会懂得真正用爱去疗愈伴侣，而不再只是控制。

张纪：成长的好时机？是吗？那姐姐，你说我现在失恋了应该做点什么？

张可：或许你可以先从自身着手，思考一下自己身上有什么需要再完善的，比如学识或工作能力等。毕竟送给对方最

> 张可通过举他人的例子佐证自己的观点，使话语更有说服力。

好的礼物就是更好的自己,这个时间段会是你很好的自我提升期。比如,居里夫人年轻时曾恋爱受挫,对方因她的长相和学识浅薄而嫌弃她。从此,她立志在学术上超过此人。于是埋头发奋,终于成为举世闻名的科学家。

理论链接　自我防御机制——升华

升华由弗洛伊德提出,是一种本能的力量以一种非本能的方式予以释放的过程。升华是最积极、最富建设性的防御机制。所有的升华都依赖于象征化的机制,而所有的自我发展都依赖于升华机制。如果没有它将一些本能冲动或生活挫折中的不满怨愤转化为有益的行动,这世界将增加许多不幸的人。

张纪：我明白了……谢谢姐姐。跟你聊完天,我的心情好多了,以后也希望能有机会和你多聊聊!

总评：

张可在疏导前期,主要运用了倾听、共情的方式来包容和接纳张纪。与此同时,收集张纪情感上的困惑,并通过适当的自我暴露迅速巩固双方的信任关系。在此基础上,从张纪的回答中抓住关键点进行提问,引发张纪更深刻的反思,从而协助张纪厘清恋情的症结所在,并探索未来应该要努力的方向。总体而言,疏导过程循序渐进,注重人文关怀,直击要害。

案例9：直面背叛需要勇气

当事人：赵雪

疏导员：彩瑛

赵雪与丈夫李锋相恋八年,结婚四年,二人有一个两岁多的宝宝。在亲朋好友眼中,赵雪和李锋是校园恋爱修成正果的模范情侣。在赵雪眼中,丈夫李锋上进心强，年纪轻轻就当上公司经理，因此，即使丈夫经常加班，自己也体谅和支持。然而，最近邻居目睹了李锋与一名女子亲密约会并告知了赵雪。赵雪在震惊之余，感到伤心、愤怒，同时又感到迷茫无措。在崩溃边缘，赵雪约见了久未见面的大学室友彩瑛。

赵雪：（哽咽）我觉得我快撑不住了，你跟我聊聊吧。

彩瑛：怎么啦，出什么事了？你的脸色好苍白……

赵雪：李锋在外面有人了！

（赵雪说完这句话开始大哭。彩瑛抚着赵雪的背，等待赵雪情绪平复，并在赵雪需要时给赵雪递纸巾。期间，彩瑛不作询问）

> 在当事人情绪激动的时候，不要急着追问，给当事人足够的时间宣泄和平静。

赵雪：之前我就有所怀疑，他经常看着手机就开始笑。每次我问他在看什么这么好笑，他就说是一些搞笑的新闻或者视频。其实我当时就感觉不对了，看到搞笑的东西不是那种笑法，而且我有几次给他洗衣服时都发现衣服上粘了长的卷发。可是我告诉自己，这是你的老公，要彼此信任，不要疑神疑鬼。所以我跟自己说，可能是不小心粘到了……（流泪）我就是一个彻头彻尾的傻瓜！

（彩瑛抚着赵雪的背，给予支持）

赵雪：我真是太傻了，当时既然起疑心了就应该多留点心眼，而我只是觉得不要想太多就没管了。当时也正怀着宝宝，一门心思都放在宝宝身上。可他却做出了这样的事……（流泪）

彩瑛：这是一件让人非常难过的事。你是怎么知道这一切的？有没有可能会是误会呢？

> 澄清，核实事实。

赵雪：我邻居看见了，她偷偷拍了照片。虽然是背面，但我一眼就看出来是他！那件衬衫、那条裤子都是我买给他的。那天他就是穿着这一身出门的，早上我还调侃说"知道你老婆眼光好了吧"，晚上我就看到了照片，（咬牙、发抖）那女的挽着我老公的手臂，脑袋贴在我老公的肩膀上。两人高高兴兴地吃着西餐。而我那天问他回不回来吃饭时，他骗我说年底了公司要加班……（哭泣）

有参与地共情。

彩瑛：你老公对你的欺瞒让你感到失望、愤怒和委屈。他的行为确实很不应该，我听着都生气。

赵雪：我怀孕期间反应很大，整天想吐，经常啥都吃不下。他老说我矫情，说其他人怀孕都没我这样难伺候。我那时就觉得他对我的态度没以前好了，可我婆婆说他是角色没转变过来，说男人当爸爸之前都是这样焦虑的……我想想也就理解、原谅他了。谁知道他是跟别人好上了，所以看我不顺眼、不耐烦了。他厌倦我了！嫌我怀孕变胖了、长妊娠纹了！

彩瑛：在你这么辛苦的孕期发生了这样的事，我真是太心疼你了。你丈夫并不能亲身理解和体谅你的辛苦，还挖苦你，真是让人感觉寒心。

理论链接　面对背叛的线索，人们为何会选择逃避

欺骗和背叛的前提是信任。亲密关系中的一方通常是另一方信任的，愿意与之共享秘密、财产与生活的人。而当一方信任的人辜负了这种信任时，被背叛的一方会感受到强烈而复杂的负面情绪，包括痛苦、失望、委屈、自我怀疑、后悔、愤怒、报复感等。由于这种情绪过于痛苦，部分被背叛的人一开始并不愿意面对真相。在诸多显而易见的蛛丝马迹前，他们甚至可能会自我说服，认为这些都是误会，直至无法再自欺欺人。

赵雪：我真是太生气了，他怎么可以这样呢？结婚之前在我爸妈面前保证会好好照顾我，会给我幸福的，结果刚结婚没两年他就出轨了！我怀着宝宝天天头晕，喝开水都吐，难受得不得了，他却在外面找女人！每次都说是加班给宝宝赚奶粉钱，其实就是在外面胡来！生完宝宝后我省吃俭用，想着以后宝宝读书要花很多钱，而他却丝毫没有为我们的家庭考虑，没有为宝宝考虑！之前还骗我说钱都在股市套牢了，好家伙，原来全都花在外面的女人身上了！有时候宝宝半夜醒了哭都是我起来看，一完成工作我就立刻回家，而他要不就说加班，要不回家了也是玩手机、玩电脑……

彩瑛：在怀孕不舒服时，女人都希望可以从丈夫那里得到安慰和支持，他不但没做到，还辜负了你的信任，欺骗了你，违背了当时在你爸妈面前的承诺。在你全心全意地为家庭考虑、投入时，他做出了这样的事，这真是太让人伤人心了，太让人生气了。

赵雪：当天晚上我翻来覆去一夜没睡着。我看着我老公的侧脸——我们在一起八年了，我以为我对他足够熟悉。我看着他，心想，为什么他还能睡得着？为什么这个犯了错的人可以这么心安理得地熟睡，而我却要受到这样的煎熬？我甚至有个念头，我想趁他睡着了杀了他……（哭泣）但是我没那样做，我忍住了……我不想为了报复他，把我下半辈子搭上。这样我爸妈、宝宝就太可怜了。

彩瑛：你对他有恨意，这是很正常的。如果我是你，我估计也会被愤怒折磨得彻夜难眠。你做得很好，为了他搭上下半辈子不值得。

在这种家庭问题中，疏导员有时是"尴尬的第三方"。心理疏导重在"疏"，反馈、共情对方的感觉，表达自己的心疼，让对方觉得自己被有力地支持和陪伴即可。

赵雪谈到了自己对出轨丈夫的恨和杀念，这是非常强烈的情绪波动。赵雪可能会伴有内疚、自我恐惧等情绪，此时可以将赵雪的情绪正常化，告诉她在当下有这种强烈的情绪是正常的，同时赞同赵雪理智的做法，以减轻赵雪的内疚感和恐惧感。

第十章

心理疏导在家庭生活中的应用

赵雪：然后我就在脑子里把我和他认识到现在的事情过了一遍又一遍。我问我自己，是不是我做错了什么？是不是不如以前好了，所以他不再爱我了？（崩溃大哭）

彩瑛：你为什么会觉得是自己的错呢？这样的想法是怎么来的？

赵雪：我想起了怀孕的时候，他总笑我胖了、肿了，当时觉得他就是开开玩笑，现在看来都是真的嫌弃。什么事情都是有预兆的。如果我身体好一点，不会水肿就好了，我老公就不会嫌我丑了。还有我生宝宝后就没有好好收拾过自己，为了干活方便，穿的都是旧的宽松的衣服，他也说过我，不要把自己搞得像老妈子一样，很丢脸……（哭）一定是因为我变丑了，所以他嫌弃我了……男人都是喜欢漂亮的、年轻的小姑娘的……

彩瑛：你觉得有可能是因为你怀孕后变胖了、不打扮了，所以你老公才出轨的，是这样吗？你觉得这个原因在多大程度上导致了你老公出轨？

赵雪：我不知道，但肯定有这个原因吧……（哽咽）我应该警觉一点的，在他说我几次后，我就应该放心上了……

彩瑛：（拍拍赵雪的背）我懂这种感觉，你后悔没有好好打扮自己。那我问你，人是不是都会变老、变丑呢？

赵雪：是的……当然啊。

彩瑛：那如果你没以前年轻漂亮了是你老公出轨的原因，那是不是无论怎样他最后都会出轨呢？

（赵雪沉默）

彩瑛：（温和地）那你再回答我一个问题，如果过了五年、十年，你老公没以前好看了，你会因此出轨吗？

赵雪：我当然不会！我想跟李锋好好过日子的！

> 让赵雪去评估"变胖不打扮"多大程度上导致丈夫出轨，可以防止赵雪沉溺在负面情绪中，过度夸大这个因素的作用，从而更深地沉溺在后悔的情绪中。
>
> 由于赵雪的后悔情绪比较强烈，此时可以从简单的问题引入，并反问赵雪在相同情境下是否会出轨，引导赵雪发现自己不打扮并非丈夫出轨的理由。

彩瑛：因为你认真地对待这段婚姻，所以当你老公老了、丑了，你都不会出轨。那这是不是可以说明，如果他对婚姻足够认真负责，他是不会因为你没有以前好看了而出轨呢？

赵雪：是的……（哭泣）他没有好好对待我们的婚姻……是我看错了他……

（彩瑛耐心地让赵雪尽情地释放情绪）

彩瑛：你要知道，他出轨不是你的错，是他辜负了你的信任。如果说你有什么错，那就是选择了一位对婚姻缺乏和你同等责任心的人作为丈夫。但这是你当时无法预料的，如果你要因此责怪自己的话，就像是在苛求人类不能犯错一样。从我了解到的方面来看，你是一位很好的妻子和母亲，为家庭付出了很多。

赵雪：可是有什么用呢……还不是被人厌弃了……（抽泣）你说我该怎么办呢？我还没跟他摊牌，说我已经知道他的丑事了……因为我还没想好……

彩瑛：我明白的，你现在思绪很混乱，我们一起来想一下。在这个混乱的感觉里，哪一种情绪或者念头对你来说是比较突出的或者比较清晰的？

赵雪：我不知道……我可能害怕他对我冷嘲热讽吧。（哭泣）我害怕他告诉我，跟外面的女人比，我在他心里根本不重要……我害怕他直接跟我说早就烦我，想跟我离婚了……

彩瑛：如果他真的这样说，你会有什么样的感觉？

赵雪：（哭泣）我不敢想……我会觉得世界像塌了一样……

彩瑛：世界像塌了一样……你可不可以想象一下，在这个塌了的世界里，你是什么样子的？

> 反馈的技术。这里的陈述没有直接跟赵雪说她没有错，而是表达这种"马后炮"式的自我谴责是一种无理由的苛责。同时，赞赏了赵雪为家庭的付出，表明她已经做得足够好，不应因对方的出轨再继续自我谴责。

> 当赵雪的情绪很复杂、混乱，乃至于无法清楚表述时，可以优先处理对于赵雪而言最强烈、最需要处理的情绪。

> 让赵雪具象化描述，才更了解赵雪最糟糕的想象和预测，才能更有针对性地对这些思维做疏导工作。

赵雪： 哭哭啼啼的，像个招人烦的怨妇一样。跟他离了婚，带着孩子，年纪也不小了，又不好看，工资又不算高。简直不知道日子还能怎样过下去。简直就是个讨人厌的失败者！

彩瑛： 我明白那种对离婚后生活的恐惧。你现在处在一个很糟糕的情绪中，因此你的想象会偏向于负面的。但你需要清楚，想象的事情不等于现实。离婚自然是有很多麻烦要处理，可能会遇到很多困难。但是，这不会是生活的全部，一定有一些好的可能性被你遗漏掉了。事实上，在我看来，你是一位能把工作和家庭平衡得很好的妈妈，而且你的长相并没有你认为的那么差。我想，如果你愿意，我们可以谈一谈离婚和不离婚的好处和坏处，哪些是你最希望发生的，哪些是你最担心的。然后，我们可以再谈后面该如何做。你觉得呢？

赵雪： 是的，是的……（流泪）这几天我真的太混乱了。我时而很恨他和那个女人，时而又很恨自己。有时我希望当作一切都没发生过继续过日子，有时我又希望赶紧结束这一切。我自己都不知道自己该怎么办，想怎么办……

彩瑛：（抱着赵雪的肩膀）你要知道，任何人遇到这样的事都会心乱如麻，你要对自己宽容一点……而且没关系，我们慢慢来聊……

但要注意，如果当事人处于需要心理咨询而非心理疏导（例如创伤后应激障碍、自闭症谱系障碍或恐惧症等），需要谨慎引导当事人想象或者回想具体的细节。

这个部分的话语其实需要格外谨慎。当发现当事人对离婚有很大的恐惧时，很多疏导员在疏导的过程中一不小心就会强烈表达自己的主张，或是劝和："离婚的日子好难过的，千万不要离。"或是劝离："再难总好过天天对着渣男。"要记住，无论做什么选择都是当事人个人的决定，疏导员需要做的是倾听、共情和引导思考。

理论链接　如何帮助亲密关系中的"被背叛者"

一项研究表明，意外发现爱人不忠的女性会出现与创伤后应激障碍特点类似的急性应激症状。其典型表现包括而不限于：

1. 情绪不稳定。反复出现哭泣，从愤怒到悲伤，再到充满希望三者间的来回转换。

2. 敏感易变。不断地搜集不相关的事件来证明对方会再次背叛自己，容易被可能的、有关背叛的线索诱发进入焦虑、愤怒或恐惧状态。比如，伴侣晚归，快速关电脑，或者"盯着"一个有吸引力的异性太长时间，等等。

3. 出现失眠、噩梦以及注意力不集中等症状，逃避回想及讨论背叛事件。

4. 出现强迫行为。如强迫性消费、进食、锻炼……

因此，由于发现爱人不忠而引起的一系列强烈的心理反应，也被称为"背叛创伤"。

当当事人愿意讨论背叛事件时，作为心理疏导员，我们可以从以下方面去帮助当事人从"背叛创伤"中走出来。

1. 帮助他们停止自我谴责。在亲密关系中，"谴责受害者"的现象并不少见，背叛者或他人常会给予一些语言暗示，认为是被背叛者做得不够好，所以背叛者才会在其他地方寻求满足。一方面，这是背叛者为自己开解的手段，以降低他们自身的负罪感；另一方面，这是由于社会对受害者过于苛责，在许多人的潜意识中，只有"完美受害者"才配得到同情与支持。这也会使得被背叛者产生自我谴责，认为是自己做错了事或存在不足才导致对方出轨。

2. 停止不间断的幻想。被背叛者可能会持续出现强迫性的行为（比如，强迫性清洁、强迫性购物）或者思考（比如，反复地、无法停止地回想过去的细节），这时候需要提醒被背叛者，使其意识到自己陷入了这种模式中，并鼓励其停止。这种细节的回溯由于能给人带来一定的掌控感，所以常在人产生后悔、懊恼情绪时出现。但这同样会带给被背叛者一种"如果我做得更好，那么就可以改变对方"的假想，使得被背叛者对双方以后的关系产生不符合实际的理想化预期。帮助被背叛者清晰地界定什么是伤害自己感情的行为，厘清自己的底线，是在背叛首次发生后需要做的。

3. 给予被背叛者足够的耐心。部分被背叛者需要花极长的时间恢复。这段时间，他们可能会一直处于"背叛创伤"的状态中。由于每个人成长的背景、经历不同，对亲密关系的理解不同，因此不要认为长时间走不出"背叛创伤"状态的人就是脆弱、无能的。要给予他们理解、尊重、抱持与信任，给予他们足够的时间和空间，来缅怀和哀悼那些在创伤中失去的。

4. 帮助被背叛者重建自我和自信。亲密关系是人们最重要的人际关系之一，可以说亲密对象的爱与肯定，是人们自我肯定的重要来源。因此，在被背叛后，人们可能会产生极大的自我怀疑：我是否不值得被喜爱？我是否没有价值？甚至会产生一种无论自己如何努力都不会获得肯定的挫败感。此时，给予被背叛者充分的陪伴与肯定是非常重要的。

案例10：在别人的故事里获得成长

当事人：潘言

疏导员：陈莉

潘言在经营一家公司，并带着两个孩子。潘言的丈夫张冕在经营另一家公司。

潘言长得漂亮，大学时也是学校的校花。当年追求潘言的人很多，张冕是当年众多追求者中最不被看好的一个。

婚后，潘言帮张冕把公司打理得井井有条，并开了自己的公司。夫妻俩长期异地分居，两个小孩的养育基本上是潘言在承担。

后来潘言发现张冕出轨。张冕跟一名到公司实习的女大学生有染。潘言不敢相信这个事实。"小三"论长相、论能力、论家世，都远远不及潘言。潘言提出离婚，张冕极力挽留。

潘言陷入愤怒之中，原以为固若金汤的婚姻，却发生了这种事情。潘言找到闺蜜陈莉倾诉。

潘言：你知道吗，张冕居然在外面养小三。
陈莉：（惊讶）不可能吧，谁都有可能在外养小三，就你们家张冕不可能，他当年那样追求你。
潘言：（眼眶红润）我刚开始也不敢相信，我一直以为是自己弄错了。
陈莉：太让人难以接受了……（抱了抱潘言）

> 陈莉在一定程度上共情了潘言的情绪。

潘言：他怎么能这样……（大哭）

陈莉：没事的……呀，没事的，很快会好起来的。（回避与潘言的目光接触）

潘言：（把到嘴边的话吞进去，擦了擦眼泪）嗯，我没事了，我想一个人待一会儿。

陈莉：我陪陪你吧。

潘言：不用，我没事。（说着把陈莉推出房间）

> 在此次疏导过程中，疏导员本身对这件事情也有强烈的无力感，而且好像无法承受潘言扑面而来的强烈的负面情绪。而这些无力感也让潘言感受到了，潘言选择把呼之欲出的情绪吞进去。疏导员在疏导过程中，有时要承担一个安全容器的作用，为当事人营造安全的疗愈空间。

理论链接　心理疏导中的非语言行为

人类的非言语行为是非常丰富的。梅尔贝因曾报告过他及其同事对于非言语行为和不协调信息的有关研究。研究表明，当人们收集到的各种信息不一致时，其总体效果等于7%的言语联系，加38%的声音联系，加55%的面部表情联系。即当言语及身体所表达的信息不一致时，其中影响力最大的是面部表情。因此，在心理疏导中，疏导员绝不能忽视当事人非言语行为传递的信息。伊根认为，一个有效的治疗者应学会"倾听"和理解下列非言语行为：

1. 躯体行为；
2. 面部表情；
3. 声音特征；
4. 自发的生理反应；
5. 个人的生理特征；
6. 个人的总体印象。

第十章
心理疏导在家庭生活中的应用

当事人：陈莉

疏导员：汪烨

陈莉之前作为疏导员，听到闺蜜潘言的丈夫出轨的事，心情也久久不能平静。陈莉夫妻和潘言夫妻也都是好朋友，两对夫妻是在同一年结婚的。陈莉无法接受这件事情，而对这件事情有强烈的无力感。

陈莉：闺蜜潘言跟我说到她丈夫出轨的时候，我很震惊。她丈夫张冕的为人，我和我丈夫也是了解的。真的难以置信。

汪烨：嗯……这件事情出乎你的意外，凭你对张冕为人的了解，他不会做这件事情，但似乎事实不是这样的。

陈莉：嗯……怎么会这样，好好的一个家庭。我希望潘言的家庭好好的……（哭泣）

汪烨：你觉得很难过。

陈莉：嗯……是的，我希望我的家庭好好的。

汪烨：嗯，除了难过，我还听到你对自己家庭经营的担心。

陈莉：嗯，对，我是担心。你知道，潘言他们可是模范夫妻，我和我们家老张倒是经常吵架。

汪烨：嗯，夫妻吵架也不一定是坏事。有些夫妻从不吵架，却突然崩盘了。

陈莉：嗯，潘言他们可能就是这样的。

汪烨：可能这是一个机会，一个可以好好学习如何经营婚姻的机会。或者它也是一个提醒。

陈莉：嗯……有了小孩后，我很少把关注给到我老公。

汪烨：嗯，看来你也留意到了。或许你可以做一些调整。

陈莉：嗯，是的。

……

汪烨运用共情的方法，理解和接纳了陈莉的感受。

汪烨听到了陈莉的"对自己家庭经营的担心"，做到了更深层次的共情。

汪烨让陈莉看到"吵架"的正面意义。

理论链接　移情和反移情

移情是精神分析的一个用语。来访者的移情是指在以催眠疗法和自由联想法为主体的精神分析过程中,来访者对咨询者产生的一种强烈的情感。是来访者将自己过去生活中对某些重要人物的情感太多投射到咨询者身上的过程。

咨询者对来访者也可能产生同样的移情,这被称为对抗移情或反移情。反抗移情的表现形式如同移情的表现形式一样,表现为正面的(如咨询者对来访者过分热情、爱怜和关怀)和负面的(如咨询者对来访者敌视、厌烦和憎恨)两种。从本质上讲,这表明了咨询者对来访者所产生的一种自我防御,它从客观上对心理咨询的顺利开展带来阻碍。

精神分析理论特别重视咨询者或治疗者自身压抑情感的处理和训练。咨询者要处理好自己的感情,既要注意来访者在自己面前所表露出来的各种态度和行为,也要特别注意不要将自己的生活经历和情感经验带进心理咨询中,更不能以此试图影响来访者的思想和行为。

陈莉：我现在很想帮我的闺蜜潘言。

汪烨：是的。我看到你强烈想帮闺蜜的意愿,感觉你不仅是在帮她,也是在帮自己。

陈莉：嗯……是的……我希望他们夫妻俩好好的,也希望我们夫妻俩好好的。

汪烨：嗯……有时关心则乱。或许你只是允许你的闺蜜去表现她的情绪,你在那陪着就好了。

陈莉：嗯……这样可以吗?(若有所思)

汪烨：你闺蜜如果在你面前号啕大哭,这样是可以的吗?

陈莉：嗯……我挺怕她哭得太厉害。

汪烨：她觉得安全或是觉得你可以承受得住,她才会放开哭。

陈莉：嗯嗯……大不了,我陪她大哭一场。

汪烨：嗯,也是可以的。如果她不想哭,你静静地陪着她也可

> 原作为疏导员的张莉,这时因为疏导的事情,求助其他疏导员。疏导员在疏导过程中也可以积极求助。

以的。在这之前,你要照顾自己担心的情绪。

陈莉: 嗯。

……

当事人:潘言
疏导员:陈莉

陈莉找心理疏导员汪烨聊完后,和潘言开始另一段对话。

潘言: 谢谢你来看我。张冕这个挨千刀的……

陈莉: 你觉得很难过,很生气。

潘言: (眼眶红润)我当然生气,我当然难过。你说,我到底做错了什么,要这么惩罚我……(哭泣)这些年我对这段婚姻、这个家庭付出了这么多,他居然敢……(大哭)

陈莉: (用手轻触潘言的后背)你想哭就好好哭一场,哭出来会好受一些……

潘言: (哭得更厉害)我觉得好生气。他怎么可以这样?

陈莉: 嗯,我能理解你的愤怒……连我都觉得生气。我看着你们一路走过。

潘言: 你说,他为什么会想出轨?你说,我当初选择嫁给他,也算是下嫁了吧,他有什么不满意的。出轨也就算了,找了一个长相、学历、能力、家世都不如我的人。唯一的一点就是年轻。

陈莉: 你知道他的出轨对象是这样,愤愤不平。

潘言: 嗯……是。他的公司也是我一手经营起来的,你说他有什么能力,有什么资本……

陈莉: 听起来,在你们的关系中,你很少肯定他。

> 陈莉营造安全的气氛和心理空间,让潘言愤怒、委屈的情绪得到释放。

潘言：我怎么肯定他？他生意失败了几次，还不全是靠我拉他出来，我从娘家借的钱帮他重新站起来。

陈莉：嗯……是。听起来，他在你这里很少获得肯定。你有没有想过，他想到的可能就是有人能经常肯定他。

潘言：嗯？

陈莉：我是说，那个小三，年纪轻，刚要走进社会，对你家张冕这种事业小有成就的中年男人，肯定是充满崇拜的。或许他想要的就是那份崇拜。

潘言：（沉默）或许，我不应该太经常否定他。可是，两个小孩平时都是我在带。小孩发烧了，我一个人开车三更半夜到医院，连个搭手的人都没有。

陈莉：嗯。可能你想到的是他能经常在你身边，陪着你。现实是你们分居在两个城市，各自经营自己的公司。

潘言：是，这是我想要的。

陈莉：我们每个人在一段关系里想要东西是不一样的。可能张冕想要是伴侣的肯定，你更想要的是他的陪伴。

> 陈莉通过提问，让潘言意识到自己在婚姻经营中待改善的地方。
>
> **总评：**
> 陈莉因为移情和反移情等因素，刚开始无法顺利处理潘言的困惑。陈莉通过寻求汪烨的疏导，解决了自己的心结，进而帮助了自己的闺蜜。

理论链接　爱的五种语言

根据心理学家的研究，一段神魂颠倒的恋情，平均寿命是两年。一旦陶醉过去，进入现实的婚姻中，个人真实的愿望、情绪和行为模式，就会现出原形。

爱情变味，是许多怨偶的困惑。在美国婚姻辅导专家盖瑞·查普曼博士看来，夫妻百年好合的境界，根本不能靠运气。掌握婚姻中沟通的技巧，最关键的就是要了解爱。每个人需要的爱的语言，都能归为五种：肯定的言词，精心的时刻，接受礼物，服务的行动和身体的接触。

养老护理：当我成了你的依靠

中国人向来避讳谈到"死"字，仿佛会一语成谶。

我们从潜意识到意识层面都重重地和这个字划清界限，最好永不碰头。但是，这样的行为无疑只会将死亡神秘化、扩大化，潜藏在心底的对死亡的恐惧将会伴随着年纪的增长日益浮现，老年群体的焦虑尤甚，被死亡吓破胆的人不在少数，他们惶惶不可终日，生怕下一刻就被"死神"掐住喉咙，无处遁逃。

死亡是生命的终点，是每个人都将要面对的一个问题，然而并非所有人在谈到死亡时都能保持坦然的心态，有些人在提及死亡时可能会出现死亡焦虑的心理问题。那么，如何应对死亡焦虑呢？美国存在主义心理学大师、心理治疗学家欧文亚隆认为，直视死亡如同直视骄阳，会给人们带来痛楚，但在深入地思考每个人终将会面对的死亡之痛后，人们会获得内心的和谐、平静。

死亡真的有那么可怕吗？或许我们应该想想，生命的终结究竟意味着什么？为什么我们没有办法面对，为什么我们在面对死亡的时候那么容易充满焦虑感？这些问题应当在面对死亡前，逐渐有清晰的认识，逐渐明白自己来到这个世界的意义。

直视死亡是应对死亡焦虑的重要方法之一，具体而言有：

1. 解决自我同一性焦虑。搞清楚"我是谁"，发展出自我概念的连续性、成熟性和统合感。如果走到即将面对死亡的这一步，却还不知道自己这一生的人生目标和价值感实现了没有，那么这一空虚感自然容易被放大为对死亡的无限焦虑。个体自我成就感的实现，将能为人带来内心极大的充盈。

2. 正确认识死亡，明白死亡是人这一生所必须经历的阶段。每个人来这人世间走一遭会经历许多事情，或好或坏，当中自然有一些待完成事件，但最后我们都会离开这个世界，结束自己的一生，这是人人都需要面对的一门功课。或许最后我们能做到的就是，尽量减少自己的缺憾，想清楚还有哪些事情能够让自己更加踏实地面对死亡，然后在这个期限来临前付诸行动。

3. 爱人与被爱。人的一生中，注意力会被很多事物所分散，例如身份、地位、财富等，但这些东西到了最后并没有办法进入心灵，真正地慰藉人心，唯有和身边的人互相给予支持和关爱才能够真正获得幸福感。有了与身边人的亲密联结后，孤独感将降低，也能与人分享自己的快乐或不安，从而有效缓解死亡焦虑。

案例11：当"死神"来叩门

当事人：杨大爷
疏导员：王　芳

杨大爷今年85岁，老伴刘女士5年前去世了，现在自己一个人住。原本杨大爷是一个爱锻炼、性格开朗的老头儿，现在整天呆坐着，忧心忡忡、脾气急躁，还容易哭。原来，前段时间杨大爷患过一场重感冒后，频频失眠，半夜突然醒来惊得一身大汗，梦里生一些自己也不知道是什么的病，他一边跑，疾病一边追，追到他后把他按在地上捶打，梦里的自己奄奄一息，心脏随时就要停止跳动。吓得他后半夜根本无法入眠，白天也常常沉浸在这个梦境中……

这种情况已经持续快两个月了，杨大爷的精神状态也越来越差，身体每况愈下，因为他总担心现实和梦境一样。于是常常和儿女念叨自己就快要死了，自己很害怕……甚至开始交代后事，希望儿女在他死后能好好为他办葬礼。

儿女很无奈，想宽慰老人，但平常上班繁忙而且不知道从何下手，于是邀请居委会的心理疏导员王芳前来帮忙宽慰老人。

王　芳：杨大爷，您好，听说您最近老做噩梦是吗？
杨大爷：是啊，我梦到我生了很严重的病，一直治不好，快死了……现在天天失眠……

> 老人需要他人的主动关心。王芳热心的提问能让老人感受到贴心的关怀。

理论链接　死亡焦虑

死亡焦虑，即在意识到生命终将消逝，或谈到死亡的时候产生恐惧、纠结、孤独、不安、难以接受等情绪，并有可能出现冒冷汗、心颤、呼吸急促等生理现象。

死亡焦虑以焦虑情绪体验为主要特征。可分为慢性焦虑（广泛性焦虑）和急性焦虑（惊恐发作）。

第十章 心理疏导在家庭生活中的应用

1. 慢性焦虑（广泛性焦虑）

（1）情绪症状：在没有明显诱因的情况下，患者经常出现与现实情境不符的过分担心、紧张害怕，这种紧张害怕常常没有明确的对象和内容。患者感觉自己一直处于一种紧张不安、提心吊胆，恐惧、害怕、忧虑的内心体验中。

（2）植物神经系统症状：出现头晕、胸闷、心慌、呼吸急促、口干、尿频、尿急、出汗、震颤等躯体方面的症状。

（3）运动性不安：坐立不安、烦躁，很难静下心来。

2. 急性焦虑（惊恐发作）

（1）濒死感或失控感：日常生活中，患者几乎跟正常人一样，而一旦发作（有的有特定的触发情境，如封闭空间等），患者会突然出现极度恐惧的心理，体验到濒死感或失控感。

（2）植物神经系统症状：会伴随濒死感或失控感同时出现，如胸闷、心慌、呼吸困难、出汗、全身发抖等。

（3）一般持续几分钟到数小时：发作突然，发作时意识清楚。

面对死亡焦虑时最首要的是，将恐惧情绪彻底释放出来，以免个体在想象空间里无限放大焦虑，影响现实生活。

王　芳：这个梦听起来不太好，让您很害怕、很恐惧……

杨大爷：可能是我刚好在前段时间生了场大病，唉……再做这样的噩梦，就会让我觉得自己身体确实是越来越差了，不中用了……

> 王芳首先共情杨大爷，令杨大爷将内心的恐惧充分释放出来。在疏导过程中，当事人的情绪发泄是最首要也是最重要的环节。

理论链接　泛化概念

这一概念最早由巴甫洛夫提出。心理咨询中所谓泛化指的是：引起当事人不良的心理和行为反应的刺激事件不再是最初的事件，同最初刺激事件相类似、相关联的事件（已经泛化），甚至同最初刺激事件不类似、无关联的事件（完全泛化），都能引起这些心理和行为反应（症状表现）。

泛化的程度是衡量当事人精神状态的有效指标。

王　芳：嗯……但现在病不是好了吗，为什么还会有这样的想法呢？ 杨大爷：是的，但是我年纪这么大了，不知道活到啥时候，反正肯定也活不久啊！说不定明天就去了…… 王　芳：看得出来您很无奈，也很担心。 杨大爷：是啊，活这一辈子，哪天就突然去世了，一点反抗的力气也没有。这样一想，剩下的日子都像苟延残喘了……一直被支配着，真没意思，唉……	王芳趁机帮助杨大爷调整认知，明白自己已经度过疾病的困扰，真实地看清楚自己的情况。

理论链接　自尊

自尊，亦称自尊心、自尊感，是个人基于自我评价产生和形成的一种自重、自爱、自我尊重，并要求受到他人、集体和社会尊重的情感体验。

个体在面对死亡时，常常产生低自尊的情况，从而诱发焦虑、无助感。

王　芳：您觉得这命都没有把控在自己手上了，很不喜欢这种感觉，但又无力对抗。 杨大爷：是的是的，就是这样的感觉。 王　芳：还有呢，死亡还带给您带来什么思考？ 杨大爷：唉，就是特别后悔，后悔自己年轻时怎么不争点气，现在感觉自己一事无成，特别没劲。 王　芳：嗯……您开始思考这辈子做的事情了，但是只要还有余力，您就可以尝试自己想做的事情呢。 杨大爷：我现在还可以吗？	王芳根据与杨大爷的对话整理其想法，并协助杨大爷说出来，有助于他重新审视自己的思路。

王　芳：可以的呀，多少人的成就是在晚年才实现的，您不要给自己设限了才是。 杨大爷：唉，就我现在这状态…… 王　芳：那您产生这些很难过的感觉的时候，一般怎么排解呢？ 杨大爷：想跟儿子女儿抱怨啊，但是孩子们都有自己的家庭、自己的工作，我常常自己待在空落落的房间，干什么都没劲，更加无聊空虚了，唉……	王芳在充分共情杨大爷后，开始逐步引导其找到疏导自己情绪的方法。

理论链接　孤独感

孤独感是一种封闭心理的反映，是感到自身和外界隔绝或受到外界排斥所产生出来的孤伶苦闷的情感。有些环境容易让人感到孤独，比如，孤单的环境、陌生的环境、突变的环境等。

一般而言，短暂的或偶然的孤独感不会造成心理行为紊乱，但长期的或严重的孤独感可引发某些情绪障碍，降低人的心理健康水平。孤独感还会增加与他人和社会的隔膜与疏离，而隔膜与疏离又会强化人的孤独感，久之势必导致疏离的个人体格失常。

王　芳：嗯……子女的陪伴很少，让您很空虚，就算抱怨也找不到人…… 杨大爷：对啊，感觉他们也不需要我，我就是个拖油瓶啊…… 王　芳：嗯……随着他们年龄的增长，您感觉自己发挥作用的机会越来越少了，这让您有什么感受呢？ 杨大爷：觉得自己没用呗，而且越来越像小孩，更想要依赖他们，真是老一岁小一岁。但有时候也想说，要不然直接死掉好了，不拖累他们了……	王芳充分地理解杨大爷，让他感到有人陪自己谈心，减少其孤独感。 王芳引导杨大爷说出自己更多的想法，让杨大爷有一个倾诉的渠道，并为后续疏导提供思路。

> **理论链接　退行**
>
> 退回行为，简称退行，是指个体在遭遇到挫折时，表现出其年龄所不应有的幼稚行为反应，是一种反成熟的倒退现象。例如，已养成良好生活习惯的儿童，因母亲生了弟弟妹妹或家中突遭变故，而表现出尿床、吸吮拇指、好哭、极端依赖等婴幼儿时期的行为。
>
> 勒温等人的研究认为，2~5岁的儿童遭遇挫折而表现退回行为，平均要比实际年龄倒退一年或一年半。退回行为不仅见于儿童，有时也发生于成人。例如，平常如有重大事情发生时，有时我们会大叫一声"妈呀"；或夫妻吵架，妻子跑回娘家向母亲哭诉。成人出现"在地上大哭大叫""极端依赖"等情况，都是退回行为。
>
> 当人长大后，本来应该运用成人的方法和态度来处理事情，但在某些情况下，由于某些原因，采用较幼稚的行为反应，并非不可。例如，做父亲的在地上扮马扮牛给孩子骑，做妻子的偶然向丈夫撒娇，等等。偶然"倒退"，反而会给生活增添不少情趣与色彩。但如果常常"退化"，使用较原始而幼稚的方法来应付困难，利用自己的退化行为来争取别人的同情与照顾，用以避免面对现实的问题与痛苦，其"退化"就不仅是一种现象，而是一种心理症状了。

王　芳：嗯……您觉得死了就不拖累他们了，听起来很任性。您认为死亡确实是一种解决方法吗？

杨大爷：也不是，我知道我死了他们会很难过，说这些可能是想引起他们的注意力吧。

王　芳：您很诚实，我会和您的子女在这方面沟通的！您想想，除了子女之外，您还有其他关系好的人吗？

杨大爷：说起这个，我们单元楼的老张和我关系不错，我们经常一起下棋、打拳。

王　芳：嗯。您说起来和老张一起下棋、打拳，心情看起来都变好了。

杨大爷：是啊，做这些的时候，其他事情就进不去脑子了，也没有乱七八糟的想法了。

> 王芳帮助杨大爷打破固化思维，找到帮助他建立更多亲密关系的方法，从而在日后缓解其孤独感。

理论链接　注意力

注意力是指人的心理活动指向和集中于某种事物的能力。

人在同一时间内不能感知很多对象，只能感知环境中的少数对象。而要获得对事物清晰、深刻和完整的认知，就需要使心理活动有选择地指向有关对象。人在清醒的时候，每一瞬间总是注意着某种事物。

通常所说的"没有注意"，只不过是人对当前所应当指向的事物没有注意，而注意了其他事物。

王　芳：没错呢，多参与业余活动有益于人的身心健康，而且能够占用我们产生多余想法的时间。杨大爷您可以多交交朋友哦！

杨大爷：好的好的，我也很乐意。说起来好久没和老张好好下盘棋了，还有一起退休的老林也好久没联系了，以前和他们在一起可是侃侃而谈啊！

王　芳：哈哈哈，是的。您可以多和邻居朋友交流交流，联系感情。现在想想自己之前那么担心死亡，现在感觉怎么样呢？

杨大爷：哈哈，怪不好意思的，是人都会死嘛……冷静看待，好像心情也不那么沉重了。

> 王芳在杨大爷出现积极情绪和想法时，及时鼓励杨大爷多加尝试，树立杨大爷的信心。

理论链接　正视死亡是消解死亡焦虑的最佳途径

存在主义心理学认为，心理问题的根源是四个存在命题：死亡、自由、孤独和无意义。人皆无法避免这四个存在命题引发的焦虑，对这些焦虑的防御，就导致了各种心理问题甚至精神疾病的产生。

生命有限，人都会死。对死亡的恐惧，或者叫死亡焦虑，永远深刻地存在。只是大多数时候，它可能很隐蔽，除非死到临头，人甚至意识不到。

为抵御死亡焦虑，人可能采取两个极端的办法。

一个办法是"全能"。我就是无所不能的神！神不会死，也就没有死亡焦虑。只是人要扮成神，就得付出高昂的代价。他必须让自己处处高人一等，以此证明自己；他不得不放弃情感的需求，因为那是凡人的标签；等等。显而易见，这些代价本身就会引发强烈的焦虑，虽然这种焦虑比"怕死"显得更体面一点儿。

另一个极端办法，是全能的反面，即全然的"无能"。我是弱者，我需要被保护。神祇，请让我在您的庇护和恩赐下获得永生！但同样，获得庇护所要付出的代价也非常高昂。神只接受虔诚的崇拜者和忠实的仆人，这意味你必须放弃独立的人格，放弃你的想法、你的需求，而全然委身于神。更不幸的是，其实凡世间没有神，只有被幻想为神的人。所以结果是，乞求保护的"无能儿"必然成为他人无法承受的负担，最终成为弃儿。毫无疑问，这仍将产生强烈的焦虑。（另外说一句，西方人的"神"源于宗教传统；对东方人来说，那个寄之以期望的原型一直是皇帝，后来皇帝没了，就代之以各种可能的权威）

总之，无论是"全能"，还是全然的"无能"，都是自我欺骗——不仅不能避免死亡焦虑，反而会引发更多的焦虑，都注定无法获得心理的健康与安宁。

死亡焦虑的解决之道，只能是承认和面对死亡，并在有限的生命里活出意义。

王　芳： 您已经在慢慢正视死亡了。

杨大爷： 嗯，哈哈哈，是……之前我把它想得太吓人了，现在做其他事情都还来不及呢，没时间想七想八了，谢谢你啊小王！

王　芳： 没关系，如果有需要的话，随时可以联系我哦！

总评：
这是一场缓解死亡焦虑的疏导。王芳一开始先充分共情杨大爷，给予他足够的空间释放自己的恐惧、担心、无奈等负面情绪；接着帮助杨大爷寻找死亡焦虑背后的原因；最后，在了解原因的基础上，协助杨大爷从有限的环境中找到多种解决方法。总体而言，疏导过程中，疏导员耐心十足，以当事人为中心，以引导为主，营造了温馨融洽的氛围，为当事人顺利找到了舒缓焦虑的敲门砖。

第十章
心理疏导在家庭生活中的应用

案例12：婆媳冤家如何"解"

当事人：宋欢

疏导员：林娜

宋欢与丈夫叶羽在一线城市 G 市工作。二人是新婚燕尔，本应十分甜蜜。然而，宋欢对婆婆却有一些怨言，认为婆婆掌控欲太强。工作上的压力，婆婆时不时"入侵"自己的生活，丈夫的"应付"，无不让宋欢感到烦躁及疲惫。林娜比宋欢大几岁，是宋欢在办公室信赖的知心姐姐。这天，宋欢决定向林娜讨教婆媳相处之道。

宋欢： 娜姐，你快教教我怎么跟婆婆相处吧。我真的受不了我婆婆了，我感觉这日子没法过了！

林娜： 怎么啦，情绪这么大？

宋欢： 我婆婆太烦人了，我给你举个最简单的例子。你也知道，我每天上下班在路上都要花一个多小时，回家已经累得只想在沙发上瘫着。但我婆婆还会时不时打电话过来，问我给她儿子做饭没，做了什么，她儿子回家没，有没有饿着……谁还不是父母宠着长大的，凭什么老问我做饭了没，不问她儿子啊？

林娜： 我明白。在很累的时候还被催着干活，谁都会有情绪。她是只打给你，不打给你老公，对吗？

宋欢： 是的，关于做饭的电话从来都是打给我的，我也不知道为什么。其实就算她不给我打这个电话，我休息一会也是要去做饭的。我们家都分工好的嘛，我做饭，我老公搞卫生。我老公都不会做饭的，我不做谁做？都不知道我婆婆着什么急，隔三差五跟追债似的，往往我刚回到家里，鞋都没脱下，她电话就来了。而且她还特别喜欢指指点点，嫌我做的菜不够健康、不够养生。唉，我烦

> 有参与地共情，对宋欢的情绪表示理解，同时用问题引出下一个话题。

林娜： 都烦死了……有时候我干脆都不乐意做饭，点外卖吃就算了。

林娜： 嗯。虽然是自己本来就会去做的事情，但是别人敦促了，反而想做的心情就减弱了。人做事情都是有动机的，别人给你强加一个外在动机，你自己的内在动机就减少了。

> 反馈，解释原理。

宋欢： 是的是的。那感觉跟领导布置工作似的。姐，你说我该怎么办啊？我觉得我最近快连应付她的心思都没有了，一按下接通键就不耐烦，我真的不想伺候了。

林娜： 是你婆婆打电话催促你这种做法让你不高兴，还是她说话的方式、语气让你感到不舒服？

> 细节处的澄清很重要。宋欢究竟是对婆婆的做法感到不适，还是对她的表达方式感到不适，将影响心理疏导的方向。疏导员在此时应抱有谨慎心态，莫想当然地理解为婆婆的做法。

宋欢： 我不太好说是哪一个，就是感觉最近已经失去耐心了。

林娜： 这样……那不如我们来重现一下你和她的对话好不好？我来扮演你，你来扮演你婆婆。

宋欢： 可以啊，哈哈哈，你确定吗？这还挺好玩的。我先大概跟你说一下，我上次说要做豆角茄子和炸鸡翅，被她一顿说。

林娜： 没问题，我们就临时发挥，我不像你没关系，你像你婆婆就行。

> 当宋欢的问题是与重要他人的沟通问题时，角色扮演是一种很好的促使换位思考、互相理解的方式。

宋欢： 好的。通常我婆婆一开始会这么说，"欢欢啊，下班了呀？回到家了吗？"

林娜： 嗯嗯，到家了。妈，有啥事儿吗？

宋欢： 也没别的事儿，就想知道你们吃了没，准备吃啥？

林娜： 还没呢，一会儿就做。今天晚上可能会做豆角茄子，再做个炸鸡翅。

宋欢： 哎呀，说多少次啦，G市天气潮湿，不要吃太多湿热的东西。豆角和茄子都湿热啊，炸鸡翅也油腻腻的，叶羽容易上火，吃这个可能不大合适。你也是，不要仗着自己不会上火就老爱吃这些。

林娜：放心吧妈，就是偶尔吃一顿。

宋欢：那你们这几天要吃点清热解毒的东西，明天做点苦瓜炖排骨或者炒蛋都可以。

林娜：嗯嗯，好的。

宋欢：你们这样太让人担心了，小两口都没多少养生的概念，有时候吃得特别晚，有时候想到什么就做什么，真的很不健康。说了多少次了，炸的东西不健康，就是馋。怎么都说不听呢，你们这些孩子。

林娜：好的，知道了妈，以后我们会注意的。（停顿）我们就演到这儿吧。刚刚我说要做豆角茄子和炸鸡翅时，你好像很快就给我建议了，当时你有什么感觉？

宋欢：虽然我就是重复我婆婆的话，但是确实有一种感觉，就是这样吃挺不健康的，需要给你提个醒……

林娜：那你刚刚跟我说觉得"小两口都没多少养生的概念"，这是你婆婆的原话吗？当你说出这句话时，你有什么样的感觉？

宋欢：差不多是吧。不过很奇怪，我刚刚这样说时，我还真的就这样想的……就是你俩吃得太不健康了，所以我作为你们的妈，不得不多费点心思的感觉。真奇怪，我听的时候觉得不耐烦，我说的时候又觉得真是替你们操碎了心。这种感觉很奇怪，很矛盾。

林娜：通过角色扮演站在你婆婆的位置时，好像就把自己放在了她的位置上。这样看来，你婆婆的初衷也许就是希望你们吃得健康一些，只是她的表达方式让你不舒服了。

宋欢：这么一来，我倒是对我婆婆的怨气少了一些。因为以前

> 有时当事人角色扮演完后，不一定能意识到自己在扮演过程中的情绪。询问宋欢在扮演过程中的感觉、情绪，有助于帮助宋欢察觉、回想在角色扮演过程中自己处于对方位置时的感受。

> 复述、总结。

在我的角度看来，我婆婆就是想给我摆婆婆的样子，想给我下马威。但现在好像也可以从别的角度去解读，就是她确实很关心我们的健康。

林娜： 那如果从这个角度去想你婆婆打电话给你，不打给你老公的原因，会不会有新的想法呢？

宋欢： 我想想。（笑）有可能是这样，一是这种话要是我婆婆先跟我老公说，我老公再传达给我，我会觉得她在背后说我不是，我可能会更生气；二是我婆婆应该是知道我家是我做饭，所以直接打给我。用心是好的，就是太频繁了，语气也不太和蔼，感觉跟班主任似的。

林娜： 嗯嗯，初衷虽好，但形式也很重要。你希望你婆婆用怎样的形式去关心你们呢？

宋欢： 我想到一个好办法。我们有一个家庭群嘛，以后我可以在家庭群里多发一点图，告诉她我们吃了什么，尤其是做了那些老人家觉得很健康的菜之后，一定要发图到群里。这样我婆婆放心了，也就没理由来监督我了。

林娜： 真是个机灵鬼。那你的烦恼现在解决了吗？

宋欢： 还有一个问题，叶羽是本地人嘛，所以我婆婆一个月会来个两三次，一次就住两三天。其实我不喜欢她来，但是房子人家出了一半的钱，人家有这个权利来。我跟我老公说过，我说"以后我们周末可以多去公婆家吃饭"，但不知道叶羽是不是听不懂我的意思。我想的是我们去得勤一点，我婆婆自然就来得少一点。叶羽反正是不太理解我，一是我也不好跟他直说不想让他妈来，二是他觉得他妈来可好了，每次一来就做他爱吃的菜。而我是觉得不自在，每次他妈都念叨我搞卫生不勤快、买东西不节约，经常跑到我们房间里帮忙收拾东西……最近还

宋欢自己提出可以从别的角度去思考婆婆催促自己的动机，林娜趁热打铁，让宋欢尝试从另一个角度思考婆婆为什么不打电话给她丈夫，而是打给她。这是一种很好的引起思考的方式。

当宋欢厘清自己的期望时，方法也就出现了。后面林娜询问宋欢对于丈夫的期望时，也是同理。

开始催我俩要孩子……我们才结婚多久啊……愁死了。

林娜： 看来你有一肚子苦水要跟我吐啊。婆婆隔三差五上门好像会给你一种不舒服的感觉，其实就是你的个人边界被侵犯了。简单一点来说，你觉得你婆婆越界了。你跟你婆婆的亲密程度比你老公跟她的亲密程度低，对于她在你家的舒适度的感知自然是不一样的。不过，如果你确实因此感到不适，还是应该与你婆婆开诚布公地聊一聊，一直憋着是不行的。

宋欢： 我很多次都差点维持不住脸上的假笑了。但是一想到对方是叶羽的妈妈，想到我妈老跟我念叨的"家和万事兴"，我就跟我自己说，忍住，千万忍住。

林娜： 那就是你允许了她踏进你的个人边界。每个人的个人边界是不一样的。你婆婆的个人边界也许就不那么清晰，所以对她来说，进入儿子儿媳的生活是很自然、正常的事，她不会感觉到有什么不妥，可能也察觉不到你对此事感到不舒适。如果说一开始你清晰地表达了你的个人边界，你婆婆知道什么是你能接受的，什么是你不能接受的，或许她就会尊重你的个人边界，你的不适感也就不会像滚雪球一样越来越大。

> 林娜的反馈中，关于个人边界的部分是需要丰富、充足的心理学理论知识支撑的。作为疏导员，掌握"听""说""问""答"技术只是基础，如果能在平时了解更多的理论知识，做心理疏导时则更得心应手。

理论链接　个人边界

个人边界是指个人所创造的准则、规定或限度，以此来分辨什么是合理的、安全的，别人如何对待自己是可以被允许的，以及当别人越过这些界线时自己该如何应对。个人边界不仅是身体上的，也是情绪上的，它能够反映出个人对自我身心状态的认识和要求。

别人对你的评头论足使你不悦时，就是心理边界在发挥作用。有健康个人边界的人，对自己的接受度有足够的了解，清楚自己能够接受哪些对待，不能够接受哪些对待，在尊重别人的同时，也注重自我保护。健康的个人边界是对自己的情绪和行为负责，并且不认为自己有义务为他人的情绪和行为负责。而个人边界不健康的人，则容易对他人的情绪和行为负责，或是期待他人对自己的情绪和行为负责。

那么，健康的个人边界应如何建立呢？

1. 你需要知道，你有建立个人边界的权利。建立个人边界是建立自我认同的过程，也是自我保护的方式之一。你有权利保护自己的隐私，有权利拒绝，并且，你也应该对"允许别人如何对待自己"这件事负责。只有自己建立清晰而坚定的界限，别人才会尊重它们。边界不清晰、不健康的人，反过来也容易侵犯别人的边界。因此，建立清晰、健康的边界也有利于个体对别人边界的尊重。

2. 分辨出那些你无法接受的行为。回想那些经常让你感到苦恼的场景，想想它们是否与个人边界相关。写下你的感受和平时的处理方法，再思考是什么阻止了你做出行动，守护自己的个人边界。然后，用平和的语气写下能表明你个人边界的话，以后再次遇到这类场景时向对方表明。

3. 别人的需求和情绪不一定比自己的更重要。很多人会觉得，别人的需求或情绪，尤其是家人或伴侣的，比自己的需求更加重要，否则就会担心自己是不是自私的人。道德感过高会让人焦虑。学会将自己放在首位，为自己建立边界，足够的自尊与自爱才会让人际关系变得更好，而不是一味地迁就他人。

4. 学会拒绝。当个人边界被冒犯时，生气是最常见的、本能的反应。生气是一种信号，说明你该采取行动了。如果你对于建立个人边界感到焦虑或愧疚，要记住的是，如果你因为担心冒犯他人而不去表达自己的不悦，你的人际关系反而会受到损害。表明个人界限并适当地拒绝，反而有助于人际关系的发展。

宋欢：可能就是像你说的那样吧，她侵入了我的边界，或许这就是传说中的"一山不容二虎""女人何苦为难女人"。再说一个我生气的事，每次我婆婆有意无意地说我的时候，我都很希望我老公能给帮帮腔，但是我老公就装瞎或者逃离现场。现在就有种我跟他妈在抢他儿子的支持的感觉。

林娜： 可以举个具体的例子吗？

宋欢： 就说上上周吧，他妈看我在喝奶茶，就跟我说不要喝生冷的东西，对子宫不好，说我应该要准备要孩子了，饮食要多注意。我就直接跟她说，我才刚毕业一年，还不想那么快要宝宝。他妈就开始停不下来地叨叨，说我过两年都三十了，还不想要孩子，是不是以为自己还很年轻……这个时候我就看我老公，希望他能说两句。因为我们聊过这个问题，已经说好等我们30岁经济条件好一些了再要孩子。我老公就说了一句"妈，咱心里有数，您别老催我们"。结果他妈瞪了他一眼，说他不懂老人家的心，他就怂了。我真是憋屈得不行。

林娜： 关于生孩子这件事，你和叶羽已经达成了共识，但是当你婆婆催促你们时，叶羽好像没办法坚定地表达自己的观点。这就需要你去表达与婆婆不同的观点，无意中将你们放在了对立面，这让你不知如何处理。不过，很多男人确实不知道如何同时作为一个"好丈夫"和一个"好儿子"，尤其你和叶羽才刚结婚不久。

宋欢： 嗯嗯。我以前经常听人说，婆媳关系是否处得好，丈夫的作用是很重要的。姐，你说我应该怎么让叶羽更有担当一些呢？

林娜： 那你觉得"更有担当"的具体表现是什么？

宋欢： 比如像什么时候要孩子这种我们已经明确达成共识的事情，他可以主动跟他妈去谈谈我们的想法，不要总是一副应付的态度。当我和他妈出现矛盾的时候，我不需要他站边，但也不希望他打马虎眼，敷衍我们，而是作为一个沟通的桥梁，帮助我和他妈互相理解。都是女人，都爱着同一个男人，这个男人要是给力点儿，哪来那么

> 询问例子是将问题具体化的最简单也是最有效的方式。通过宋欢的例子，可以更好地体会宋欢的感觉与需求。

> 深度的倾听。不是简单地重复宋欢的原话，而是听出了宋欢未说出的无助感。

多婆媳矛盾呀？姐，你说是不是？

林娜： 我觉得你的想法、需求已经很明确了。下一步就是如何向叶羽提出需求。我听出来你对他很有意见，但是，如果我们希望另一半做一些什么，用抱怨的语气去提，效果通常不好，我建议你用"肯定的语言"去提。

宋欢： 肯定的语言？不太懂呢……

林娜： 所谓肯定的语言，一方面是赞赏他已经做的努力，另一方面是用"如果你可以怎样怎样做，我会感觉很高兴"的方式去提。这样，我们对另一半表达的是期待，而不是要求。

宋欢： 哇，受教了！娜姐，看来你在夫妻关系中很有一套嘛！

林娜： 我也是从一些心理学的书籍中学到的，比如《爱的五种语言》。其实人和人之间的矛盾，大多是沟通不畅引起的。既然你知道自己要什么，只要能有效地表达，那你的问题就算不能完全解决，至少也会得到改善。

宋欢： （若有所思）是的，关键还是沟通。谢谢娜姐，受益匪浅。

> "答"是很考验疏导员的。心理疏导中，不建议帮助当事人做决定，却可以在一些方法方式上给予当事人建议。这同样需要疏导员有足够的理论功底。

理论链接　引发婆媳矛盾的多种因素

作为一种重要的社会关系，婆媳关系历来是中国社会中讨论很多的话题。婆媳关系不同于母女间的血缘关系，因此稳定性较弱。当婆媳由于共同的男性亲属而接触或共同居住时，就容易出现关系紧张的局面。

引发婆媳矛盾的主要因素有以下三种：

1. 文化差异

不同的时代造就了婆媳两代人不一样的思想观念、生活习惯及行为方式。80后、90后儿媳的婆婆大多是50后、60后，这一代人出生成长于从传统向现代发展的一个过渡期，因此他们的观念或多或少受到了传统家庭结构和伦理观念的影响。

在传统的婆媳关系中，婆婆具有绝对权威，而儿媳更多地被要求"遵循孝道"，对婆婆要乖顺、服从，否则就会背上不孝的骂名。而现代家庭结构已发生改变，家庭成员之间的依赖性减弱，与父母居住在一起的已婚子女越来越少，晚辈的平等意识、独立意识则不断增强，夫妻关系亦取代父子关系，成为家庭中的主导关系。

传统社会中，婆婆掌握家庭的"经济大权"，只有当儿媳经过了婆婆的训导、认可后才能获得家庭事务的支配权利。而现代家庭结构中，儿媳一代的知识面和对新事物的接受能力、学习能力已超过婆婆一代，对于小家庭的经济管理亦不需要经过婆婆批准，对于家庭事务亦具有足够的处理能力。因此当二者在家庭生活、教育方面出现观念差异时，婆媳之间的矛盾冲突自然就难以避免了。

2. 经济矛盾

当婆婆一代缺乏足够的经济来源或生活保障时，由于经济观念引起的婆媳矛盾就容易出现。由于历史原因，农村出身的婆婆一代容易面临需要靠劳动力获得收入、供养多个子女的问题，而城市出身的婆婆一代则经历了计划经济时代收入不高、批判享乐主义的时期，因而婆婆一代大多精打细算、节俭持家。而儿媳一代在更开放、更鼓励自我价值的社会环境下成长，注重高质量的生活享受，并且，随着国家经济的发展，年轻一代拥有的资源更多，收入也远远高于老一代。因此，婆媳两代在金钱观念上容易出现冲突。

而在父母缺乏收入来源，在经济上比较依赖子女的家庭，当子女有限的经济收入需要同时支持小家庭的建设和父母的养老保障时，金钱分配的冲突、消费观念差异的冲突则更加尖锐。

3. 情感争夺

婆媳双方因为同一个男性而产生亲属关系，而双方对于这个男性共同的关心，则成为婆媳矛盾的一个原因。在结婚之前，儿子的爱与归属的需求大部分从父母处得到满足。在中国"男主外，女主内"的传统氛围中，母亲是儿子成长过程中的主要照料者。而结婚后，儿子的情感需求和被照顾的需求可从儿媳身上获得，儿媳取代婆婆成为儿子生活的中心。

在这种转变中，婆婆会容易产生失落感。而这种失落感会促使婆婆对儿媳产生"挑刺"心理。这种冲突在单独抚养儿子长大的家庭中更加激烈，因为在母子相互扶持的家庭中，母亲对儿子倾注了全部的感情寄托，而当儿子被儿媳"夺走"后，这种失落感相比起完整的家庭而言，则更加巨大。

chapter eleven

第十一章
心理疏导在学校教育中的应用

问题行为矫正：阳光总在风雨后

学校是对我们人生而言非常重要的成长环境，这不仅仅指学习能力的提升，更包括人格塑造、价值观引导、社交技能培养等。

但近年来各类关于教师、校园的负面新闻层出不穷。这除了需要职业道德的约束，也需要依靠技能的提升。掌握的技能越多，面对困境时的负面情绪越少，越不会做出失控的行为，发生职业倦怠的概率也会显著下降。

而与教学有关的各项技能中，与学生的沟通能力又显得额外重要。课程上，有沟通才能及时调整、互动，避免一厢情愿地填鸭式教学，教学生有兴趣的，或者以学生有兴趣的方式教。班级管理中，有沟通才能有效约束和矫正学生的问题行为，促进师生之间、同学之间的良性互动，营造尊重、合作、关爱、和谐的人际氛围。

教育的本质是"影响"，怎么说学生才愿意听，怎么听学生才愿意说，这是一门大学问。我们并不要求每位教师都必须像咨询师一样善解人意，但多掌握一些心理学知识，多学习一些心理疏导技巧，一定会对自己的职业发展和学生的全面成长有极大的好处。

本章我们着重阐述心理疏导如何在学生问题行为矫正和价值观塑造中发挥作用。

所谓问题行为，指不遵守行为规范和道德准则，妨碍及干扰教学活动正常进行，或影响教学效果的行为。有些问题行为是外显的，具有攻击性，如争吵、推撞、盲目反抗等；有些问题行为是内隐的，不容易被觉察，如心不在焉、作弊抄袭、偷窃等。

学生问题行为的产生与发展变化的影响因素及其机制非常复杂。根据发展系统理论的观点，问题行为是生物、认知、人格等多个方面的个体因素，与家庭、教养、同伴、学校、社区等多个方面的背景因素，动态交互作用的结果，但不同类型的问题行为又与特定的危险因素相联系。

案例13：我不要去上学

当事人：小　轩
疏导员：刘老师

小轩刚开始上学的时候是很高兴的。他一提起自己已经是个小学生就很得意，每天回家都兴奋地谈论着学校发生的各种事情，上课认真听讲，积极回答问题，作业也做得又快又好，老师们都喜欢他。

可没过几个月，老师和家长都发现他的状态越来越不对劲。小轩似乎变得不爱上学了，不愿见老师，甚至每到上学前，就喊"肚子疼""头痛"等；做作业的积极性也不高，连着几天都出现忘记做、忘记交或者错题太多的情况。他很不愿家长过问学习上的事情，妈妈几次想跟他谈谈，他都保持沉默，或者表现得很烦躁，一直转移话题。家长向班主任刘老师求助，希望老师能找孩子直接聊聊，说不定孩子更愿意接受老师的帮助。

刘老师把小轩叫到办公室，发觉小轩似乎挺警觉，就没有着急开始谈话，而是让小轩帮忙整理一下作业本，递一下东西，还顺手给了他一块饼干。等小轩没那么紧张了，才让他坐下，慢慢开始交谈。

刘老师： 小轩，谢谢你。我发现你整理东西很有耐心，也很有条理。多亏有你的帮忙，全班的作业都变得这么整齐了。 **小　轩：**（脸红）呵呵，谢谢老师！刘老师，你下次要是还整理东西，你就找我，包在我身上！	刘老师用真诚的赞美作为沟通的开端。心理疏导的工作思路就是优先建立关系，而赞美是建立关系的有效途径。

刘老师：你帮我整理，我当然很高兴，但如果你的作业能做得更认真一些，我就更高兴啦。这几天其他几位老师告诉我，你有好几次没交作业，你愿意跟我谈一谈吗？

小　轩：老师我错了，对不起，我下次不会了。

刘老师：我找你不是要批评你的。我相信你没交作业是有原因的，我们一起把原因找出来吧。

小　轩：我也不知道，就是不喜欢，提不起干劲。

> 这时的认错和承诺只是惯性表达，如果老师到此为止，就没办法帮助孩子接近事实更深层的原因了。

理论链接　学习动机与学习兴趣

人的任何活动都是由一定的动机所激发并指向一定目的的。参与不同活动的动机即以该活动的名称来命名，比如，参与游戏的称为游戏动机，参与劳动的称为劳动动机。这些不同活动动机的性质，既有其共同性的一面，也具有各自的特殊性。

学习动机指激发个体进行学习活动、维持已引起的学习活动，并致使个体的学习活动朝向一定的学习目标的一种内部启动机制。它在学习活动中的意义重大，古今中外许多教育家和心理学家都特别重视学习动机在学习过程中的作用。

学习动机可以分为外部动机和内部动机。外部动机是指，有些孩子努力学习是为了获得奖励、避免惩罚、赢得家长和老师的赞赏、显得比别人更聪明等，这些目标与学习内容本身的关系不大，学习只是间接获利的手段。内部动机是指，有些孩子努力学习是出于对学习内容本身的兴趣，充满好奇、兴奋、喜悦，有自发的探索欲。

心理学家指出，虽然持有内部动机的孩子未必成绩表现更好，但长远来看，他们的学习主动性、自觉性更强，抗挫折能力更突出，创造性成果也更丰富。

然而大量教育调研都发现，随着年龄和受教育年限的增加，学生的学习兴趣不仅没有逐步上升，反而出现了明显的下滑趋势。从一年级到九年级，几乎所有学生的学习动机都在不同程度地下降，对学习的兴趣和从学习中获得的成就感、愉悦感、兴奋感等不断流失，而对学习的厌烦、压力、畏惧、无意义感则在不断增加。

当学习兴趣不足时，家长和老师就不得不想办法激发学生的外部动机，以弥补内部动机的不足，使学生尚能坚持学习。

刘老师： 我注意到，你并不是什么作业都不交，所以，是不是有些学科你觉得太难了，跟不上？

小　轩： 嗯……不是，不难。

刘老师： 那是因为不喜欢这些课，所以不交作业？

小　轩： 嗯……

刘老师： 所以，你不太喜欢数学课？

小　轩： 嗯……其实，我最不喜欢体育课、数学课，还有生物课，我最喜欢英语课。

刘老师： 为什么喜欢英语课？

小　轩： 因为刘老师你很喜欢我啊。

刘老师： （笑）这都被你发现了？

小　轩： 你经常表扬我，你喜欢我。但是体育老师不喜欢我，他总是叫我"喂，小胖哥过来一下""喂，小胖哥跑快一些"，然后其他同学也都叫我"小胖哥"。

刘老师： 你不喜欢体育老师，因为他给你起外号？

小　轩： 也不是，我挺喜欢他的，是他不喜欢我吧。班上的同学都很喜欢他，但是他们不喜欢我。嗯，尤其是上体育课的时候。他们不喜欢我是因为我总是拖后腿，也不能怪他们。

刘老师： 你很愿意替别人着想，他们不喜欢你，你也不怪他们。

小　轩： 我胖，跑不动，他们就不喜欢跟我一组。每次老师一说自由活动要分组，他们就冲我喊"你不要过来我们组"。我很怕被他们讨厌，只好站得远远的，跟老师说我不想玩。

刘老师： 听到他们这样对你，我感觉好心疼。其实你不是不想玩，而是不喜欢面对分组时被嫌弃的处境。你有没有试着告诉他们，"你们这样对我，我会很难过"。

低龄的孩子往往不太擅长表达自己的感受，但他们并不是没有想法。刘老师使用了更多的封闭式问题，以帮助小轩逐步澄清和聚焦。当然，这个过程要缓慢推进、小心验证，避免打击孩子主动表达的意愿。

这个年龄段的孩子，有时会混淆自己与他人的边界，把别人的观点生硬地当成自己的想法，或者把自己的喜好直接理解成他人的喜好。比如，小轩喜欢刘老师，就坚持认为刘老师也喜欢他；班上的同学都喜欢体育老师，他也很难形成独立的好恶评价。疏导员在倾听时要注意分辨字面之外的情绪和需求。

有内容的共情和反馈，引导孩子觉察自己"替别人着想"的优点。

有参与的共情和反馈，第二句达到四级共情水平，点出了孩子未表达的潜在感

第十一章
心理疏导在学校教育中的应用

小　轩：没有。我不能这么说，因为本来就是我的错。后来上生物课的时候，老师也说要分组做标本，但他们也远远地躲开我。我原本想跟他们说"我虽然跑步不厉害，但是我很会做标本，我不会拖后腿的"，可又觉得反正他们也不会信我，而且他们都有固定的搭档了，我就更不好意思说了。

刘老师：其实你很会做标本，但你放弃了向同学们说明。嗯，我可以想象，要主动开口请求别人接纳自己，这并不容易，有时候我都做不到。

小　轩：（眼睛泛红）嗯，我不害怕一个人，我就是每次被大家嫌弃，心里很难过……一想起说不定哪节课又要分组，就害怕得不想来学校。又想一个人躲起来，又想跟他们玩，上课和下课都很难受……但这也不能怪他们，不是他们的错，是我自己跑得太慢了。

> 受。第三句是在尝试引导，试探解决问题的方法。
>
> 　深层次的共情和自我袒露，达到五级共情水平。想象一下，如果换成"这很容易，下次你可以主动开口请求他们接纳你"，疏导效果就大打折扣了。

理论链接　校园霸凌对学生的危害

　　校园霸凌是指学生之间权力不平等的欺凌与压迫，它一直是长期存在于校园中，发生在学生间的欺压行为。可能是肢体或言语上的攻击，人际互动中的抗拒及排挤，也有可能是类似性骚扰般的谈论性或对身体部位的嘲讽、评论和讥笑。通常被称作"小孩子不懂事"而模糊化。

　　中国校园霸凌的特点是，边界不明确。有些事情明明是欺凌和侮辱，却被旁观者认为是玩笑和打闹，不正视霸凌现象。

　　霸凌的范围从简单的一对一到复杂的团体霸凌，其中必然包括一个或一个以上的霸凌者，以及未必每起霸凌事件皆有的协助者。霸凌可以发生在任何人际互动的场所中，包括学校、家庭、职场、社区等。霸凌行为可能通过言语、肢体、网络、电话、文字等媒介，使被霸凌者在身体、心理或社会适应中受到伤害。

　　学生进入小学后，在学校里受教师影响至深，因为此时学生正处于模仿阶段。

教师若选择错误的管教方式，霸凌的可能性也会增加。若学生间发生霸凌行为，而教师不加以阻止，可能造成其他学生形成错误的价值观。

刘老师： 如果有一天你跑步变得很厉害，他们会怎样？

小　轩： 我不知道，这不可能。你看我这么胖。

刘老师： 或者如果有一天体育课的时候，大家都不用比赛跑步，情况会不一样吗？

小　轩： 我不知道……

刘老师： 但在英语课上，我好像没有发现大家都不理你的情况，你是怎么做到的？

小　轩： 呵呵，我一点都不怕英语课。可惜，每周只有两节英语课。你不是每次都让我们练习两个人互相对话吗？"Hello""How are you"什么的，这些太简单，老是重复没意思。所以我每次都会"变声"，有时候用老人的声音，有时候用小女生的声音，我还会学小猪佩奇的声音说"Hello"。每次跟我一组，他们就觉得很有趣、很开心。所以他们就很喜欢跟我一组，我们一边练习对话，一边笑得东倒西歪的。

刘老师： 大家喜欢你的幽默，这是你的优点。每个人都有自己的优点。虽然你的优点不是跑步，但你真是个很棒的孩子，又豁达，又坚强，又愿意替别人考虑，而且很幽默风趣。我真想把你的优点都介绍给大家。

小　轩： 我哪有你说的那么好。我还以为今天来办公室是来挨批评的呢。

刘老师尝试用赋能式提问技术帮小轩树立信心和目标，但小轩整个人还沉浸在消极情绪中，思维受限，这种尝试未奏效。

刘老师转而尝试从"例外"事件中挖掘资源，并用"你是怎么做到的"提供赞美。

引导觉察和重构，帮助孩子摆脱负面标签，树立积极、正面的自我评价。事实上，我们越是充分地肯定孩子，孩子越是不需要为自己进行狡辩、防御或反击，他们反而会更松弛，愿意进行自我反思和自我批评。堵塞的情绪疏通了，理性思考的能力才会得到飞跃发展。

第十一章
心理疏导在学校教育中的应用

> **理论链接　多元智能与因材施教**
>
> 　　多元智能理论是美国哈佛大学教育研究院的心理发展学家霍华德·加德纳在 1983 年提出的。加德纳在研究脑部受创伤的病人时发觉到他们在学习能力上的差异，从而提出：每个孩子都是聪明的孩子，只是他们的能力、天赋可能表现在不同的领域，我们评价孩子的能力时，不能只局限于传统的语言或数理逻辑，否则很多优势不在于此的孩子将被严重低估、埋没和压抑。
>
> 　　加德纳提出，人类最主要的智能至少有以下八种：语言智能、数理逻辑智能、空间智能、运动智能、音乐智能、人际交往智能、内省智能、自然观察智能。
>
> 　　传统上，学校一直强调学生在数理逻辑和语言（主要是读和写）两方面的发展，忽视甚至压抑学生在其他领域的发展。例如，严格禁止交谈的课堂氛围会挫伤有人际交往智能取向的孩子，钢筋水泥的校园环境会使部分孩子在自然观察智能上的优势迟迟无法展现，过度规则化的管理方式会消磨掉一些孩子的内省和自控能力，应试教育的模式会将喜欢音乐、体育视为"不务正业"，等等。
>
> 　　"天生我材必有用"。学生的差异性不应该成为教育上的负担，相反，这是一种宝贵的资源。我们要改变以往的教育观，用赏识和发现的目光去看待学生，改变以往用一把尺子衡量学生的标准；要重新认识到每位学生都是一个天才，只要我们正确引导和挖掘，每个学生都能成才。

刘老师：你觉得我为什么要批评你？

小　轩：因为我最近确实没有好好学习啊，作业也做得不好。其实我都知道，我只是觉得反正大家都不可能喜欢我的，就提不起干劲了。

刘老师：嗯，我不批评你，但我希望你能更积极地展示自己，对自己有信心。你觉得，有什么是我可以帮忙的地方吗？

小　轩：老师，你千万不要去批评他们，要不然我就更没朋友了。妈妈问是不是有人欺负我，我也不敢说，她不会

> 直接跟小轩讨论，什么样的帮助才是他希望的，而不是一厢情愿地"为你好"。这很重要。不要因为他是孩子，就轻视与他的协商，这不仅关系到后续行动的效果，更重要的是暗示孩子：寻求帮助是你的自主选择，要学会为自己的选择负责，也要学

理解我的。今天跟你这样聊一聊，我就舒服多了。

刘老师： 我打算这样做，我会在课上更多地点你发言，你要提前做好预习哦，然后就可以把你的"变声"绝技好好展示出来，让全班都看到你很有趣。下个月学校的国庆节演出，我们班要出一个小节目，到时候我让你负责召集。还有，我跟你们的体育老师也很熟，我知道他私底下挺喜欢你的，说你长得像他小时候，很可爱，所以他才调侃你，我会提醒他多教你一些跑步技巧，争取提高速度。你看这些可以吗？

小　轩： 嗯，试试吧。我现在觉得不那么怕回到班级了。刘老师，跟你聊天真舒服，我不会让你失望的。

会为自己的改变骄傲。

总评：

有效的沟通往往不仅能解决表层的行为问题，还能深入疏导当事人深层的情绪困境。刘老师没有将目光局限在小轩的个别错误举动上，也没有因为小轩的"认错"就停止探索。她先是一步步地试探，然后进行了积极正面的引导，最终达到了"学生愿意说给我听，学生愿意听我说"的良好效果。当然，后续的现实干预也很重要，尤其是面对校园霸凌时，应该采取更有力的介入。

案例14：宿舍里藏了个小偷

当事人：张　萌
疏导员：肖老师

学生宿舍楼最近断断续续发生了好几起失窃事件，丢的都是一些不起眼的小东西，文具盒、化妆品、电吹风之类的。直到昨天有学生向保卫处报告丢了笔记本电脑，才终于引起大家的重视。保卫处老师调取监控后，发现是张萌拿的，这让她的辅导员肖老师大吃一惊。因为在她的印象里，张萌一直都是品学兼优的好学生、优秀班干部，还多次拿到班级和学校的奖学金。其他同学也很意外，他们都说张萌一向很守规矩，还有一些内向、羞怯，说话细声细语，从来没听说跟人红过脸，也没有听说她家经济条件很拮据，为什么她会选择偷窃？

大家对此事议论纷纷，学校也考虑要按规定严肃处分。肖老师决定约谈张萌，除了批评教育，她也想好好了解一下张萌的具体情况。

肖老师：张萌，那台笔记本电脑真的是你拿的吗？

张　萌：嗯，我没想偷，我只是想把它收起来。

肖老师：那上次你们宿舍丢的电吹风，也是你收起来的吗？

张　萌：不是我，我只是想把那台电脑收起来，让她们找不到着急一下。我没有做其他的事情。

肖老师：但是你这种"藏起来"的行为，没有经过她们的同意，就是偷窃啊。

> 不回避客观事实，开门见山地摆出立场，这是对张萌的推动，更是一种示范。我们需要展示出"温和而坚定"的态度，既要照顾情绪感受，又要坚持原则，不做无底线的溺爱。

张　萌：我知道……其实，我一直在等着这一天。我知道你们早晚会发现的。我一边很害怕被大家发现，一边又觉得舒了一口气，终于不用再提心吊胆了。

肖老师：既然你也知道害怕，知道不应该，为什么还是决定这么做了？

张　萌：我不知道啊，我也没办法，就是控制不住自己了。头脑一热就拿了，拿完就赶紧塞进抽屉里，我自己都不敢多看一眼。一拿完我就开始害怕，开始后悔，手脚都抖得不行，但又不敢离开寝室，万一我不在的时候她们发现了怎么办？我只能一直等、一直等，等到她们发现丢东西了叫叫嚷嚷，我就赶紧装作帮他们找东西。结果她们好几天都没有发现丢东西，我就提心吊胆了好几天。我也很痛苦啊，可就是控制不住自己。（哭泣）

肖老师：所以你刚才说现在舒了一口气，被抓到了反而不用再提心吊胆了。我可以理解为，你宁可被发现、被惩罚，也不想自己继续做出这种失控、伤人伤己的

> 行为矫正时，师生双方不是"对手"，而是"战友"。寻找双方都能接受的共同目标，不过多纠结在有分歧的点。这就是

行为，是吗？ 张　萌：嗯，我真的不是故意的，求你帮帮我。	为什么在本案例中，肖老师没有选择把"不偷东西"作为目标，而是选择了"避免失控"。

理论链接　偷窃行为的心理原因

　　偷窃癖属于意志控制障碍范畴的精神障碍。其表现是反复出现的、无法自制的偷窃行为，虽屡遭惩罚而难以改正。这种偷窃不是为了谋取经济利益，也不具有其他明确目的（如挟嫌报复、窃富济贫或引人注意等），纯粹是出于无法抗拒的内心冲动。

　　其特征多表现为：不能控制的、反复出现的偷窃冲动。当其达到一定紧张度时，自控能力下降而去作案，以满足变态心理的需求。所窃物品无明显选择性，不以获取经济利益和使用为目的，有些甚至是废物，将之扔掉或收藏起来，从不使用；偷窃前无预谋，均由行窃前的冲动所致，且是单独作案；此行为逐渐产生，持续进展，长期迁延，矫治较困难；多数患者都有一定的人格缺陷，大多数比较要强、好胜，心胸狭窄而自私。

　　此类行为与家庭教育方式，所遭受经历等有一定关系。特别要指出的是，患偷窃癖的人多为女性，其症状会在17～20岁充分暴露；并且与家庭经济状况、个人文化程度没有必然的关系，甚至不少人的智力水平、文化程度都很高。

　　但偶尔出现的偷窃行为并不都属于偷窃癖。低龄孩子的规则意识尚未形成，自律性差，对外界诱惑和自身欲望缺乏控制力，小偷小摸行为时有发生。随着年龄的增加，绝大多数孩子都能学会克制欲望。可是一旦陷入较大的生活压力无法排解时，他们也可能发生退行，又变成"孩子气"的状态。

肖老师：如果你希望我能帮到你，你就要信任我，开诚布公地和我一起好好面对。相比于眼下被惩罚，一直处在失控的状态是更可怕的事情啊。 张　萌：好的。 肖老师：你能不能坦诚地跟我说说，你还藏了什么东西？	关系是疏导员发挥影响力的最关键因

张　萌：	还有……还有一个公用的电吹风，小邓的口红、翠翠的明信片，还有另一个同学的化妆盒……老师，我不是想要她们的东西，我只是把它们藏起来了，我可以还给她们。
肖老师：	从什么时候开始，会出现类似这样的偷拿行为？
张　萌：	最早一次是上学期期末，半年前了。
肖老师：	多长时间会拿一次？
张　萌：	我也不知道，上学期期末就拿了那一次，感觉挺有效，但也没敢再拿。这学期开学初都忘了这件事，到了4月份以后突然又觉得很难受，就又拿了，大概一周会拿一次。
肖老师：	你说的"挺有效"是什么意思？
张　萌：	我上学期期末的时候，压力特别大，考试复习很不顺利，又跟男朋友吵架，闹分手。那一阵子心里很苦闷、很压抑，天天睡不着，又不爱跟她们多说话。看到小邓炫耀她男朋友送的口红，我一时没忍住，就拿了藏起来。那天晚上很慌，但也很兴奋，反而很容易就睡着了，一连几天都睡得很好。我觉得偷拿东西能帮我稍微缓一口气，所以说"挺有效"。
肖老师：	所以这学期也是压力大的时候比较容易有偷拿东西的冲动？
张　萌：	我想一想，好像是有关系的。4月份我面试学生会被拒绝了，我们宿舍另外几个都被录取了，我闷闷不乐了很多天。嗯，我可能是压力越大的时候，越容易失控吧。
肖老师：	尤其是那些涉及跟别人比较输赢的时候？
张　萌：	是的。我被甩了，她却那么甜蜜；我被拒绝了，她们偏偏都通过了面试。我心里更难受了。
肖老师：	这种难受的情绪，是不是嫉妒？
张　萌：	嗯，我嫉妒她们那么好运，所以忍不住想看她们跟我

素。学生的配合和坦诚与一开始谈话时形成鲜明对比，说明双方此时已经达成了共识。

　　用于澄清的提问，有助于引导觉察。

　　抓住倾听的逻辑要素，是有效的切入点。

　　发现张萌的行为模式，但反馈时要留有余地。

　　接连两次的反馈都有些超出张萌的表述内容，但都很精准、深刻，尤其是"比较""嫉妒"这个线索的提出，达到了四一样着急、沮丧的样子。这样我就会觉得自己没有那么孤单、可怜了。每次我帮她们一起找东西时，就感觉跟她们很亲近。老师，我是不是有心理变态倾向啊？

肖老师： 嫉妒是一种很常见的心理，关键是我们要能够控制住自己的行为，不伤害别人。如果我处在你那种情况下，也会感觉孤单、不被理解，这会加深我们的怨愤和嫉妒情绪。如果在你失败的时候，她们能多安慰安慰你，也许会好一点。

> 级到五级共情水平。
>
> 有内容、有参与的反馈。用正常技术缓解张萌的压力，并用假设性表达尝试对张萌进行引导。

理论链接　嫉妒

"任何人都会变得恶毒，只要你试过什么叫嫉妒。"嫉妒是指我们在看到别人的优秀或好命运时感到的气恼、羞辱、不满或不安，同时感到一定程度的厌恶，以及占有相同优势的渴望。比较是人类作为高等动物的天性，但比较过了头就变成了嫉妒。善妒的人最终伤害的不是别人就是自己。

从进化心理学角度来讲，嫉妒是一种本能，这种本能可能产生于两点：

一是个体为维护扩充自己势力范围和繁殖繁衍的需要。就如狮子王对自己领地的保护和对母狮子交配特权的维护，而远古的人类也必然经过了这一过程。

二是平等分配生产生活物资的需要。古代生产力落后，必须集体合作才能得到仅够大家使用的生产生活资料，所以只有平等分配才能维护集体与社会的存在。这也就使得追求平等的心理成为人的一种本能。

嫉妒有三个阶段：第一阶段，羡慕；第二阶段，嫉妒；第三阶段，仇恨。当然，这三个阶段都有嫉妒的成分，只不过是从少到多排列罢了。

一个人嫉妒久了，长时间处于压抑状态下，心理就会出现一系列问题，严重的还可能影响日常生活。

张　萌：她们不知道。我都没有告诉她们我跟男朋友吵架的事情，也没有说我也去参加了面试。这么丢脸的事，我不知道怎么开口。

> 新的问题：人际沟通模式。

肖老师：所以，你一次次地一个人沉浸在孤单、沮丧和嫉妒的情绪里，越陷越深，直到情绪失控？如果下次遇到类似的情境，你打算做些什么不一样的事情？

> 用于赋能的提问。

张　萌：我可以告诉她们我很难过，我压力很大，希望她们安慰我。其实她们以前也有安慰我，陪我一起逛街，一起看电影，一起骂男人。唉，是我自己太封闭了，才造成现在的局面。

肖老师：我今天问你们宿舍的同学打算怎么处理，要不要把你调换到其他宿舍去。结果她们都跟我说，想先了解一下情况，她们觉得你不是贪财的人，一定有苦衷。你看，她们其实都很关心你。你今天回去后，打算怎么做？

> 老师"温和而坚定"的示范发挥作用了，学生不再逃避承担责任，也愿意承诺改变。是一次有效的沟通。

张　萌：我知道学校会给我处分，这是我应该承担的。我回宿舍后会把所有东西拿出来，当面跟她们道歉，祈求她们的原谅。我也会把我在这里跟你说的这些感受都坦白地告诉她们。不管她们会不会原谅我，我都要努力弥补我自己的过错。

肖老师：你能勇于承担责任，还能勇于做出改变，我很欣慰，希望你以后不要再出现类似的行为。另外，你在应对压力和人际关系时，缺乏足够的技巧，容易失控，这些也不是想改变就能改变的。我建议你约一位心理咨询师深入聊一聊，调整性格和心态。

> 心理疏导是及时、高效的介入手段，但如果需要更专业和深入地进行干预，就应该进行必要的转介。

张　萌：好的，我会的。

价值观引导：做正直的人

所谓价值观，是基于人一定的思维感官之上而做出的认知、理解、判断或抉择，也就是人认定事物、辨别是非的一种思维或取向，从而体现出人、事、物一定的价值或作用。在阶级社会中，不同阶级有不同的价值观。

价值观具有稳定性和持久性。在特定的时间、地点、条件下，人的价值观总是相对稳定和持久的。比如，对某种人或事物的好坏总有一个看法和评价，在条件不变的情况下，这种看法不会改变。

价值观具有历史性与选择性。在不同时代、不同社会的生活环境中形成的价值观是不同的。一个人的价值观是从出生开始，在家庭和社会的影响下，逐步形成的。一个人所处的社会生产方式及其所处的经济地位，对其价值观的形成有决定性的影响。当然，报刊、电视和广播等宣传的观点以及父母、老师、朋友和公众名人的观点与行为，对一个人价值观的形成也有不可忽视的影响。

价值观具有主观性。用以区分好与坏的标准，是根据个人内心的尺度进行衡量和评价的，这些标准都可以称为价值观。

价值观教育落实到具体内容时，可以有不同的体现形式，比如，政治观、人生观、消费观、爱情观。它们或大或小、或深或浅地在一个或多个领域影响着我们的行为与态度。生涯指导是其中很有助人意义的切入手段。

你将来要做什么事？从事什么职业？这个行业有发展前景吗？你将从现在开始做哪些努力？这样的一系列问题，我们可能一直在思考，但相当多的人是回答不上来的。如果问我们的目标或梦想是什么，千篇一律的回答可能是高收入、买房子、安逸的生活。这反映出了我们的生涯教育实在太过缺乏。

生涯指导是指运用一套系统的方法，提高个人对生涯及组成要素的认知和理解，以帮助他人在生涯探索的基础上做出生涯规划，尽可能实现其理想生活方式的一种互动式教育实践活动。生涯指导的目的在于，引导个体以更加广阔的视野来审视个人的职业选择与人生发展之间的内在联系，并在此前提下对个体所拥有的各种发展资源进行评估，学会选择与规划；通过促进个体自主有序的发展，来实现个人与社会之间最积极有效的互动。

但传统的价值观教育偏重知识灌输、意识传导,相对忽略学生在接受教育过程中的主观能动性,容易让人产生抵触情绪。如何帮助广大青年树立远大理想,坚定走中国特色社会主义道路的人生信念?心理疏导的沟通技巧也能派上大用场。

案例15:有钱真的那么重要吗

当事人:叶苏

疏导员:廖玲

叶苏今年19岁,是一位大一女生。在高中同学眼里,叶苏长得美、成绩好,还有乐器特长,是年级里的风云人物。但上了大学,叶苏却陷入了深深的苦恼中:从小县城考到首都的她,在与几位家境富裕的室友相处中,渐渐发现自己格格不入。一开始,叶苏努力尝试不与其他人比较,但慢慢地,她变得越来越沉默、越来越自卑,甚至暗暗责怪父母不能为她提供足够好的经济条件。有一天,叶苏憋不住了,终于打电话给高中同桌廖玲,倾诉烦恼。

廖玲:Hello,大美女,好久没接到过你的电话啦!

叶苏:是啊,上大学三个多月了,除了刚开学那会儿跟你打过几次电话,最近都是微信聊聊天了。

廖玲:是呀,最近怎样?

叶苏:还好吧,就是很忙。本来还以为上大学就轻松了,以前老师们都说大学就像天堂一样,不过来了之后才发现,还是自己太天真了。大学里还是有很多烦心事啊。(叹气)

廖玲:你最近状态不太对劲啊,之前我看你QQ空间发的说说,就很想问你了,好像很低落的样子……

叶苏:嗯,最近是挺不开心的。

廖玲:怎么啦,发生了什么?

叶苏:我有点儿犹豫要不要说,说出来有点怕你教育我。

廖玲:哈哈,我们叶大小姐也有怕被教育的时候?

> 由当事人最近在社交网络的发言切入,自然而然地询问对方的情绪状态。

叶苏：快别叫我大小姐了。我哪是什么大小姐啊，丑小鸭还差不多。

廖玲：受什么委屈啦？跟我说说吧。

叶苏：也没啥，就是我现在越来越觉得，有钱真好。

廖玲：这话怎么说？

叶苏：就说吃饭，有钱人家的孩子，一顿饭人均花费两三百元都不心疼，而我吃个几十块的，心里都愧疚一阵，别说上百元的了，听到就心惊肉跳。

廖玲：是啊，不同的家境，消费水平不一样。

叶苏：可不嘛，以前吃一顿必胜客都高兴死了，现在才知道，在富二代眼里，必胜客根本就不算什么。刚开学那会宿舍聚餐，我的几个室友都想去吃自助餐，我查了一下，那个自助餐一个人要168元，我没舍得，就说肚子不舒服不去了。后来她们又提了一次，我总不好再找借口了，免得她们觉得我扫兴，不想跟她们玩。我一个室友可能看出来我不舍得花钱了，就建议去吃学生街的一家小炒，室友们也同意了。我心里虽是松了一口气，但也很不是滋味。

廖玲：几个室友跟你的消费水平不一样，让你有点进退两难。虽然后来换了地方吃饭，但你还是挺难堪的。

叶苏：对，就是这个词，难堪。就是我知道她们在照顾我，按理说我应该很感激她们这样体谅我这个穷人，但我总感觉她们默默地同情或者嫌弃我，又或是会三个人悄悄去吃自助餐不喊我，有可能还边吃自助餐边议论我。

廖玲：你觉得她们在心里嫌弃你或者同情你，又或者在背后议论你？

叶苏：是的。我总是忍不住会冒出这样的念头。

> 当当事人带着明显的态度和观念讲述事情时，最好先不要表现出十分赞同或反对的态度，可以简单复述当事人的话，或陈述一些中性的客观事实。

> "听"的技巧，不急着发表观点，只把自己听到的信息、情绪反馈给对方。

廖玲：是发生过什么事情或者有什么证据表明她们会这样吗？

叶苏：没有，其实没有。我的室友们其实是很好的。但是我没办法遏制住这些想法，只要一想到有这样的可能性，我就很不舒服。最近我脑子里都被这些事情缠绕着，根本没办法专心做事情。我最近越来越不想回宿舍了。

廖玲：这些想法是什么时候开始有的呀？

叶苏：我说不好。刚来不久我就知道她们家境都挺好的，因为她们经常在一起聊化妆品、护肤品，用的也都是名牌。我当时就是挺羡慕，但也没多难受，因为我不化妆，也不怎么用护肤品。后来院里迎新晚会要出节目，我就去报名了。演出那天，纪然，也就是我刚说的那位室友，拉着我要帮我打扮，好让大家惊艳一番。那天她们给我化完妆，让我穿上纪然那条两千多元的裙子之后，我就被人夸了一路。果然人靠衣装是对的。

廖玲：你在高中时也是公认的美女呀，也不完全是裙子的功劳。

叶苏：你是没看到，那条裙子真的非常好看，当我把它脱下的时候，其实内心还挺舍不得的。也不知道纪然是不是看出来了，她说这裙子更适合我，她自己也不缺裙子穿，让我留着这条裙子。其实我知道我应该坚决拒绝她，但我只是推辞了一下，还是收下了。那天晚上，我怎么都睡不着，觉得很羞愧，怎么可以随便拿别人这么贵的东西，同时，我有点妒忌纪然可以随随便便把这么贵的东西送出去，我甚至觉得她在施舍我，她觉得不算什么的一条旧裙子，我却"宝贝"得跟什么一样。这条裙子挂在我衣柜里快两个月了，但我一次都没再穿过。

廖玲：感觉收下这条裙子没有让你快乐，反而让你很煎熬、很

询问具体事例，以助于澄清。即了解当事人的负面心态、情绪是由于具体事件引起的，还是由于当事人自身的错误认知引起的。

进一步确认、澄清，采用"什么时候""什么事件""举个例子"等话语，很容易就可以打开当事人的话匣子。

疏导员的共情是有深度的，从当事人的"我一次都没再穿

矛盾。虽然纪然把裙子送给你了，但在你心里，它还是不属于你的。| "过"理解，在当事人心中，依然认为裙子不属于自己，"煎熬""矛盾"也很好地概括了当事人的心理状态。

叶苏： 是的，我现在每次一打开衣柜看到这条裙子就很烦躁，但都这么久了又不知道怎么开口退给纪然。这还仅仅是我烦心事中的一件。

廖玲： 嗯，还发生了什么吗？

叶苏： 姚姚你知道吧，我之前跟你说过的，我宿舍那个很会化妆的女孩。也是那次晚会之后，姚姚说我化完妆就是女神，日常也应该学一下化妆。本来我没答应，因为觉得很费时间。但是后来有一次，姚姚让我陪她逛商场，然后我俩就试口红，不知怎么我就鬼使神差地掏钱买了一支。后面就一发不可收拾了。

廖玲： 一发不可收拾？| 复述当事人话语中的关键词也是提问的一种方式。

叶苏： 买了口红还得买粉底，买了粉底还得买腮红、买眼影……而且各种产品的色号、质地也太多了。姚姚她们天天在宿舍看美妆视频，跟着买买买，然后给我"种草"，说什么一支口红几十元，四舍五入等于不要钱。不知不觉，我已经跟着买了好几支口红了。| 将当事人的情况正常化也是一种共情的方式，这样可以减轻当事人的羞愧感和自责感。

廖玲： 你跳进美妆的坑啦，在这个遍地都是美妆博主的时代，要抵挡这个诱惑真不是容易的事。

理论链接　参照群体

参照群体是个体在形成购买或消费决策时，用以作为参照、比较的个人或群体。参照群体不仅包括了家庭、朋友等个体与之具有直接互动的群体，而且也涵盖了与个体没有直接面对面接触，但对个体行为产生影响的个人和群体。

参照群体具有规范和比较两大功能。前一功能在于建立一定的行为标准，并使个体遵从这一标准；后一功能是指，个体把参照群体作为评价自己或别人的比较标准和出发点。

参照群体一般可以分为三种类型：

1. 成员资格型参照群体。人们从事各种职业，具有不同的信仰和兴趣爱好，因此他们都分属于不同的社会团体。由于社会团体需要协同行为，作为团体的成员，其行为就必须同团体的行为相一致。各种团体具有不同的性质，因此它们对其成员行为的影响程度也是不同的。

2. 接触型参照群体。人们都有父母、兄弟、亲戚、朋友、同事、老师、邻居，这些人分属于各种社会团体，人们可以通过他们对各种团体有所接触。接触型参照群体对消费者行为同样会产生一定的影响。

3. 向往型参照群体。除了参与和接触之外，人们还可以通过大众媒介了解各种社会团体。向往型参照群体是指那些与消费者没有任何联系，但又对消费者有很大吸引力的团体。人们通常会向往某一种业务，羡慕某一种生活方式，甚至崇拜某一个团体的杰出人物。那些对未来充满憧憬的青年人，这种向往的心理就显得尤为明显。当这种向往不能成为现实的时候，人们往往会通过模仿来满足这种心理需求。向往型参照群体对消费者的行为影响也是间接的，但由于这种影响与消费者的内在渴望相一致，因此效果往往是很明显的。

叶苏：是的……进了这个坑之后发现钱真的很不够用。我爸妈一个月给我 1500 元的生活费，所以之前很多时候我无论看到多想要的东西都会努力忍住。但有时又觉得好不公平，凭什么姚姚她们想买什么就可以毫不犹豫地买，而我想要什么都要算来算去，思索再三？就因为她们投胎在了有钱人家？

廖玲：这种想买东西不能买的感觉确实很难受。

叶苏：是的，我最近都在琢磨着怎么赚钱了，甚至有时候我会翘课去做兼职。靠父母给的钱，根本没办法过自己想过的生活。但我内心还有一个声音在跟我说，我这样是鬼迷心窍了，是不对的，不应该这么轻易地受到别人影响。

> 当事人一开始就提到担心被教育，因此在倾听当事人的烦恼、问题时，疏导员言谈中要尽量保持中立不评判的态度，尽量做到共情、理解当事人。

我觉得好分裂哦。一方面觉得自己想要买喜欢的东西没什么不对，另一方面又觉得自己不应该这么重视物质……我真的不知道该怎么办好了，每次内心就是天人交战的感觉。玲玲，你说我该怎么办好呢？

廖玲：我觉得你遇到了很多让你感到纠结、烦恼的事，我们一起来捋一下吧。

> 当当事人提出需要建议时，疏导员先不要急着发表自己的态度或观点，可以帮助当事人梳理、分析。

叶苏：嗯，就想听你跟我分析分析。你是我见过的同龄人里最理智的了。

廖玲：简单一点来说，你到了一个全新的环境，接触到了跟你家境、消费观不同的人。比较倒霉的是，你们宿舍另外几个人家境又是差不多的，哪怕她们都很好相处，这种不一致也容易会让你有一种被排除在外的感觉。这种感觉是很让人难受的，所以有时你会忍不住向她们靠拢，以期待被接纳。这种靠拢甚至都不一定是有意的，可能自己不知不觉地就这样想了、这样做了。

> 陈述客观事实。这其中包括了一些社会心理学的知识，需要平时多加积累。

叶苏：嗯，好像是这样……

廖玲：所以有的时候你会发现，自己很难拒绝她们。例如一起去吃饭这件事，你觉得她们迁就了你一次，你内心就会过意不去，又担心一直拒绝去高档餐厅会被看不起，到了后面你自然就会跟她们去她们想去的那家餐厅。人都是社会动物，因为你不是那种可以独来独往的女孩，你希望跟她们玩得好，所以你很难不去在意她们的看法。如果是我遇到跟你一样的情况，也会有同样的苦恼。

理论链接　从众

从众效应，是指当个体受到群体的影响（引导或施加的压力），会怀疑并改变自己的观点、判断和行为，朝着与群体大多数人一致的方向变化，也就是通常人们所说的"随大流"。

群体成员的行为，通常具有跟从群体的倾向。当个体发现自己的行为和意见与群体不一致，或与群体中大多数人有分歧时，会感受到一种压力，这促使个体趋向于与群体保持一致。这种现象叫作从众行为。

个体产生从众心理的原因是多方面的。在群体中，由于个体不愿标新立异、与众不同感到孤立，而当他的行为、态度和意见同别人一致时，就会有"没有错"的安全感。从众源于群体对个体的无形压力，迫使一些个体违心地产生与自己意愿相左的决策和行为。

不同类型的人，从众行为的程度也不一样。一般来说，性格内向、自卑的人多于性格外向、自信的人，文化程度低的人多于文化程度高的人，年龄小的人多于年龄大的人，社会阅历浅的人多于社会阅历丰富的人。

叶苏：是啊，我真的很在意她们的看法……总是很担心哪里表现得小家子气会被她们看不起……

廖玲：那她们有没有确实表现过看不起你或者那些生活条件不如她们的人呢？

叶苏：她们倒是没表现出来过看不起谁。但是谁知道她们心里怎么想呢？指不定都嘀咕我穷酸还爱面子呢。

廖玲：苏苏，你要知道，目前影响你情绪的，并不是你室友做了什么或是说了什么，而是你自己的想法。

叶苏：可是也没有证据表明我想的就是错的呀，万一她们真的就是鄙视我呢？难道我就应该自欺欺人地觉得她们肯定不会看轻我、嘲笑我？

廖玲：苏苏，你记得以前我们一起做的罗夏墨迹测验吗？一个模糊的、没有线索的场景，你解读成一个怎样的故事都是可以的。现在你和室友们在一起，没有任何线索提示说，室友们会因为你家比不上她们家有钱而不喜欢你，反而有一些线索表示她们还挺喜欢你，例如，纪然送你裙子，姚姚教你化妆，都是觉得这样你会更好看。我问

> 巧用当事人自己做过的罗夏墨迹测验作为例子来解释。另外，在心理疏导中，也可以选择大众耳熟能详的典故、时事作为例子。

你，如果你不喜欢一个人，你愿意把一条漂亮的裙子送给她吗？如果你不喜欢一个人，你会愿意花时间与她待在一起，去逛街，去教他化妆变得更美吗？

叶苏： 我……我不会。但是她们现在对我好，也不代表她们以后不会因为我跟她们没有共同话题而不跟我玩啊。

廖玲： 那么，人和人之间没有共同话题，就很难成为玩得很好的朋友，是不是很正常的事情呢？

叶苏： 是呀，所以我才担心嘛……

廖玲： 在我看来，这个问题可以从两方面看。一方面是，我们交朋友本来就需要志趣相投，如果很多方面不一致，谈不到一起去，做"君子之交淡如水"的朋友就好了；另一方面是，如果你确实很想和室友们成为关系很好的人，就要先放下"我低人一等"的心态，并且从其他方面去寻找你们的共同点。

叶苏： 我有点跟不上你说的话。你刚才说的调整心态，我知道的，但是我不知道应该怎么做……有时候我感觉很难调整。在她们跟前我很容易就有自卑感。

廖玲： 苏苏，你室友平时夸过你吗？

叶苏： 有的，比如纪然和姚姚就经常夸我好看，还有彤彤也说我能听懂高数很厉害，偶尔会请我给她讲题。纪然和姚姚很爱拉着我陪她们逛街，觉得我眼光好，给意见也很中肯。（笑）她们还常说我是唯一一个有希望拿奖学金给宿舍争光的。

廖玲： 你看，其实你室友很喜欢你，并且会肯定你的优点，对吗？

叶苏： （迟疑）这样一看好像是的……因为她们觉得我成绩好、人也不错、长得也挺好，所以还挺喜欢我的。但我现在慢慢不想跟她们一起去逛街了，有时候看她们买买买，

> 360°评价法。当事人由于物质条件与室友存在差异而产生了强烈的自卑感和对自己的片面评价，这时疏导员可以从当事人身边找资源，询问其他人对当事人的评价、看法，帮助当事人更加客观地看待自己。

自己也有喜欢的却只能装作不喜欢，这种感觉很难受。

廖玲：可以举个例子吗？

叶苏：最近不是很多美妆博主都在推一个品牌的口红吗？前几天姚姚就把全部色号都买回来了，还拉着我试色。其中一个颜色非常好看，我俩都很喜欢。我就悄悄查了价格，一只将近三百块钱，实在很贵，加上我已经有颜色类似的口红了，就没买。但是姚姚最近每天都在用这支口红，让我心里痒痒的。这个颜色现在已经卖断货了，我心里就更难受了，觉得自己要是像姚姚那么有钱就好了，有货时就可以果断买下……昨天我妈给我打电话问我钱够不够用，我也没像之前那样跟她说够用，我就语气很不好地说，我说不够用你们又不能给我每月五千块钱，然后我就把电话挂了。其实我现在很后悔，但是我内心又是真的有点怨念，如果他们收入高一些该多好啊。我一边埋怨父母，一边又罪恶感满满。

廖玲：这就是你之前说的分裂的状态。比如，你会一边难以拒绝自己喜欢的东西，一边觉得自己不应该收别人贵重的礼物；一边觉得想多赚点钱买自己想要的东西，一边认为自己这样的价值观是错的；一边埋怨父母不能为自己提供足够好的物质条件，一边又会为有这种想法而感到内疚、后悔。我觉得你室友的生活方式，多多少少都会冲击到你前面十几年形成的价值观。我们之前接受的教育里，主张勤俭节约，崇尚精神富足，但现在网上很多信息都在鼓吹"有钱是可以为所欲为的"，鼓吹"买买买"，加上你身边几个姑娘都是活生生的例子，所以你会受到影响是很正常的。

叶苏：是啊……我现在都不知道什么是更重要的了。经常听到

> 对当事人的深层理解，并且提炼出了当事人讲的这几件事的一致性，即矛盾、分裂的状态。并且，再次正常化了当事人目前摇摆不定的状态，降低了当事人自身的羞愧感。

人说，你再努力都不如人家投个好胎，你再勤奋、再聪明，都不如人家长一张美丽的脸……姚姚有时就说，叶苏你长这么好看，花时间去打扮，找个高富帅男友比熬夜念书划算多了……我一开始不以为然，但是她说得多了我自己也有点动摇了……

廖玲：嗯，其实社会氛围、周边人的想法是蛮容易对我们造成影响的，但社会舆论常常变来变去，我们身边的人也会来来往往，这时，自己有一个稳定的观念就显得非常重要。

叶苏：哇，廖玲，你说话好有哲理啊，像一位大师一样，我真是太崇拜你了。要是我跟你一样淡定、成熟，该有多好啊。

廖玲：哈哈，谢谢夸奖。所以苏苏，你现在需要知道的是，你希望自己到三四十岁时，成为一个怎样的人。从结果倒推过程时，你就知道怎样分配你的精力、注意力和时间了。

叶苏：我三四十岁时，希望自己可以像电视剧《都挺好》里的苏明玉那样，是一个事业有成、经济独立的人。想买什么有能力买，也有能力帮助身边的人解决麻烦。不用看别人脸色，用实力说话。如果遇到一个很不错的另一半，那就更完美啦。

廖玲：哈哈哈，你真的好喜欢苏明玉这个角色。这个目标听起来是非常清晰的，那现阶段你要怎样做才可以离这个目标更近一步呢？

叶苏：肯定要有一定的专业实力，而且做事情那种雷厉风行的魄力也要锻炼起来，不能再畏畏缩缩，要给人一种靠谱、可信赖的感觉。要保持身体健康，这样不怕加班，哈哈哈，所以锻炼也是不可少的。

> 在当事人价值观受到冲击，产生了心理矛盾时，不要直接告诉当事人应该如何做，更不要把自己认为正确的价值观强行灌输给当事人；应该引导当事人去思考自己想成为怎样的人，从人生观引导价值观、金钱观。

> 从目标推导当下的行为方式。

廖玲：所以要学习专业知识、锻炼身体以及改变自己的做事风格。

叶苏：这样一看我好忙。不应该花太多时间看美妆视频了。虽然以后成了女强人也是想买买买，但那个时候应该就不像现在这样犹犹豫豫了。用三四十岁的生活对比一下现在，我感觉自己好蠢、好弱哦。

廖玲：哈哈，苏明玉不也是从发传单打拼起来的吗？谁还没有过年轻不起眼的时候呢？所以有句话叫"莫欺少年穷"嘛，就是不要因为年轻人现在还混不出名堂而看不起他。

叶苏：我突然觉得，比别人欺负穷少年更可怕的是，少年自己因为穷而嫌弃自己、放弃努力。比起十几岁的苏明玉，我的日子已经很好过了，起码我爸妈很爱我，尽他们努力对我好。而我的室友更是没有对我冷嘲热讽过，相反都还挺照顾我的感受。不过室友太有钱真的有毒啊……唉。现在跟你谈完之后，觉得自己清醒了一点，但是好担心再过久一点自己又会不理性起来。

廖玲：那你觉得要怎样做才可以最大限度地保持理性呢？

叶苏：最好就是不要注意到新品，不要跟着姚姚看"种草"视频，也不要跟姚姚、纪然她们去逛街。我现在的衣服、化妆品其实完全够用了，但是一看新的、好看的就又忍不住买。我对自己的自制力真没啥信心，只能寄希望于不接触了。不看、不听、不知道就没有欲望。

廖玲：那怎样才可以做到不看、不听、不知道呢？

叶苏：我目前想到的就是，姚姚让我跟她一起看视频的时候我就找点借口拒绝。逛街的话，我觉得偶尔拒绝一下是可以的，但是也不能老拒绝，因为本来大家一起逛街是能

> 总结、梳理。

> 当事人是一位聪明、有悟性的大学生，因此只要询问她要如何做，当事人自己就想到了。

增进感情的事情，我不想为了避免买东西就疏远了她们。或者我以后下个APP，打卡监督自己一个月最多买两件新衣服。现在不是有那种300天不买新彩妆、新衣服的挑战吗？我可以参加那个，然后就可以理直气壮地拒绝姚姚的"安利"了。

廖玲：不错不错，用APP监督自己是个好想法。你可以参加那种互勉的APP，这样就有"同道中人"监督你了，比你自己监督自己更有力。

叶苏：嗯，还有一个我想改变的点。以前因为觉得说出来丢脸，有时候她们觉得有个东西很适合我，就鼓动我买，我买不起的话就会找借口说不喜欢。其实找借口真的很累，我希望以后可以很直接地说，对我来说太贵了，或者我的生活费不够，不能买。如果我能实话实说，可能以后我就不怕在她们面前因为家境不好而心虚了。

廖玲：你这个想法很好。加油啊，我给你打气。

叶苏：嗯。谢谢玲玲今晚陪我聊这么久的电话，我感觉心里轻松多啦！

> 适当地可以给一些实用性的建议。

案例16：生涯规划就是设计人生

当事人：陆鹏
疏导员：严威

大四的陆鹏目前正面临着所有毕业生都需要面临的难题：本科毕业后，应该何去何从？在继续深造和工作之间，陆鹏摇摆不定。对于自己的专业，陆鹏虽然学得不错，但自认为并不喜欢，也没有信心能在这一领域继续发展。而对于工作，陆鹏又认为自己还没做好心理准备，担心自己在职场上难以生存。苦恼中的陆鹏主动去找了班级辅导员严威，希望严威可以给他一些建议和帮助。

陆鹏：威 sir，最近忙吗？想找你聊聊天。

严威：不忙不忙，欢迎欢迎。想跟我聊些什么呢？

陆鹏：就是最近感觉时间不太够用，又烦躁、又迷茫。

严威：你最近是在忙着找工作还是复习考研？

陆鹏：（不好意思地笑）我算是墙头草，都在准备。这就是我今天想找你聊的，我感觉自己对未来要做什么，还不是很清晰，所以只好先两手划拉，看最后手里能抓住什么再做决定。但现在很疲惫，经常是白天到处跑宣讲会、面试，晚上熬夜复习。我感觉最近快熬不下去了，真的非常累，现在我每天都喝好几杯咖啡提神。

严威：你现在一天睡多少小时？虽然工作和考研很重要，但身体更重要呀。长期睡眠不足会影响大脑功能，尤其是记忆力和注意力，所以熬夜复习的效率不一定高。

陆鹏：嗯嗯，我知道了。威 sir，这次我主要想问一下我应该怎么办，是不是应该放弃一样，专心攻其中一样。但是我现在就是还不清楚自己到底该工作还是该读研。说句实话，对于这两方面，我都不是很有信心，也没有什么偏向。选择去读研或者去工作，我都可以。但不是去读研还是去工作我都没有满心喜悦或者期待。我感觉我就是随着大流在走，自己并没有一个清晰的目标或者决心。你说像我这样的毕业生多不多呀？我感觉我身边的人这样的很少。像我室友，一个早早地保了研，现在满世界在玩；一个大一就想好了毕业就工作，前三年暑假别人在玩时他在实习，现在有好几份录用通知，也是惬意得不行。再看看我自己，真担心两手抓，两手都抓不好。

严威：我明白了，目前你的压力主要有几个方面，第一是考研、工作同时在做准备的疲惫、压力和担忧；第二是自

> 由于严威类似于陆鹏在学校里的监护人，因此话语中长辈关心的语气较浓。

> 将陆鹏的问题有条理地复述出来，并询问陆鹏自己做过的尝试，去挖掘陆鹏的

己感觉对这两条路都没有期待，不知道自己想要什么，有种迷茫感；第三是因为身边的人好像早早就有了规划，相比之下就有一种失落感。这些情况都是毕业班学生常会经历的。对于你最近的压力，自己有尝试过用什么方式减轻它吗？

陆鹏： 我现在就是隔三差五去跑跑步。一周通常跑三到四次。跑步的时候可以放空，跑完当天会觉得身体轻松很多。但是有的时候又觉得时间已经这么紧张了，每周还拿三四个小时来跑步，很浪费。

严威： 归根结底，这种"事情没被解决"的紧迫感一直压着你。我刚才听你的说法，感觉你的目标是不大清晰的，我觉得我们可以先来讨论一下这方面。比如找工作，你的目标是什么？拿到什么样的录用通知就觉得足够好了，不用再去面试？拿到什么样的录用通知会觉得太棒了，然后放弃考研？

陆鹏： 这问题问倒我了，我没有答案。我连简历都有种病急乱投医的感觉，因为实习经验很少，所以没什么竞争优势，我就把我能投的都投了。

严威： 所以对于什么是自己适合的工作、理想的工作，你还没有考虑过。

陆鹏： 哈哈，也不是没有，活少钱多离家近，开个玩笑。我觉得首先是我能做的，然后是薪水、平台。但是对于自己能做什么，我现在不是很有底气。而对于我喜欢做什么，我想了一下，几乎没有一项是我可以用以谋生的。

严威： 哎，这你就大错特错了。兴趣是需要发掘和培养的。有本书叫《优秀到不能被忽视》，里面有一个观点是，当你在一个领域或者一份工作中能获得意义感和价值感的

资源：哪些有效的方法是可以继续采用的？

尝试帮陆鹏分析在工作和读研之间，是否存在"优先选择"的临界点。

严威的反馈和指导都建立在丰富的理论知识上。大学生会面临各种各样的挑战和困难，作为辅导员，多掌握一些心理、就

时候，你对这份工作的认同度和幸福感也会提高。而一些一开始兴致勃勃的东西，如果我们没有及时掌握更多的学习资源和知识，对于这一领域的兴趣就会退化。

> 业、学习方面的理论，在与学生谈心时就能比较好地答疑解惑。还记得"答"的技术吗？提供信息的时候要简明扼要，可以说明信息的出处，增加可信度。

理论链接　兴趣的三个层级

1. 感官兴趣

感官兴趣是通过直观的感官刺激产生的兴趣，这是我们最原始的兴趣。感官兴趣是好奇、多变且不稳定的。外界的刺激决定着感官兴趣的长度和强度，例如，现在流行的短视频让我们感到有趣，但看完了一个短视频，我们就会被另一个短视频所吸引，而忘了前一个短视频。因此，感官兴趣让我们当时很满足，却又无法让我们把注意力集中在一个事物上，形成能力。

2. 自觉兴趣

在个体情绪的参与下，把兴趣从感官推向思维，由此更加持久的兴趣也就产生了。自觉兴趣是认知行为参与的兴趣。例如，当我们看到别人写的诗觉得很美妙，便萌生了自己写诗的念头，这就是自觉兴趣。自觉兴趣比感官兴趣更高级，首先是因为思维的加入，使得我们的兴趣可以更加持久地固定在一个领域，从而在大脑里形成回路，产生能力。而能力又反过来让我们体会和学习更多。"能力——兴趣"的循环，让我们慢慢精通某项能力。兴趣推动学习，学习带来了行动，在行动中发展出能力，能力又发展出更大的兴趣。其次，自觉兴趣能使我们不再依赖外界刺激，可以自己把控。兴趣的源头也从外转向内，变成我们自发的、自觉的兴趣。

3. 潜在兴趣

潜在兴趣，也可以称为志趣，是人类最高的兴趣等级。志趣不仅有感官和认知能力的参与，还加入了更深一层的内在发动机——志向与价值观。志趣已不仅仅是兴趣，而是在众多价值中找到自己最有力量的一种生涯管理技术。例如，很多世界知名的运动员从小就每天训练超过 10 小时，正是由于志趣使他们产生了持续的兴趣，去克服这种长久的重复和倦怠。

那么，兴趣应该如何培养呢？根据兴趣的三个层级，兴趣的培养也可以分三步走：

第一步，发现兴趣。让自己沉浸在足够的感官体验中，去发现兴趣，获得兴趣的第一步动力。

第二步，找到资源。在感官兴趣还没有消退时，为兴趣找到学习资源，尽快掌握更多的知识，使自己的感官兴趣进化到自觉兴趣。

第三步，兑换价值。给自己找一个兑换价值的方式，把兴趣与自己最感兴趣的价值绑定。

陆鹏： 我明白了，之所以我现在感觉做什么都没有兴趣，是因为我在任何事情上都难以坚持。现在的生活里太多新鲜有趣的刺激了，我发现集中注意力越来越难了。但是威sir，在这么短的时间里，我也很难再去发掘和培养什么兴趣，然后再根据这个兴趣找工作啊。

严威： 虽然新的兴趣没时间培养了，但有一些方法可以帮助你更快地了解自己更适合做哪一类工作。其实，所有的职业都可以根据它的基本工作任务，分为两个维度：务实—理念，人—事。所谓务实，是指工作任务是具体的事务，有硬性的绩效指标和统一的标准，理念则是指工作任务比较抽象、概括，比较难量化，有多元标准及创意。而人—事这个维度呢，就更好理解了，就是你更喜欢与人沟通还是跟事情打交道。举个例子，销售员跟人打交道多，会计跟报表打交道多。你可以根据自己的兴趣、专业，去选择自己喜欢的工作。当然，还有复杂一点的分类法，就是霍兰德的职业兴趣测试。我这刚好有链接，发给你做一下看看。

陆鹏： 好的好的，我现在就做一下。

> 传授信息、引导重构。陆鹏对于自身兴趣点和能力点的不了解，导致他在找工作的时候有如"无头苍蝇"，而告知他职业兴趣理论并引导他做测试，有助于陆鹏更快速、精准地找到自己未来的职业方向。

理论链接　霍兰德职业兴趣理论

约翰·霍兰德是美国约翰·霍普金斯大学的心理学教授，著名的职业指导专家。他于1959年提出了具有广泛社会影响的职业兴趣理论。他认为，人的人格类型、兴趣与职业密切相关，兴趣是人们活动的巨大动力，凡是具有职业兴趣的职业，都可以提高人们的积极性，促使人们积极地、愉快地从事该职业，且职业兴趣与人格之间存在很高的相关性。他认为人格可分为社会型、企业型、常规型、实际型、研究型和艺术型六种类型。

1. 社会型

共同特点：喜欢与人交往，不断结交新的朋友；善言谈，愿意教导别人；关心社会问题，渴望发挥自己的社会作用；寻求广泛的人际关系，比较看重社会义务和社会道德。

典型职业：教育工作者（教师、教育行政人员），社会工作者（咨询人员、公关人员）。

2. 企业型

共同特点：追求权力、权威和物质财富，具有领导才能；喜欢竞争、敢冒风险，有野心、抱负；为人务实，习惯以利益得失、权力、地位、金钱等来衡量做事的价值，做事有较强的目的性。

典型职业：项目经理、销售人员、营销管理人员、政府官员、企业领导、法官、律师。

3. 常规型

共同特点：尊重权威和规章制度，喜欢按计划办事，细心、有条理；习惯接受他人的指挥和领导，自己不谋求领导职务；喜欢关注实际和细节情况，通常较为谨慎和保守，缺乏创造性；不喜欢冒险和竞争，富有自我牺牲精神。

典型职业：秘书、办公室人员、记事员、会计、行政助理、图书馆管理员、出纳员、打字员、投资分析员。

4. 实际型

共同特点：愿意使用工具从事操作性工作，动手能力强，做事手脚灵活，动作协调；偏好于具体任务，不善言辞，做事保守，较为谦虚；缺乏社交能力，通常喜欢独立做事。

典型职业：摄影师、制图员、机械装配工、木匠、厨师。

5. 研究型

共同特点：思想家而非实干家，抽象思维能力强，求知欲强，肯动脑、善思考，不愿动手；喜欢独立的和富有创造性的工作；知识渊博，有学识才能，不善于领导他人；考虑问题理性，做事喜欢精确，喜欢逻辑分析和推理，不断探讨未知的领域。

典型职业：科学研究人员、教师、工程师、电脑编程人员、医生、系统分析员。

6. 艺术型

共同特点：有创造力，乐于创造新颖、与众不同的成果，渴望表现自己的个性，实现自身的价值；做事理想化，追求完美，不重实际；具有一定的艺术才能和个性；善于表达、怀旧，心态较为复杂。

典型职业：演员、导演、艺术设计师、雕刻家、建筑师、摄影家、广告制作人、歌唱家、作曲家、乐队指挥、小说家、诗人、剧作家。

然而，大多数人并非只有一种性向。比如，一个人的性向中很可能同时包含着社会型、实际型和研究型。霍兰德认为，这些性向越相似，相容性越强，则一个人在选择职业时所面临的内在冲突和犹豫就会越少。

陆鹏： 得出了研究型，感觉还挺符合。我投的工作也是跟数据分析有关的。不过，我隐隐约约还是感到不安。因为我大学虽然数据分析相关的课都拿到了高分，但是没有实习经验，到职场上肯定是不够用的。

严威： 对自己能力的不够自信，是很多职场新人都会有的问题。初出茅庐的菜鸟，能力自然与熟练的人不一样。所有新人都希望在新手期就可以独当一面，不出任何岔子。

> 引导重构的回答。陆鹏对于自己能力的不自信，一是由于缺乏实习经历，二是由于偏向于负面想象，

坏消息是，几乎所有新人都有磕磕碰碰的阶段；好消息是，新手是拿经验拿得最快的。我问你一个问题，失误对你来说意味着什么？

陆鹏：在职场的话，失误意味着领导、同事的坏印象，公司的损失，自责、后悔、自我否定，有时候意味着炒鱿鱼吧。如果再往大一点说，一个大的失误可能会导致以后整个职业生涯垮掉。

严威：你说得很对，所有人都不愿意失误，因为一个失误带来的影响是我们难以预估的。不过，我的建议是，你承担你的责任。这句话是什么意思呢？从你对自己能力的忧虑，对失误的态度来说，我对你有足够的自信，就是在你的能力范围内，你一定会尽力减少失误出现。但是，当一个工作任务的难度超过了你的范围，保证失误不出现就不再是你能把控的，或者说不仅仅是你的责任了。

陆鹏：这话怎么说？不太理解……

严威：如果一项工作对你来说确实很难，那么你的责任是，告诉你的领导这项工作对现阶段的你来说很难，向他请求帮助或指导。这是你的责任，承认自己现阶段的能力不足，寻找有力的资源解决问题。而你的领导的责任是，评估下属的能力和任务的难度、重要性是否匹配，并据此做出任务的分配。如果你的领导执意要把一个又重要又难的工作交给你单独负责，那这就是你领导需要承担的风险。

陆鹏：我明白了。换句话来说，作为职场菜鸟的我，一开始一般不太会接到什么太难、太重要的任务，除非领导脑子"秀逗"了，是这样吗？

严威：你这孩子……我的意思是让你放下心来。在职场中，不

将失误的后果夸大化。因此，引导陆鹏思考失误的意义，让陆鹏意识到失误的同时可以促进成长，以减少对职场的恐惧。

关于"责任"的讲解，也涉及在"婆媳关系"案例中提到的个人边界理论：当一个人的个人边界清晰而健康时，他就不会认为自己应该为所有的事情、所有人的决策负责。同时，这也是很多职场新手对于失败的恐惧。因此，将责任分层，告知陆鹏只需要做好自己的部分，有助于让陆鹏放松紧绷的神经。

用担心能力不足，因为能力是可以变化和增长的；不用担心失误，在你保证自己足够负责任、足够细心的状况下，可以大胆地将自己遇到的困难与领导沟通。沟通在任何场合都是非常重要的。

陆鹏： 啊，受益匪浅！现在我对职场就没那么多恐惧了。威sir，谢谢你。我还有一个很重要的问题。

严威： 嗯嗯，你问，我听着。

陆鹏： 我经常听师兄师姐们有各种不同的看法，读了研究生的后悔没本科毕业就工作，本科毕业就工作的后悔没读研究生。那究竟是选择哪一条路比较好呢？我担心我会后悔。

严威： 小马过河的故事听过吗？

陆鹏： 听过。

严威： 听过你还问我这个问题？

陆鹏： 哈哈哈哈。其实我也知道没有确定的答案，每个人的情况是不一样的。但是我就是特别怕会后悔。

严威： 我给你一些建议吧。第一，查一查如果你在读研几个月后想放弃读研直接工作，会有什么损失，金钱上的、时间上的、机会成本上的，还有，如果到时候找工作会面临什么困难，你准备怎么克服。第二，查一查如果你工作一阵子后想辞职读研有什么损失、什么困难以及怎样克服。了解得越详细越好。一个大概的概念只会让你紧张焦虑，而一个具体的措施和方案则会让你觉得这件事已经解决过了，你的焦虑就会减轻了。第三，还是我最开始跟你说的，要形成兴趣——能力的正面循环，如果你的循环是好的，后悔就不会找上你。

陆鹏： 好的好的，我记一下。

> 在面临重大的选择时，几乎所有人都会担心自己的选择不是最优的。严威的处理是，不直接回答这个问题，而是以耳熟能详的小马过河的故事为例，提醒陆鹏，别人不能代自己做决策。而在建议的部分，让陆鹏更加具体地列出备选方案和风险，有助于降低陆鹏的焦虑情绪。

严威： 现在你的压力有没有好一点？

陆鹏： 压力还是有的，但确实思路清晰了很多。今天我最大的收获是，无论做怎样的选择，心态决定命运。

严威： 哦？此话怎讲？好像一下子把我拔到了什么人生导师的高度。

陆鹏： 哈哈哈哈。你可是个优秀辅导员呢！我是听你说了兴趣跟能力的关系，明白了一个道理。首先，只要不选择跟自己性格、兴趣差太多的职业就可以，因为只要自己能把一件事做好，慢慢就会有成就感和意义感，支撑自己把它变成有兴趣的事，而反过来，则事事是难事。

严威： 你这个总结特别棒，不愧是优秀辅导员的学生。总之，以后有什么困惑、困难，随时来找我聊，欢迎之至。

chapter twelve

第十二章 心理疏导在企业管理中的应用

职场压力：崩溃与成长的关键点

或大或小，或多或少，我们每个人都承受着一定的压力。

在压力状态下，我们最常体验的情绪是焦虑。焦虑是人类进化的副产品。在人类进化过程中，焦虑的情绪体验可以保护人类，让人类在严酷的自然环境中生存下来。焦虑的基因得以保存下来，而不那么焦虑的原始人则在进化的过程中被淘汰掉了。可以说，每个现代人体内都有焦虑的基因，很容易感受到压力的存在。

我们每个人都生活在社会之中，既然要从社会中获取资源以保证自身的生存和发展，当然也就要受制于社会，承受来自社会各个方面的压力。因此，社会压力无所不在、无时不有，承受社会压力是很难避免的。

社会发展较快的时期也是社会压力变大的时期。当下的"压力山大""高压锅"现象，与我国改革开放以来的社会发展密切相关。社会的快速发展意味着社会财富的积累速度加快，我们的生活改变也快，生活期望目标提高也快，而这些快速变化使我们更容易产生焦虑。在社会发展速度越快，生活水平提高越快的社会里，我们反而会承受着更大的社会压力。

从世界范围来看，社会发展也一直推动着社会生产组织模式与日常生活方式的变迁，使得我们从周遭环境中获取资源的过程产生变化，也使得我们承受的社会压力产生持续不断的变化。特别是工业革命以来，经济社会的发展彻底改变了农业文明条件下，经济上自给自足、生活上相互紧密依赖的悠闲方式，生产生活节奏不断加快，各

第十二章
心理疏导在企业管理中的应用

种压力不断增大。

在职场中,我们经常会体验到压力和倦怠感,而这些体验却又常常会被社会所否认。职场要求我们有高的绩效表现,我们有时难以处理好工作与休息之间的平衡。于是,工作中的压力和职业疲劳就会发生。职场压力有时意味着焦虑,一种没有力量的感觉,有时意味着疏远和倦怠。在职场中,大部分人都在某种程度上经历过与职业有关的压力。

面对压力,我们需要练就压力反弹能力(简称"压弹")。压弹是指个人面对生活逆境、创伤、悲剧、威胁及其他生活重大压力时的良好适应能力,它是压力与应对的和谐统一,是良性应激的突出表现。对于每个个体来说,正确认识压力,管理压力,练就较强的压力反弹能力是十分重要的。

案例17:新岗位、新角色、新期待

当事人:王刚

疏导员:张千

王刚是位很出色的大客户销售,连续几年都是公司的销售冠军。业绩很好,收入自然不差,但重复的工作流程似乎让王刚有些倦怠。

因业绩好,受领导赏识,王刚不久便升职到管理岗位。升职后,王刚开始带领一个销售团队。新岗位的工作热情很快消退,他发现单打独斗做业务跟带团队冲业绩完全是两件事情。王刚从上个月开始就发现自己晚上睡不着,有时候要借助一点酒劲才能睡着,但是睡眠的质量也不是太好,早上就打不起精神来工作,工作效率已经明显下降了。王刚因为这个问题很着急担心,不知道从哪里做起才能有效改善他因工作压力带来的睡眠问题。

人力资源总监张千见王刚工作状态不对劲,便找到王刚谈话。

张千:王总,恭喜你升职。

王刚:谢谢!感谢你的支持。

张千:新工作怎么样?

王刚:嗯……挺好的吧……(欲言又止状)

> 心理疏导跟心理咨询的一个重要区别是,心理疏导允许当事人和疏导员是多重关系,比如本案例中

张千：感觉你没把话说开……你之前一直说工作有些倦怠了，现在到新的岗位上，应该找到新的挑战目标了吧？

王刚：还好吧……说不太清楚。

张千：哦？你试着说说看。

王刚：其实也没什么大事，不值得一提。

张千：我经常看到新晋管理者碰到许多挑战，以前一个人干好就好了，现在是带着一个团队干，光一个人干好，还远远不够。

王刚：是呀，你说得没错……我确实有些困惑。

张千：怎么了，发生了什么事情？你愿意说说看吗？我有些经验，或许可以帮到你。

王刚：（沉默）嗯……最近觉得很累。

张千：看出来了，你的精神状态看起来似乎不太好，你压力好像很大的样子。

王刚：嗯，是的。确实，带团队挑战更大呀……

张千：确实是这样，看来你还没有完全适应新岗位……你觉得现在的工作跟以前的工作有什么不同？

王刚：嗯……确实差别很大，你知道我们做销售的，通常都有爱挑战的性格特质。原来的销售工作，做了这么多年，确实是觉得有点无趣，除了发工资那几天高兴一下。

张千：嗯，是呀，发工资当然值得高兴。听起来，薪酬待遇并不是你唯一看重的东西。

王刚：对，人总是要不断往前走的。

张千：一个岗位做久确实很容易倦怠，我也有过这样的经历。

王刚：是吗？能说来听听吗？

张千：我原来负责培训工作，后来成立了培训中心，我就带着几个人一起做培训。培训现场所有的大小细节我都得盯

的王刚和张千是同事关系。心理疏导并不一定要求当事人主动求助，心理疏导也可以是疏导员的"仗义出手"。

本案例中张千主动支持，但并没有马上得到王刚的热情回应，王刚欲言又止。这时候需要张千做些"暖场"，进一步建立关系。

张千通过共情，促成王刚有更多的表达。

张千在共情时慎用绝对化的语言，用"似乎""好像"等词语，小心验证，逐步建立信任关系。

疏导员通过自我暴露进一步拉近与当事人的关系，也起到一定的榜样作用，让当事人对解决这个问题有了一定的信心。

着，很没有安全感。没有及时把讲师的 PPT 更新，培训签到表打印错误，培训通知地点写错……下属的这些错误，全得向负责人问责。有时候，宁愿自己做。

王刚：嗯，有同感。带个人好辛苦，同样的错误反复出现。

张千：嗯，不过，话说回来。我原来做培训经理，做多了也倦怠，而且原地踏步，自己也没有进步。所以咱们公司用轮岗、升职、丰富员工的岗位内容等方式来避免职业倦怠。当然，员工个人层面，也要积极自我调节。

王刚：是。也感谢公司让我挑战新岗位。我现在是不倦怠了，但我压力很大呀。以前我只要完成我自己的销售指标就好了，现在整个团队七八个人的销售压力全在我身上，没有几个人能出单。哎，这团队太难带了。我宁愿自己单枪匹马做业务。太累，我最近经常失眠。

理论链接　职场压力来源

职场压力主要来源于环境层面、组织层面和个体层面。

环境层面的压力来自宏观经济环境的变化、政治变革或科学技术进步给个人就业带来的冲击。比如，IT 行业要求掌握的专业技术日新月异，职场竞争压力大，专业人员淘汰率高，这就给 IT 从业人员造成了很大的社会压力。员工所处的社会阶层、收入状况同样对其构成社会压力。当员工自身收入状况与其他社会阶层相比，或者与其他同行业从业人员相比较低时，可能就会对他产生压力。

环境层面的压力，个体往往很难改变，只能通过个体的自我调适去适应。

组织层面的压力来自组织管理策略、组织结构和设计、组织程序以及工作条件等。

其中管理策略足以消除或者控制组织层面的压力来源，从而阻止或者减少个体员工的工作压力。企业领导者和人力资源管理者可以从组织层面上拟定并实施各种压力减轻计划，比如，提供保健或健康项目、企业文化上鼓励员工等，有效管理、减轻员工压力。

个人层面的压力来自工作和非工作两个方面。工作方面的压力来自物理环境、个人承担的角色及其角色冲突、人际关系等因素。非工作方面的压力来自家庭压力和社会压力。每一个员工都有自己的个人家庭生活，家庭生活是否美满和谐对员工具有很大的影响。这些家庭压力可能来自父母、配偶、子女及亲属等。

个人层面的压力管理策略有锻炼、放松、行为自我控制、认知疗法以及建立社会和工作网络等。

辨别不同的压力来源，可以更好地对症下药，有效管理压力。

张千： 看得出来，这段时间你老是休息不好的样子。适应新岗位确实要花一段时间，这倒是挺正常的现象。失眠的次数多吗？

王刚： 是呀，每天失眠。脾气也不好，经常对下属发火。明明知道不好，但好像很难控制。我现在下班回家，我们家的狗都不敢靠近我。（笑）

张千： 睡不好的话，确实心情会受影响。人在压力下经常会很焦虑、易怒，失眠也是在高压力下常见一种身体反应。有没有试着用一些方法调整心情，改善睡眠的状态呢？

> 短焦技术，一般化的运用。

> 张千在这个环节，有效地共情了王刚在压力状态下的情绪。

理论链接　个体在压力下的心理、生理和行为表现

心理学研究表明，个体在压力状态下会出现一系列的心理、生理和行为表现。

1. 压力下的生理反应

个体在压力状态下会出现一系列生理反应，主要表现在自主神经系统、内分泌系统和免疫系统等方面。例如，心率加快、血压增高、呼吸急促、激素分泌增加、消化道蠕动和分泌减少、出汗等。加拿大心理学家薛利在20世纪50年代以白鼠为研究对象，从事了多项压力实验。研究指出，在压力状态下身体反应分成三个阶段：

第一阶段是警觉反应。这一阶段中，由刺激的突然出现而产生情绪的紧张和注意力提高，体温与血压下降、肾上腺分泌增加、进入应激状态。

第二阶段是抗拒阶段。如果压力继续存在，身体就会进入第二个阶段，即抗拒。生理反应企图对身体上任何受损的部分加以维护复原，因而产生大量调节身体的激素。

第三阶段是衰竭阶段。如果压力存在太久，应付压力的精力耗尽，身体各功能会突然缓慢下来，使适应能力丧失。

由此可见，压力下的生理反应可以调动机体的潜在能量，提高机体对外界刺激的感受和适应能力，从而使机体更有效地应付变化。但过久的压力会使人的适应能力下降。

2. 压力下的心理反应

压力引起的心理反应有警觉、注意力集中、思维敏捷、精神振奋，这是适应的心理反应，有助于个体应付环境。例如，学生考试、运动员参赛，在适度压力下竞争容易出成绩。但是，过度的压力会带来负面反应，出现消极的情绪，如忧虑、焦躁、愤怒、沮丧、悲观、失望、抑郁等，会使人思维狭窄、自我评价降低、自信心减弱、注意力分散、记忆力下降，表现出消极被动的状态。

心理学研究还表明，过度的压力会影响智能，压力越大，认知效能越差。个体在压力状态下的心理反应存在很大差异，这取决于个体对压力的知觉和解释，以及处理压力的能力。

3. 压力下的行为反应

当个体面临压力时会有各种行为变化，这些变化取决于压力的程度以及个体所处环境。压力下的行为反应可分为直接反应与间接反应。

直接反应是指直接面对引起紧张的刺激因素时，为了消除刺激因素而做出的反应。例如，路遇歹徒时或与其搏斗，或逃避。间接反应是指借助某些物质暂时减轻与压力体验有关的苦恼。例如，借酒消愁。

一般而言，轻度的压力会促发或增强一些正面的行为反应，如寻求他人支持、学习处理压力的技巧。但压力过大、过久，会引发不良的行为反应，如谈话结巴、刻板动作、过度吃食、攻击行为、失眠等。

王刚：喝点酒还好睡些，但是没什么效果，感觉这段时间很难熬。

张千：看来喝酒对你来说并不是有效的办法。那我们一起看看，是否可以找到一些有效应对压力的办法。在你还是单枪匹马做大客户销售，没带团队的那段时间，应该也有过压力很大的情况吧。

王刚：当然有了。那时年底为了冲业绩，整天都很焦虑，也是常有失眠的时候。

张千：你当时做了什么，让你挺过那段时间？我想你有很多减压的好方法。

王刚：那时候经常会去踢足球。把那些难伺候的客户想象成足球，一顿乱踢。挥汗如雨后，第二天会感觉好很多。

张千：嗯，是，运动是最好的缓解压力的方式。我们做人力资源，工作压力也很大，每周都有固定时间去健身。打坐、练瑜伽、找朋友倾诉也是我常用的减压方法。你觉得哪些方法是目前还可以用的？

王刚：你还别说，每次运动完后，我感觉整个人非常轻松。

张千：是呀，我也经常用运动来抵抗压力。我记得，你的专长是打篮球吧。

王刚：嗯，看来我得重新上球场，把我们部门的几个员工带上，顺便做下团建。

> 张千通过有效的提问和引导，探索王刚本身解决压力的资源，并促成行动产生。

理论链接　运动是缓解压力的好办法

科学研究表明，运动是缓解压力的好办法，我们可以通过运动把积蓄的压力释放出来。因为运动能促进大脑分泌内啡肽。

内啡肽是一种自然的神经递质，被称为天然的止痛剂，能带来欣快感，帮助我们舒缓压力。在运动状态下，我们的大脑有东西聚焦，给了一个与自己对话的机会，不再受其他思绪的干扰。运动后带来的机体疲劳和放松能让我们睡得香、吃得下，从而缓解压力。

张千：是，这是一个很不错的主意哦。打篮球是一项技能，销售是一项技能。其实呀，带团队也是一项技能，这是一种新的挑战。你说呢？ 王刚：确实是这样的。 张千：所以你无非就是要重新学习一项技能，我记得你说过你喜欢挑战。 王刚：哈哈，我可能得补一下带团队的课。 张千：是。公司最近刚好有一个"领导力"的培训班，我可以推荐你去参加。 王刚：好的。跟你聊完后，感觉好多了。太感谢了。	总评： 　　张千首先共情了王刚在适应角色转变、团队销售压力下的焦虑情绪及其失眠等躯体反应；在此基础上，一般化王刚的困惑，告诉王刚这是每个新晋管理者经常碰到的问题；进而挖掘王刚过往应对压力的资源和方法，并给予一些新的资源和方法，引导王刚迈出打球、参加管理课程的步伐。可以说，整个疏导过程，情理同重，聚焦问题，简短有力。

案例18：离开还是留下，这是个问题

当事人：李四

疏导员：赵十

　　李四是一名重点大学毕业生，考研失败后，匆匆加入找工作的队伍中，因为错过了找工作的最好时机，他只得进入一家不是很中意的A公司。工作不到一年，李四觉得A公司没什么发展前景，就辞职到了S公司。可在S公司工作一年多，李四又觉得S公司虽然是家大公司，但公司的晋升空间有限，无法学到新东西，于是决定提交辞职报告。

> S公司的员工关系经理赵十接到李四的辞职信,跟李四的直属主管做了简单的沟通后,跟李四进行了一次离职访谈。

赵十:你好,小李!	
李四:赵经理,您好!	
赵十:最近工作怎么样?	
李四:还行……(跷着二郎腿玩手机)	
赵十:看来不是太顺利。	
李四:没有什么顺不顺利的。赵经理,您有事吗?有事您直接说,我手上还有工作需要交接呢。	李四并不是主动来求助的,是被动来的,而且有抵触情绪。如何打破僵局,取得李四的信任,是疏导成败的关键所在。
赵十:离职时工作交接是很职业化的行为,我很赞同。我们碰到过有些同事,离职时只留一封离职信就不见人影的情况。	通过肯定和真诚的赞赏,打破紧张的气氛。
李四:我会做好工作交接的,您放心。(把腿放下来,抬头看了赵十一眼)	
赵十:我们收到你的离职信后,跟你的直属主管做了简单的沟通,好像你最近半年的工作状态不太对。发生了什么事?	
李四:也没什么,就是觉得没什么意思。	
赵十:听起来你在目前的工作中没有找到乐趣,愿意详细说说看吗?	赵十通过共情,说出李四在工作中的心理状态。
李四:嗯……这个工作确实没什么意思。	
赵十:嗯……(注视着李四)	
李四:你知道的,工作就那样……	
赵十:嗯……(点头,鼓励李四继续说)	赵十用身体语言关注李四,鼓励李四做更多的表达。
李四:这份工作跟我想象中不太一样。那些老员工的生活状态,真的不是我想要的。	
赵十:你不想要的是……	

李四：我不想要天天朝九晚五，每天做同样的事情，没有进步，也看不到向上发展的空间，很没意思的……

赵十：听起来，这份工作离你理想的工作有些差距。

李四：嗯，好像是……

赵十：嗯，那你喜欢的工作是什么样子，能说说看吗？

李四：嗯，我也说不太清楚，反正不是现在这个样子的。

赵十：听起来，你目前只是知道自己不喜欢什么，但不太清楚自己喜欢什么。 赵十通过提问技术，不断澄清李四的需求，并慢慢帮李四树立自己的目标。

李四：嗯嗯。

赵十：或许我们可以一起来探讨你喜欢什么样的工作，或者说工作内容做哪些调整，你可能就会喜欢这个工作。

李四：嗯，好。

赵十：你过往做哪些事情，会让自己觉得很有成就感，很有意义？或者说，有什么工作内容，就算不给你钱，你也愿意干？ 赵十通过启发式的提问，促使李四探索内在资源。

李四：嗯……打游戏呀，马上有反馈告诉我做得对还是错，奖励马上就能兑现。

赵十：嗯……你说，你希望完成了一项工作，马上得到别人的肯定，或者是反馈。

李四：嗯嗯，对的。或者我慢慢地看到自己做的手工作品，一点一点地成形，变成理想的模样。

赵十：嗯嗯，或许你在工作中需要一个职场导师，告诉你哪些事情做得对，哪些事情还需要改进。

李四：嗯，是这样的。但好像很难有这样的导师。

赵十：嗯，确实难。因为及时给员工反馈需要成本。如果一个导师整天盯着给你反馈，这个导师可能做不了其他事情。 赵十通过"答"给李四提供情感支持，并帮其寻找解决问题的资源（如职业导师）。

李四：可能吧。

赵十：嗯，除了导师的反馈，还有一种反馈，就跟你做手工作品是一样的。当你的工作做出来后，是好是坏，这个工作已经把反馈告诉你了，不是吗？

李四：嗯嗯，你说得对。

赵十：而且我们刚开始一项新工作时，这个工作结果给我们的反馈并不一定是正面的，这确实会让我们有些沮丧或是不太舒服。万事开头难。

李四：嗯。

赵十：开关的部分坚持下来，后面就会获得更多的正面反馈，而且我们的职业导师也会给你必要的帮助。

李四：坚持对我来说有些困难，我是一个不太会坚持的人。我的同学都考研出国了，我觉得自己挺没出息的，没什么前途。也怪我自己，考研没考好。或许我当年应该坚持再考一年，或是考研当年多坚持，多用些功。好不容易找到自己喜欢的公司，发现工作也没什么意思。

赵十：或许你只是需要有人能在关键时刻支持你一下。

李四：……（大哭）我觉得好辛苦，在最后考研时刻……我自己没有挺下来。

赵十：……（沉默，递纸巾给李四）

李四：不好意思……

赵十：这很正常。有情绪就让它宣泄出来，会舒服一些。

李四：嗯嗯……

赵十：听起来你有点沮丧，考研这件事情已经过去两年了，你还没放下。

李四：嗯，我觉得自己挺失败的，我原以为我一定能考上的，没想到……

> 赵十适当地沉默，给李四宣泄情绪的机会，这也是另一种形式的情感支持。

赵十：看来，在考研的事情上，你对自己的期待很大。

李四：对。

赵十：考研失败确实是件让人不高兴的事情。既然这已成事实，那这件事情有没有带给你什么好处？

李四：没什么好处，就是失败。

赵十：有句话说，没有失败，只有反馈。或者说从考研这件事情上，你可以吸取的教训是什么？

李四：嗯，我觉得我大意了，没有沉下心来做准备，而且在考研和找工作上摆动，没有专心做一件事情。

赵十：还有呢？

李四：在考试当天太过紧张了，以前高考也是这样。

赵十：大多数人经历关键的考试时都会紧张，而且适当的紧张反而更容易获得一个相对好的成绩。所以你要学习在关键时刻如何正确发挥以及如何把自己的紧张情绪调整到一个合适的水平。

> 赵十通过有效倾听，听出李四在考研这件事情上的情绪和需求。

理论链接 压力与绩效的倒 U 曲线

心理学家研究表明，超高挑战的工作会对个体产生重负，超低挑战的工作则容易产生职业倦怠（见图8）。职业倦怠通常与重复工作、乏味、缺乏晋升机会有关。

当我们面临的压力过小时，会觉得工作乏味，集中注意力到工作上的动机很小，工作绩效很低；随着工作压力逐渐增大，我们受到激发，绩效会得到提高。在压力达到最佳点之前，工作压力

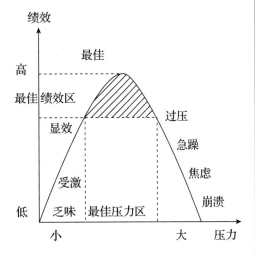

图8 压力与绩效的倒 U 曲线

> 越大，绩效越高；而压力超过最佳点后，随着工作压力增加，我们会面临过压、急躁、焦虑、崩溃的状态，压力越大，绩效越低。
>
> 所以，压力并不是越小越好，也不是越大越好。适度的压力，跟任务要求相匹配的压力，最有利于较好的绩效表现。掌握科学的压力管理办法，把压力水平调整至合适的区域，才是压力管理的核心。

李四：嗯……（若有所思）或许您说得对。

赵十：你那些考研同学的生活状况怎么样？可能跟你想得不太一样，他们也有不如意的一面。

短焦技术，一般化的运用。

李四：我不清楚。考研失败后，我就没跟他们联系了，他们也联系不上我。我好像把自己藏起来了。

赵十：你说你把自己藏起来，不想跟同学联系。似乎跟同学联系，会让你感觉不舒服。

李四：嗯，确实很不舒服……

赵十：听起来你似乎在回避问题，我们可以这样说吗？

李四：嗯……（沉默）好像是这样的。

赵十：两年内，包括今天这次，你已经换了两家公司了。我想你肯定在工作中碰到了一些问题，但你似乎在回避这些问题。你觉得你现在辞职的心态和状态跟你之前从 A 公司离职相似吗？

赵十在双方关系足够信任的前提下，通过提问的技术质询李四，让其意识到问题所在。

李四：这种心情似乎是一样的，情况也类似。说实话，辞职后我也不知道方向在哪。

赵十：你还是同样在回避问题。这些问题你在 A 公司、S 公司没法处理好，你觉得你到下一家公司就可以处理好吗？听起来，你似乎在把问题往后拖，但这可能会让你从一个坑跳到另一个坑。

李四：嗯。

> **理论链接　面对压力的反应模式**
>
> 　　心理学家研究表明，我们在面对压力时，常见的反应是"战斗或逃跑"。当我们抵抗或逃避压力时，我们的处境可能会变得更加糟糕。与之相反，当出现压力时，我们应该承认压力实际上能够提高工作效率，改善绩效，并思考所承受的压力背后有哪些意义。
>
> 　　这个其实很容易，毕竟我们不会对毫无意义的事情感到有压力。当我们将压力背后的意义与活动相分离时，大脑就会进行反抗。因此，如果我们对面试感到有压力，那么将关注点放到职业发展的机会上，就会振奋许多；如果我们对给某个组织做汇报演示感到有压力，那么可以想一想与那个组织搞好关系，对自己来说多么重要。
>
> 　　我们面临压力时可以不要去对抗它，而是信任它、接纳它。
>
> 　　实际上，在艰难时刻我们更应该做的是，看到很多人都有与自己类似的处境，然后找机会做点助人的事。我们面对压力时，不只有"战斗或逃跑"这一种反应模式，还有"结盟、照料与友善"的反应模式，这是我们进化而来的办法。对大脑的研究发现，助人，可以让我们体验到勇气、希望和联结。

赵十：似乎用逃避的方式无法解决你目前的困境。

李四：嗯。

赵十：用逃避的方式可能在当下暂时帮助我们缓解了情绪，但奇怪的是，这个情绪又会从其他地方冒出来。按下葫芦起了瓢。

李四：嗯，是的。看来，是时候面对了。

（通过一番详细的讨论和分析，李四收回辞职信，回到了自己的工作岗位。正视问题，"压榨环境"，训练自己缓解压力的能力，锻炼自己的职场能力）

> 赵十通过有效的提问和引导，让李四看到其应对压力的惯用模式，促其觉察，进而产生行为的改变。
>
> 总评：
> 赵十通过"听""说""问""答"的疏导技术，帮助李四探索其应对压力的模式，正视问题，寻找内部资源，解决问题。

理论链接　压力自评表

了解自己的压力状态,是管理压力的前提(见表4)。

表4　压力自评表

以下有一份压力测试卷,共20道题,测试者可以根据自身近两三个月的情况作答	是(打勾)
1. 你常常莫名其妙地感到心烦吗?	
2. 你和周围的人有过争执冲突吗?	
3. 你很少主动找人谈心事吗?	
4. 你最近想辞职不工作或离家一阵子吗?	
5. 你的体重最近明显的上升或下降3~5公斤了吗?	
6. 你的身体有一些病痛,你没有尽快去就医?	
7. 你的饮食习惯是肉食比蔬菜水果多?	
8. 你最近缺乏食欲吗?	
9. 你通常在深夜12点后才上床睡觉吗?	
10. 你躺在床上的时候,常常辗转反侧,睡不着觉吗?	
11. 你常感到时间不够用而匆忙吗?	
12. 你常疏忽紧急而重要的事情吗?	
13. 你不喜欢做琐碎又重复性的工作吗?	
14. 你对突发性的工作没耐心吗?	
15. 你懊恼自己赚钱的速度不够快吗?	
16. 你担心自己的储蓄不够或投资失误吗?	
17. 你早有进修专业能力的想法,但迟迟还没有行动吗?	
18. 看到同事表现杰出,你觉得自己不够好吗?	
19. 你看到灾难新闻,情绪往往会受影响吗?	
20. 气候如果阴雨潮湿,这会让你的情绪低落吗?	
合计	

测评结果——压力值(见表5)。

表5　压力值分析

1. 超高压力危险群

如果在压力测试中,有17~20道题的答案都是"是",就属于超高压力危险群。

(续)

这类群体的典型特点是：有时不知道为谁而活，为何而活，压力大到快让身心崩溃。当出现这些特征时，应当引起重视，建议尽快寻求专业辅导。

2. 低压力轻松群

如果在压力测试中，有 5~8 道题的答案是"是"，就属于低压力轻松群。

这类群体的典型特点是：多少有些压力，但完全可以自行寻求协助和解决。建议这类型的人注意进行自我调适即可。

3. 中压力危险群

如果在压力测试中，有 9~12 道题的答案都是"是"，就属于中压力危险群。

这类群体的典型特点是：压力有起伏，时而轻松，时而沉重，需要找到平衡点。建议这类型的人要找对人生导师，进行情绪的疏导和开解。

4. 高压力危险群

如果在压力测试中，有 13~16 道题的答案是"是"，就属于高压力危险群。

这类群体的典型特点是：每天绷得紧，责任和性格因素使自己暂时放不下。建议这类型的人做部分割舍，让自己变得轻松。

测评结果——压力源（见表6）。

表 6　压力源分析

1. 人际关系

　　1~4 题代表的是人际关系。

2. 健康

　　5~6 题代表的是健康。

3. 饮食

　　7~8 题代表的是饮食。一般在日常的饮食中，不建议摄取太多肉食，肉食多会让体质偏酸性，进而容易引起情绪低落，应尽量多吃蔬菜水果。

4. 睡眠

　　9~10 题代表的是睡眠。要调节睡眠，最简单的方法就是多运动。一个人要保健，首先身体的温度要调高，而要调高身体的温度，就要多运动，多走路。

5. 时间管理

　　11~12 题代表的是时间管理。需要加强对时间的管理，分清事情的轻重缓急。

(续)
6. 事务
13～14题代表的是事务。事务一般较为琐碎和杂乱，要学会简化工作事务。
7. 财务
15～16题代表的是财务。如果压力源主要来自财务因素，要对财务更有概念，努力学会财务管理。
8. 专业能力
17～18题代表的是专业能力。要努力学习，提升专业能力。
9. 环境
19～20题代表的是环境。如果这些题答案"是"比较多，则说明较容易受环境影响，压力源主要来自环境因素，在关心身边环境的同时，要学会调适自己的情绪。

职场人际：创造良好的人际空间

职场人际关系，是指在职工作人员之间各类关系的总汇。人际关系取决于个人的处世态度和行为准则。人际关系处理得好不好，在很大程度上影响着一个人的工作状态。职场上的人际关系和社会上的人际关系还是有很大差异的，社会上的人际关系牵扯的利益比较少，但是在职场上，牵扯的利益比较多。

职场存在着上下级关系，我们在职场上无法回避跟领导的关系。可以说，领导和员工的关系是职场中很重要的一种人际关系。

职场中我们会碰到不同类型的领导，或严厉或亲和。员工和领导的关系实际上就是和权威的关系，而我们最初对权威关系的概念则来源于从小和父母的相处。我们和父母关系的模式就是以后我们和权威相处的模式。过分严厉的父母往往会对应严厉的权威关系，导致我们在与权威的相处中，害怕和服从的情绪占据主导地位。这种模式同时也影响着我们和领导的关系处理。

除了上下级关系，职场人际关系还包括同事关系、跨部门关系、同客户关系等。

第十二章
心理疏导在企业管理中的应用

案例19：部属培育也需要用"心"

当事人：谢培

疏导员：林川

谢培在 S 企业人力资源部担任招聘经理。不久前，S 企业就人力资源部副总一职召开企业内部竞聘。人力资源部总经理林川鼓励谢培训参加竞聘，他是谢培的直属上司。

竞聘公示出来后，谢培发现，比自己晚进公司两年，跟自己同部门的薪酬经理谢育上岗。之后，谢培心里愤愤不平，工作投入度降低。

林川提名谢培参加公司领导力培训，绩效评估是其中重要的内容之一。谢培曾采用过不同的绩效评估方法，也曾让同事和团队成员接受这些方法。谢培在担任其他项目的负责人时，也使用过绩效评估。他知道这种评估对提高工作绩效很有价值。他对即将参加的培训既兴奋又有些紧张。他希望一切顺利。因为他知道，回到工作岗位后，林总一定会要看他学习带来多少效果。他担心效果的好坏会影响他今后的发展，很是焦虑。

谢培：林总，您有空吗，能打扰您一下吗？

林川：小谢，请坐。我也正要找你聊一聊，坐。

谢培：嗯……（坐下，神情颓废消沉）

林川：看你精神不是很好。

谢培：嗯……我不知道从何说起。

林川：没关系，慢慢来，想到哪就说到哪……

谢培：嗯……

林川：上次部门副总的竞聘，虽然失利，但你的能力很好地在评委和相关领导面前展示了，相信以后会有更好的机会。

谢培：嗯，我觉得我自己的表现还不错。可是……

林川：可惜没有竞聘上，可能会对你的积极性有一些打击。

谢培：嗯……是，我满怀信心去，可能是现场没有发挥好。

> 林川和谢培是上下级关系，这不同于咨询师和来访者的关系，林川对谢培的情况有了大致的了解，因此林川可以很快通过提问，验证谢培前来的目的和需求。

林川：你现场的表现还是不错的，大家都看到了。只是竞聘这件事情是优中选优，另外还要看岗位的匹配性。

谢培：嗯……可是我不太明白，如果我表现不错，为什么我没有抓住机会。

林川：嗯，看起来，你对竞聘的事情，多少有些情绪在。

谢培：没有……

林川：有情绪很正常，至少说明你对自己的工作是有进取心的，你对自己是有期待的……

谢培：嗯，是的，我很希望这次能竞聘上。

林川：嗯，看你最近工作状态不是太好，投入度不如以前了……

谢培：没有，林总。以前干什么，我现在就干什么，我做好自己的本职工作。

林川：嗯，是。你确实做好了本职工作。但竞聘前，你很积极主动，除了做好本职招聘工作，经常会给部门出谋献策，而且招聘工作也经常有新的点子出来。但好像，最近……

谢培：嗯……竞聘失败的事，确实对我有影响。

> 林川承认情绪存在具有合理性，为谢培提供抱持的空间，让谢培有一个倾诉的安全空间。

理论链接　公平理论

公平理论是研究工资报酬分配的合理性、公平性对职工工作积极性影响的理论。由美国心理学家亚当斯于1967年提出。

该理论认为，职工对收入的满意程度能够影响职工工作的积极性，而职工对收入的满意程度取决于一个社会比较过程。一个人不仅关心自己绝对收入的多少，而且关心自己相对收入的多少。每个人会把自己付出的劳动和所得报酬与他人付出的劳动和所得报酬进行社会比较，也会把自己现在付出的劳动和所得报酬与自己过去付出的劳动和所得报酬进行历史比较。职工个人需要保持一种分配上的公平感，如果当他发现自己的收支比例与他人的收支比例相等,或现在的收支比例与过去的收支比例相等时,他就会认为公平、合理,从而心情舒畅,努力工作。如果当他发现自己的收支比例与他人的收支比例不相等,或现在的收支比例与过去的收支比例不相等时,会产生不公平感,内心不满,工作积极性随之降低。

当职工感到不公平时,他可能千方百计进行自我安慰。比如,通过自我解释,主观上造成一种公平的假象,以减少心理失衡;或选择另一种比较基准进行比较,以便获得主观上的公平感。还可能采取行动,改变他人或自己的收支比例,比如,会要求把他人的报酬降下来,增加他人的劳动投入;或要求给自己增加报酬,减少劳动投入等;还可能采取发牢骚、讲怪话、消极怠工、制造矛盾或弃职他就等行为。

谢培:嗯……

林川:很多同事也不是第一次竞聘就能上的。我自己通过两次竞聘才走上这个岗位。我个人的感觉,我第一次竞聘的总结对我再次竞聘的帮助很大。这次你竞聘失败,可能是你在竞聘的经验上还不足。

谢培:嗯。

林川:至少通过这次竞聘活动,相关领导认识你了。

谢培:嗯,是。

林川:我感觉你有点不太服气,心情不是很好。没有关系,这也很正常。谢育除了薪酬工作外,对人力资源的其他几个模块也都有接触,这可能是这次竞聘评委给他高分的原因。你的招聘工作确实做得很精专,但对绩效薪酬几个模块并不精通。

谢培:嗯嗯……(若有所思状)

林川:可能我们对竞聘进行总结更有意义,你说呢?

(林川通过教授技术对谢培的本次竞聘进行总结复盘)

谢培:谢谢您帮我总结了这么多经验,我对自己的短板有了更清晰的认识。

> 林川的自我暴露为谢培提供情感支持。

> 林川通过倾听,共情谢培的情绪,同时通过"问""答"的技术向谢培传授信息,提供工作业务上的支持。

林川： 公司最近有个领导力培训项目，是针对后备管理干部的，我这边帮你争取了一个名额。绩效评估方法是这个培训项目的重要内容之一。你去学习一下。

谢培： 好的，谢谢林总。

林川： 学完后，你要消化，然后跟咱们部门的同事分享。

谢培： 嗯，可以的，没问题。

林川： 到时让你在子公司试行这套绩效评估的方法。你有没有信心？

谢培： 嗯……要试行？

林川： 是的。你有信心吗？

谢培： 嗯，我很想做……

林川： 我知道，你对这件事情的意愿很高。但是这块工作你接触较少，能力的提升需要一定的时间，所以我派你去学习。

谢培： 嗯。

林川： 这需要一个过程。在这个项目实行先期，我会示范给你看。必要的时候，我也会站出来支持你。

谢培： 嗯，谢谢林总，您这样说我就有信心了。

> 林川通过循序渐进的提问，帮谢培树立新的目标，提供了新的行动方向，同时也激励了谢培行动的意愿。

理论链接　员工能力意愿分析模型

组织行为学家研究发现，员工是否有良好的执行力，不仅跟员工的能力有关，也跟员工的意愿有关。员工完成任务的条件叫作能力，愿意投入工作的态度叫作意愿。

根据员工能力和意愿的高低，可以把员工分为四类：高意愿高能力，高意愿低能力，低意愿高能力，低意愿低能力。对于不同类型的员工，上级应该分别给予指令、解惑、支持和授权。

林川：这个过程中，你可能会碰到一些困难。因为试行新的绩效评估，关系很多员工的利益，所以摩擦在所难免。 谢培：嗯……是。 林川：而且你在试行这个绩效项目期间，你的薪酬并不会有变动。 谢培：嗯，明白。您就算不给我工资我也干……谢谢您看重我，给我学习和实践的机会。 林川：是，有为才有位。你对公司的奉献到那了，领导自然会考虑你的位置。我相信你可以把你的能力发挥出来，展示出来，实现自我。 谢培：嗯嗯，我明白。那您先忙，谢谢您！	林川澄清未来行动可能面临的问题，有效地管理谢培的心理预期。 总评： 林川通过充分的共情、适当的自我暴露、层层递进的提问，有效激励谢培，帮助其树立了新的目标。

案例20：克服我的"领导恐惧症"

当事人：郭蔚蔚
疏导员：王　野

郭蔚蔚是H公司的一位部门经理。她工作能力强，与同事相处融洽，对下属管理得井然有序。同时郭经理也H公司的一位出色的内训师，她也能在讲台上找到自信，授课得到学员的一致好评。

在H公司一次高级内训师试讲中，郭经理一反常态，在台上居然说话结巴，声音颤抖……语无伦次。

事后人力资源部了解到，因为试讲当天，有很多重要领导一起出席高级内训师试讲会，担任评委，郭经理面对级别比自己高的领导太过紧张，所以表现失误。

工会主席王野因擅长员工心理疏导，约了郭经理谈话。

郭蔚蔚：王总，您找我吗？（低着头，身体紧张，声音颤抖）
王　野：来，小郭，（示意入座）进来坐，来，喝点水。

郭蔚蔚：（仍站着）嗯……	郭蔚蔚情绪紧张，王野通过寒暄暖场，缓解气氛。
王　野：快坐，叫我老王就好。	
郭蔚蔚：（慢慢坐下）嗯……好的，领导。	
王　野：都是叫老王。	
郭蔚蔚：嗯嗯……	
王　野：最近工作忙吗？	
郭蔚蔚：还好。	
王　野：做好本职工作，又要兼职做内训师，有时候会很难平衡吧。	王野进行有内容的反馈和共情。
郭蔚蔚：嗯，不会，我喜欢内训师的工作。	
王　野：看出来，你的讲课水平，同事们的评价都一致地高。	
郭蔚蔚：嗯，还好。	
王　野：上次高级内训师试讲的事情，我听说了。你的课我也听过，现场表现力很好。没想到这次会有失误。有点可惜。	
郭蔚蔚：嗯……	
王　野：这应该不是你的正常水准呀。临场表现有点失准哦。	
郭蔚蔚：是，我当时很紧张。那么多大领导在场。	
王　野：嗯，其实当时如果没有那么多领导在场的话，你可能会发挥得很好。	
郭蔚蔚：是，（不好意思地笑了笑）我看到领导就怵。	
王　野：嗯。听起来你有些懊恼。	
郭蔚蔚：嗯，不应该有这样的失误。可是每次有领导在场，我都是这样。我对自己很生气。	
王　野：你对自己觉得生气。我听到另一层意思是说，你对自己有期待，期待自己在即便有领导在的场合，也能正常表现和发挥？	

郭蔚蔚：没错，是这样的。很奇怪。

王　野：平时给基层员工授课，你不会出现这种情况。

郭蔚蔚：绝对不会。

王　野：但只要有领导在就容易出现这种情况？

郭蔚蔚：是。有人告诉我说，要当领导是空气。但我就是做不到。（苦笑）我尝试过很多办法。

王　野：有哪些办法是有效的，你可以说说看吗？

郭蔚蔚：都没有用。

王　野：有哪些是相对有用的呢？能告诉我吗？

郭蔚蔚：都没有用。（哽咽）我控制不住我自己。

王　野：嗯……（沉默片刻）我感受到你有些无力感，在这件事情上。（递纸巾）还有紧张、害怕、恐惧的情绪。

郭蔚蔚：嗯嗯……

王　野：有没有其他场景让你也想起这种感觉？

郭蔚蔚：嗯……去大舅家，会体验到这种感觉。我小时候暑假基本都会去我大舅家玩，我舅家女儿跟我差不多大。他家的家庭状况很好，大舅妈包括所有人，都对我表姐非常好。因为要给表姐找个玩伴，我妈就让我去舅妈家玩，而我那时是想去又不想去。不想去是因为我去那边就是一个小小的配角，别人不怎么理我，洗发水用多了还会被另一个表姐说，当时心理其实挺复杂的，感觉就是去蹭吃蹭喝的，总觉得比人低一等；想去是因为舅妈家吃得比较好，很多东西是我在家里根本吃不到的，嗯，我也比较馋……是不是因为这些，我这个人才一直生活在自卑中，一直想让人注意我，但是又不敢大胆地表现，应该是怕出错，伤自尊吧。

> 王野有内容、有参与地给予郭蔚蔚共情反馈，并且能提供安全的空间，让郭蔚蔚将情绪宣泄出来。

> 王野尝试用提问技术挖掘郭蔚蔚过往的成功经验，但第一次尝试并没有成功。心理疏导中，经常会出现不奏效的情况，甚至出现迂回倒退，在疏导过程中要有足够的耐心。

> 王野通过提问技术，让郭蔚蔚对自己的情绪有所觉察，并挖掘相关的情绪链及过往的创伤经历。

> **理论链接　普鲁奇克的情绪链**
>
> 　　美国著名的情绪心理学家普鲁奇克认为人类有八种基本的情绪，即恐惧、愤怒、高兴、哀伤、信任、厌恶、好奇和惊讶。对这八种情绪你很熟悉，但是你知道什么是情绪链吗？普鲁奇克发现了惊人的规律，即人类这八种基本情绪都是按"刺激——情感——想法——行为——效果"的次序排列的。也就是说，许多事件发生后，按照情绪链你会知道人们的内心在想什么。
>
> 　　例如：在野外，一只熊突然出现在你的面前，并不住大声怒吼。在这种情况下，情绪链包括了以下顺序：
>
> 1. 刺激（一只熊凶恶地站在我的面前）；
> 2. 情感（害怕、恐惧）；
> 3. 想法（我面临危险）；
> 4. 行为（我应该逃跑，还是装死呢）；
> 5. 效果（我要得到安全）。
>
> **理论链接　心智模式**
>
> 　　心理学家认为，心智模式是指深植我们心中关于我们自己、别人、组织及周围世界每个层面的假设、形象和故事，并深受习惯思维、定势思维、已有知识的局限。
>
> 　　心智模式是根深蒂固于心中，影响我们如何了解这个世界、如何采取行动的许多假设、成见、印象，是对于周围世界如何运作的既有认知。我们通常不易察觉自己的心智模式，以及它对行为的影响。

王　野：	看来这种事情对你的影响很大。想要展示自己，又担心犯错，这种心情很矛盾。	简单直接的表态，有参与的共情。
郭蔚蔚：	是的。	
王　野：	你现在在公司上班，跟在大舅家寄人篱下的情况似乎不太一样。我的意思是说，场景已经发生了变化。	

郭蔚蔚：嗯……（沉默，若有所思）似乎是这样的。跟领导相处，对于我来说是一个压力事件。

王　野：是。你在那个情境下会自动联想到儿时的记忆情绪。尽管你已经不是当时的那个小女孩了，但你还是被记忆情绪带走。

郭蔚蔚：嗯……

王　野：这个领导恐惧症对你造成哪些影响？

郭蔚蔚：面对有权势的人感觉很有压力，紧张，表达不顺畅。

理论链接　权威恐惧症

权威恐惧症属于恐惧症当中恐人症的一种类型，它和其他恐人症的不同之处是，这种恐惧症的对象相当固定，往往是具有管理权力和批评权力的人，比如领导者。当一个人对上司产生了刻意的回避心理时就是患有权威恐惧症。

事实上很多人对上司或多或少都会有一种畏惧感，这种害怕或畏惧是正常的，在一定意义上也是积极的，因为这种适度的害怕与畏惧能够确保一个组织内部有清楚的权力界限，保证组织实施各项工作任务的快捷与准确，有利于组织内部的管理。但是如果对主要领导产生了刻意回避心理，害怕与领导打交道，甚至一看到上司就会心跳加速，紧张得说不出话来，就是不正常的了，这就是所谓的"权威恐惧症"。

之所以会出现这样的情况，主要是因为工作中这类人非常在意上司对自己的评价。他们希望处处讨别人喜欢，但又不敢大胆表达自己的意愿，很担心别人是不喜欢自己的那种人。对很多事物她尽管内心不喜欢，却不敢坚持自己的判断。换言之，他们是通过别人的评价来认识自己的。

心理学研究表明，父母很严厉会使子女对权威产生恐惧感，从而形成一种对权威采取回避的应对策略。故此我们也可推断，此类人很可能是在一个严厉的家教环境中长大的。

王　野：嗯，还有吗？那这对你来说意味着什么？	"还有吗"，王野通过聚焦的提问，进一步明晰郭蔚蔚的行为模式。
郭蔚蔚：还有就是对于我来说，见到大舅妈一家人都会比较拘谨，脑海中都会呈现出小时候的画面。意味着被鄙视，被看轻，强烈的羞耻感……	
王　野：跟大舅妈一家人相处的感觉与跟领导相处的感觉，一样吗？	
郭蔚蔚：有点像。总之就是不能完全放开自己。	
王　野：嗯，你能试着描述下那是一种什么样的感觉吗？越详细越好。	王野通过提问，进一步促进郭蔚蔚自我觉察。
郭蔚蔚：把自己收得很紧……很多话想跟他们讲，但是就是讲不出来……总是想避开他们。	
王　野：嗯，我感受到你的害怕和恐惧。	
郭蔚蔚：就是比人家低一等的感觉。	
王　野：我们通常在面对一些很重要的事情或是场合时，也会有这种害怕和恐惧的反应。低人一等的感觉，是羞愧感吗？	
郭蔚蔚：家庭条件及个人条件比他们差。	
王　野：似乎听起来，在这种场景下，你希望自己可以藏起来。恨不得找个地缝钻进去的感觉。是这样吗？	
郭蔚蔚：是的，但是又想要表现自己，很想改变现状。然而很多时候力不从心。	
王　野：嗯，你想改变，但又力不从心，我感受到了一种无力感。听起来，心情很矛盾。假设你的家庭条件和个人条件跟他们一样，你就不会有这种反应吗？	
郭蔚蔚：不会。	
王　野：在过往的经历中，有没有什么特例，你跟权威人物相处时，不会有这种低人一等的感觉？	王野运用短焦的技术，寻找"例外"，通过"例外"寻找解决问题的资源。

郭蔚蔚：没有……都会紧张。

王　野：一次也没有吗？或者相对没那么紧张？

郭蔚蔚：（沉默）……

王　野：你想一想。

郭蔚蔚：嗯……对一个领导比较熟悉，他人比较和蔼，我会稍微有点放松，但是还是会保持一定的心理距离。很多时候是没有话找话讲的。

王　野：嗯嗯，跟领导的特质有关系。跟比较亲和的领导相处，何以有不同的感受？

郭蔚蔚：有点自己的存在感。嗯，觉得领导会在意自己的存在和感受。

> 王野找到"例外"后，通过问答技术，强化这份"例外"的力量。

理论链接　领导特质理论

领导特质理论也称素质理论、品质理论、性格理论，这种理论着重研究领导者的品质和特性，是整个领导领域的开端，其理论基础是美国临床心理学家艾尔波特·艾里斯的人格特质理论。20世纪早期的领导理论研究者认为，领导的特质与生俱来，只有天生具有领导特质的人才有可能成为领导者。它强调领导者自身一定数量的、独特的、并且能与他人区别开来的品质与特质对领导有效性的影响。

王　野：除了领导的特质以外，还有什么情况下，你会相对不那么紧张呢？

郭蔚蔚：我其实一直在给自己做心理暗示，人都是一样的，不需要紧张。就是在同等的条件下，感觉自己跟他差不多，我就不会紧张。

王　野：嗯。你在跟比自己条件差的人相处，会觉得比他们高人一等吗？就像你觉得低人一等一样。

郭蔚蔚：不会，但是会存有同情心。很想去帮助或给他们一点东西。

> 王野继续探索"例外"资源。

王　野：嗯嗯，所以，那些领导跟你相处时，会不会对你也是这种心情，而不是看不起你，或是觉得你低人一等呢？

郭蔚蔚：你是说换位想一下。

王　野：是……有没有这种可能？

郭蔚蔚：可能会有，也可能不会有。

王　野：是，可能会有，也可能不会有。意思是说，跟不同的领导相处，他们并不会处在一种高人一等，看不起人的状态。我们可以这样说吗？

郭蔚蔚：是。

王　野：嗯，你觉得在什么情况下，你会成为主角，而不是配角？

郭蔚蔚：单独给领导汇报工作，给员工培训，给部门的人分配工作。

王　野：是。所以在这种情况下你是有自信的，也是有力量的。

郭蔚蔚：工作中很多时候是这样的，但是有一群领导坐在一起听我汇报工作，我就很紧张。

王　野：你可以跟领导单独汇报工作，听起来似乎你的领导恐惧症并没有想象中那样严重。

郭蔚蔚：嗯……

王　野：是。你最多可以接受的是几个领导一起听你汇报工作。

郭蔚蔚：单独汇报的情况是，我事先已经做好了准备。

王　野：听起来，你有一些这种场景的成功经验。你可以具体说说看。你是说，如果你事先做好准备的话，就不会那么紧张。我们可以这样说吗？

郭蔚蔚： 其实就在跟领导汇报前，给自己心理暗示，自己不比领导差。

王　野： 嗯。如果自己比领导差，就不能跟领导汇报吗？

郭蔚蔚： 给了自己一定的自信。可以汇报，但是会紧张。

王　野： 我们现在生活的场景，通常领导的能力都比下属强，所以下属比领导差是蛮正常的。我们跟领导汇报，是因为分工的需要，并不是说我要比你强，我才能给你汇报。你怎么看能力强弱跟汇报的关系，可以说说看吗？

郭蔚蔚： 是这样的，但是领导也不是全能的，总有比我差的那部分。我只能这样给自己心理暗示，才不会紧张。

王　野： 嗯。你会主动跟领导请教问题吗？

郭蔚蔚： 很少。

王　野： 这种情况，你会紧张吗？

郭蔚蔚： 这样好像还好。

王　野： 意思是说，当有一个评价机制在那，不管是有形的还是无形的，你相对会比较紧张？

郭蔚蔚： 是。

王　野： "低人一等"意味着什么？

郭蔚蔚： （沉默）比别人差嘛……

王　野： "低人一等"在我看来，意味着在同一件事情上，对我要求可以不用那么高；意味着我可以向领导申请其他的资源；意味着我有可以继续学习和进步的空间；意味着我一旦做出点成绩，更容易超出领导的预期，更容易获得认同。类似这样的正面思维，你觉得"低人一等"还可能意味着什么？

郭蔚蔚： "低人一等"就要比别人付出更多，需要更加努力。

> 王野通过提问，引导郭蔚蔚重新建构"低人一等"的正面意义。

王　野：意思是说，它有时候也是你成长的动力，对吗？

郭蔚蔚：是。

王　野：它可能还会有其他的好处吗？

郭蔚蔚：我不觉得还有什么好处了。

王　野：嗯，你可以这样觉得，我们允许这样的想法存在。跟很多领导一起汇报会紧张，你允许吗？允许自己紧张吗？

郭蔚蔚：允许。

王　野：嗯，很好，有的时候我越是抵抗紧张，反而会觉得更加紧张。看到紧张的存在，试着跟它相处看看。

郭蔚蔚：嗯嗯……

王　野：紧张的好处，你觉得有哪些？

郭蔚蔚：比如汇报，我会事先准备充足。

王　野：嗯，还有呢？

郭蔚蔚：变紧张为动力？

王　野：嗯，还有呢？

郭蔚蔚：学习自己不懂的知识，避免交谈时紧张。其他就想不出来了。

王　野：嗯……通常我们在紧张时，注意力会相对集中。我们聊了这么久，你自己稍微总结下我们聊过的要点。然后，还有需要我的地方，可以再来找我。

郭蔚蔚：好的，谢谢你，我感觉好多了，思维变得有弹性些。谢谢你！

王　野：给自己点时间，慢慢处理这个困惑。

郭蔚蔚：嗯嗯。

> 王野运用短焦的技术，重新建构紧张的正面意义。
>
> 总评：
> 王野通过倾听建立关系，通过提问引导郭蔚蔚重新建构与领导的关系，进而缓解"领导恐惧症"。在这里我们看到，疏导并不是直接给建议，而是层层提问，引导当事人自己说出"建议"。

chapter thirteen

第十三章
心理疏导在社会生活中的应用

陌生人冲突：突发事件的应对智慧

俗话说，"有人的地方就有江湖"，而有"江湖"的地方必然少不了摩擦和冲突。

人是社会中的人，社会由一个又一个人构成，每个人都需要在社会中求得生存与发展，社会交往的基础便是将社会行为规范、准则内化为自己的行为标准，但由于国民受教育程度参差不齐，加上个体性格迥异、各地域文化差异等原因，并不是每个人都能遵守基本的法律准则，具备伦理道德素养，于是人际冲突便出现了。

人际冲突是一种十分普遍的社会现象，指的是两个或更多组织成员之间由于彼此的差异性产生的紧张状态。人际冲突发生于个体与个体之间，是群际冲突和组织冲突的基础。差异性是不同事物存在的主要特征，也是双方产生分歧与冲突的直接原因。这些差异可能是价值观的差异、目标的差异或认知的差异，陌生人之间差异往往更大。当这些差异出现并在短时间内迅速将影响放大后，便导致双方存在利益上的矛盾，从而使个体出现负面情绪，如不信任、恐惧、拒绝和愤怒等，便容易形成针锋相对、你死我亡的决战状态。

陌生人之间发生冲突对个体的身心将造成不可预期的危害。由于双方对彼此不够了解，往往容易误判彼此的实力，而且与陌生人的冲突多发生在公共场合，不甘落于下风被他人嘲笑而逞一时之能，也常使自己处于失控状态。人际冲突中的愤怒情绪就像潜藏在人心里的恶魔，一旦释放出来便气势汹汹，后果不堪设想，往往酿成悲剧。这些都是人际冲突恶化的表现。

陌生人之间发生冲突并不可怕，关键的是我们要如何在当下和事后调试自己的心理状态。如果把冲突看作是丢脸、负面的载体，那么自责、愤怒、懊恼也会随之产生，但如果转换角度看待冲突事件的性质及带给双方的影响，相信我们的处理方式与情绪都会有微妙的变化。

那么，如何掌握相应的心理技能来帮助自己度过这一冲突呢？首先，我们必须了解与陌生人发生冲突时，彼此的心理产生了什么样的变化，才能更好地对症下药；其次，我们需要明白为什么自己会与陌生人发生冲突，人际间的距离应该要如何把握才得当；最后，我们急需懂得应完善自身的哪些方面，才能争取将冲突降到最少，甚至提前规避，从而更好地保护自己。

但如果需要面对陌生人持久而激烈的指责，我们能承受得了吗？如果此时我们的身后是一家公司，对方是我们的客户，那情况就变得更微妙了。处理投诉，是陌生人冲突的另一种典型问题情境。

随着客户争夺战的白热化，运营商越来越头疼的问题就是面对各类型的客户投诉。这里的客户投诉是指客户对企业产品质量或服务的不满意，而提出的书面或口头上的异议、抗议、索赔和要求解决问题等行为。

当然，客户投诉在当代社会发生的频率越来越高，也是一种社会进步的表现。消费者遇到问题时因为具备一定的法律意识和自我权益保护意识而进行投诉，可以体现出公民整体素质的提升，而且其投诉会促使行业竞争更为激烈，产品质量更高，服务态度更好。

但是处理客户投诉并不容易。一方面，由于涉及不同的部门和人员，内部关系要协调好，给客户统一的答复，处理起来较为复杂；另一方面，对于矛盾已经激化的客户，不仅要安抚，还要把事情解决好，维护公司的声誉，其难度可想而知。不但需要"兵来将挡，水来土掩"的温和心态，还需要追根溯源，分析客户投诉的原因，从源头找到服务中的问题和差距，其核心就在于对客户投诉心理的分析，这样才能对症下药，有所作为。

客户投诉，更多的是由于产品与预期不符而产生不平衡心理，进而产生诸如无奈、生气、愤怒等负面情绪。这些情绪需要被看到和接住，一般很快想到的便是客服人员，所以对话开始时一般以愤怒的语气开场。客服人员需要知道的是，这是客户对公司和产品的愤怒，而不是针对他个人的。有了这个清醒的认知之后再面对客户，便不会产生抵触心理，刚开始对话便撑起自我保护的伞。

所以，对于客户投诉的处理也没有那么难。首先，让客户将情绪彻底发泄出来，只有这些充满攻击的情绪被宣泄出来后，客户才能慢慢平静下来，并且感到被理解和重视；其次，针对客户的问题，迅速提出可靠的解决方案，让客户体验到可预期的安全感，让客户的等待变得不那么煎熬；最后，需要对处理结果进行客户满意度反馈，必要时可以给予客户精神补偿，重新建立起彼此的信任。

案例21：有人插队要不要忍

当事人：陈　星
疏导员：高苗苗

陈星是互联网公司普通的职员，今年26岁。适逢五一假期，公司放假。这天她去超市购买完生活必需品后，发现前面的队伍长得望不到头。她遵守秩序地排队等着，觉得时间过得非常缓慢，耐心逐渐丧失……等了将近二十分钟后，好不容易快轮到自己了，这时，突然有一位大妈插队，惊得陈星往后一退不知做何反应。反应过来后她立刻指责大妈，但是大妈坚称是陈星不好好排队，自己是正常排队，还飙了一连串脏话。后面来的顾客一看大妈一下排得这么靠前，一窝蜂都挤了上来，不一会儿陈星就被挤得往后退了数米远。

陈星又气又恼，找到超市经理理论，想讨回一个公道，超市经理根据陈星的情绪状态给予了相应的疏导。

陈　星：你们这个超市怎么回事，有人插队都不管管吗？！
高经理：您好您好，发生了什么，您可以详细和我说说吗？
陈　星：我排队排半天，好不容易排到了，一个特别没素质的大妈直接就插队到我前面去了。我一开始都惊呆了，然后火气蹭一下就起来了，气死我了！看我小姑娘好欺负是不是？！

> 这里陈星处于情绪高昂的应激状态，在很多心理疏导的初期，当事人都可能处于这种状态之下。此时疏导员应当首先运用充分倾听的姿态让当事人释放自身的情绪，情绪释放后有助于其理性慢慢回归。

> **理论链接　对时间长度的感知**
>
> 在一定时间内，事件发生的数量和性质会影响人们对于时间长短的判断。即在一定时间内，事件的数量越少，性质越简单，人们越倾向于把时间估计得较长；而事件发生的数量越多，人们越倾向把时间估计得较短。
>
> 关于排队的研究显示，人们对自己真正等待的时间会高估36%，这一高估可能会增加人们焦虑、愤怒的情绪。

> **理论链接　应激反应**
>
> 应激是由危险的或出乎意料的外界情况的变化所引起的一种情绪状态。导致应激的刺激可以是躯体的、心理的和社会文化的等诸多因素。
>
> 应激状态下，内脏器官会发生一系列变化。大脑中枢接受外界刺激后，信息传至下丘脑，分泌促肾上激素释放因子，然后又激发脑垂体分泌促肾上腺因子皮质激素，使身体处于充分动员的状态，心率、血压、体温、肌肉紧张度、代谢水平等都发生显著变化，从而增加机体活动力量，以应付紧急情况。
>
> 个体对应激的反应有两种表现：
>
> 一种是活动抑制或完全紊乱，甚至发生感知记忆的错误，表现出不适应的状态，如目瞪口呆、手忙脚乱，从而陷入窘境；
>
> 另一种是调动各种力量，积极活动，以应对紧急情况，如急中生智、行动敏捷，从而摆脱困境。
>
> 长期处于应激状态，对人的健康不利，甚至会有生命危险。

高经理： 看得出来这件事发生得莫名其妙，让您很生气、很愤怒……您慢点说，我在仔细听。 **陈　星：** 太膈应人了，突然离我这么近，简直太不舒服了，什么人啊这是！	高经理充分共情，让陈星体验到被关注、被理解的感觉。这有助于双方建立良好的关系。

理论链接　人际距离

在社会心理学中，人际距离是指人际交往中双方之间的距离及其意义。人类学家 E. 霍尔观察发现，人与人之间在面对面的情境中，常因彼此间情感的亲疏不同，而不自觉地保持不同的距离。此种因情感亲疏而表现出来的人际间的距离变化，在心理学上称为人际距离。人际距离在认知与他人的关系时，往往成为一种判断的依据。

人际距离可分为四种：

1. 亲密距离（0~0.45米）

通常用于父母与子女之间、恋人之间。在此距离上，双方均可感受到对方的气味、呼吸、体温等私密性刺激。

（1）亲密距离——接近型（0.15米）

这是为了爱抚、格斗、安慰、保护而保持的距离，是双方关系最接近时所具有的距离，这时语言的作用很小。

（2）亲密距离——较近型（0.15~0.45米）

这是伸手能够触及对方的距离，是关系比较密切的同伴之间的距离，也是在拥挤的电车中人与人之间不即不离的距离。

2. 个人距离（0.45~1.2米）

一般是用于朋友之间。此时，人们说话温柔，可以感知大量的肢体语言信息。

3. 社会距离（1.2~3.6米）

用于具有公开关系而不是私人关系的个体之间。如上下级之间、顾客与售货员之间、医生与病人之间等。

4. 公众距离（3.6~7.6米）

用于进行正式交往的个体之间或陌生人之间。这些都有社会的标准或习俗，这时的沟通往往是单向的。

（1）公众距离——接近型（3.6~7.6米）

如果保持4米左右的距离，说明说话人与听话人之间有许多问题或思想待解决与交流。

（2）公众距离——远离型（7.6米以上）

这是讲演时采用的一种距离，彼此互不相扰。

对四种人际距离的熟悉和了解，能帮助人们根据关系与密切程度，准确、顺利地判断出与对方应该保持的距离。

高经理： 我调一下监控，确认她插队的过程，全面了解一下情况。（前去调监控）是的，监控显示的情况确实像您所说，我们感到非常抱歉。看得出来您现在很生气，无故插队肯定是那位女士的不对，您毕竟排了好半天。

陈　星： 对啊，这是什么世道啊！我和她理论的时候，大家议论纷纷，却根本没有人站出来帮我！

> 高经理不仅为陈星调取现实依据，还再次理解、共情，让陈星的情绪释放有出口，逐步地舒缓了陈星的情绪，以便开展后续的引导。

理论链接　责任分散效应

责任分散效应也称为旁观者效应，是指对某一件事来说，如果是要求一个群体共同完成任务，群体中的每个个体的责任感就会很弱，面对困难或遇到责任时往往会退缩。

这是因为，如果在场的只有一个人能提供帮助，他会清醒地意识到自己的责任，对当事人给予帮助；倘若他见死不救，会产生罪恶感、内疚感，这需要付出很高的心理代价。而如果有许多人在场，帮助当事人的责任就由大家来分担，造成责任分散，每个人分担的责任很少；旁观者甚至可能连他自己的那一份责任也意识不到，从而产生一种"我不去救，有别人去救"的心理，造成集体冷漠的局面。

高经理： 大家你看我、我看你，容易把这件事的责任分散掉，所以没有人站出来帮你，让你心寒，我很理解。（为难的表情，伴随宽慰的语气）

陈　星： 更过分的是，居然还有人趁机排到那个大妈的后面，把我推搡到很后面的位置，这都是什么人啊！

> 除了语言本身，高经理的语调、神情、姿态也是与陈星交流的重要渠道，同样需要注意配合语言来表达。

理论链接　从众心理

从众心理是指个人受到外界人群行为的影响，而在自己的知觉、判断、认识上表现出符合于公众舆论或多数人的行为方式。实验表明，只有很少的人保持了独立性，没有从众。所以从众心理是大部分个体普遍存在的心理现象。

影响从众的群体因素有：

1. 群体一致性：个体在面对一致性的群体时，所面临的从众压力是非常大的。当群体中意见并不完全一致时，从众的数量会明显下降。

2. 群体规模：在一定范围内，人们的从众性随着群体规模的增大而增大。

3. 群体凝聚力：群体凝聚力越高，个体对群体的依附心理越强烈，越容易对自己所属群体产生强烈的认同感。

4. 个体在群体中的地位：个体在群体中的地位越高，越具有权威性，就越不容易屈服于群体压力。

高经理： 太让人生气了，一有便宜占就随波逐流，确实不应该！

陈　星： 我真的是越想整个过程越生气，愤怒快把我淹没了！

高经理： 是的，我感受到了……您尽可以跟我说，很高兴能得到您的信任。

陈　星： 而且这个大妈真的太不会看人的眼色了，我都那么生气了，她居然还无动于衷，动也不动。我真是有气没处撒。

> 高经理站在陈星的位置上，换位思考，从多个角度及时肯定和支持陈星，使陈星摆脱独自"作战"的孤独感和恐惧感。

高经理：是是，普遍来说，并不是每个人都会看别人眼色的，而且是对方插队在先，与您完全无关嘛。

陈　星：我当时感觉后面的人已经显得不耐烦了，也就不想再跟她继续吵下去，所以想说找你是更有效的解决方式，你说是吧？

高经理：您能够根据周围人的反应及时调整自己的情绪和解决策略，情商很高哦！

> 高经理协助陈星发现事件的问题所在，调整陈星的认知，从而改善其心情。并及时肯定陈星，为她的情商点赞，让她感受到自己被赞许。这时高经理和陈星的关系已达良好的状态。

理论链接　情绪智力

简称情商，这个概念是由美国耶鲁大学的彼得·萨罗威和新罕布什尔大学的约翰·玛伊尔提出的。哈佛大学心理学家丹尼尔·戈尔曼把情绪智力定义为：了解自身感受，控制冲动和恼怒，理智处事，面对考验时保持平静和乐观心态的能力。

情绪智力的高低是决定一个人能否取得成功的重要因素，直接影响人的整个心理健康状态。

萨罗威认为，情绪智力主要体现在以下五个方面：

1. 认识自身情绪

认识自身情绪，就是能认识自己的感觉、情绪、情感、动机、性格、欲望和基本的价值取向等，并以此作为行动的依据。

2. 妥善管理自身情绪

妥善管理自身情绪，是指对自己的快乐、愤怒、恐惧、爱、惊讶、厌恶、悲伤、焦虑等体验能够自我认识、自我协调。比如，自我安慰，主动摆脱焦虑、不安情绪。有人发现，当自己情绪不佳时，可用这些方法调整情绪：正确查明使自己心烦的问题是什么；找出问题的原因；采取一些建设性行动。

3. 自我激励

自我激励，指对自己想要实现的目标，随时进行自我鞭策、自我说服，始终保持高度热忱、专注和自制。如此，使自己有高度的办事效率。

4. 认知他人的情绪

认识他人的情绪，指对他人的各种感受，能设身处地地、快速地进行直觉判断。了解他人的情绪、性情、动机、欲望等，并能做出适度的反应。在人际交往中，常从对方的语言及其语调、语速、表情、手势、姿势等来做判断。常常真正透露情绪、情感的就是这些表达方式。故能捕捉人的真实情绪、情感的常是这些关键信息，而不是对方"说什么"。

5. 妥善处理人际关系

人际关系的管理，是指管理他人情绪的艺术。一个人的人缘、人际和谐程度都和这项能力有关。深谙人际关系者，容易结交人而且善解人意，善于从别人的表情来判读其内心感受，善于体察其动机、想法。具备这种能力，易使其与任何人相处都愉悦自在。这种人能充任集体感情的代言人，引导群体走向共同目标。

陈　星：唉，不能每个人都蛮不讲理嘛，如果都这样，这个社会还不乱套了？我现在心情好多了。这次插队是对方的错，又不是我的问题，我这样气真是不值得。

理论链接　归因

归因理论由心理学家海德提出，经由韦纳等人发展完善。归因理论是说明和分析人们活动因果关系的理论，人们用它来解释、控制和预测相关的环境，以及随这种环境而出现的行为，因而也称"认知理论"。即通过改变人们的自我感觉、自我认识来改变和调整行为的理论。

韦纳认为，人们对行为成败因素的分析可归纳为以下六项：

1. 能力，评估个人对该项工作能否胜任；
2. 努力程度，个人反省、检讨在工作过程中是否尽力而为；
3. 工作难度，凭个人经验判定该项工作的困难程度；
4. 运气，个人判断此次成败是否与运气有关；
5. 身心状态，工作过程中个人当时身体及心情状况是否影响工作成效；

6. 外界环境，个人自觉此次成败因素中，除上述五项外，是否尚有其他影响因素（如别人帮助或评分不公等）。

以上六项因素作为一般人对成败归因的解释，韦纳按各因素的性质，分别纳入以下三个维度之内：

表7　归因的三维度六因素模式

因素 \ 维度	因素来源		稳定性		可控性	
	内部	外部	稳定	不稳定	可控	不可控
能力	√		√			√
努力程度	√			√	√	
工作难度		√	√			√
运气		√		√		√
身心状态	√			√		√
外界环境		√		√		√

1. 因素来源：指当事人自认为影响其成败因素的来源，包括个人条件（内控）和外在环境（外控）。在此维度上，能力、努力程度及身心状态三项属于内控，其他各项则属于外控。

2. 稳定性：指当事人自认为影响其成败的因素在性质上是否稳定，是否在类似情境下具有一致性。在此维度上，能力与工作难度两项是不随情境改变的，是比较稳定的，其他各项则均为不稳定因素。

3. 可控性：指当事人自认为影响其成败的因素，在性质上是否能否由个人意愿所决定。在此维度上，只有努力程度一项是可以凭个人意愿控制的，其他各项均非个人所能控制。

韦纳等人认为，人们对成功和失败的解释会对以后的行为产生重大的影响。如果把考试失败归因为缺乏能力，那么以后的考试还会期望失败；如果把考试失败归因为运气不佳，那么以后的考试就不大可能期望失败。这两种不同的归因方式会对人们的生活产生重大的影响。

高经理： 哇，您真是想得通，我很为您高兴，也会为您讨回公道。这位女士将被列入我们超市的黑名单，半年之内不得再进入本超市购买任何物品。耽误了您的时间，实在是不好意思。由于您极具社会责任感，将获得本超市的代金券一张。

陈　星： 谢谢，你的开导也让我十分舒坦，以后会继续光顾的。

总评：

由于陈星情绪较为激动、高昂，所以高经理首先着重缓解她的情绪，经过充分的共情和倾听，帮助她平复心情。接着，高经理及时肯定陈星的行为，并赞扬她在被插队时的情绪管理和解决方式，让她从孤立无援的感受中走出，体验被支持和被接纳的感觉，从而使得她在发泄完情绪后，经过仔细思考，将这件事情归因为外在因素，彻底放下对自己"生气的惩罚"。高经理给予一定的补偿后，陈星心理重归平衡，心态稳定下来。

整个过程，高经理紧随陈星又引导陈星，情先于理，同时有理有据，巧妙地化解了一场一触即发的人际冲突。

案例22：处置投诉需要灭"火"高手

当事人：王启富
疏导员：陈星星

王启富，今年36岁，个体经营户，个性耿直坦率。他长期以来使用移动网络，但是近来总觉得话费越来越贵了，一头雾水的他查询套餐没问题后拨打了中国移动的客服电话，客服接通后态度良好，帮他确认套餐没问题后表示会将他的问题及时向上级报告处理，然后给他一个合理的答复，但时间转眼又到了第二个月，客服仍旧没有联系他，而且这个月的账单很高，高得离谱，竟然要将近五百元的话费！王先生看到账单时眼前一黑，怒不可遏的他马上再次拨打中国移动的客服电话，希望能讨个说法。

陈星星为接到电话客服专员，由她对王先生的申请进行处理和心理疏导。

陈星星： 您好，请问有什么可以帮助您的吗？

王启富：你们这什么破服务啊，说好的要给我处理的，为什么这个月越扣越多了？

陈星星：先生，您好，您慢慢说，您有什么问题？

王启富：我怎么慢慢说啊，钱都给你们扣完了，我还慢慢说！

陈星星：先生，您听起来很生气，似乎发生了一些您没有办法接受的事情。

王启富：我当然生气了！之前你们客服小姑娘说要给我处理，结果大半个月过去了什么结果都没有！

> 陈星星首先耐心地共情王启富，感受王启富的情绪，并且提供足够的空间让王启富发泄情绪，从而营造包容与接纳的氛围。

理论链接　客户投诉心理

从顾客气质特征分析，可以把顾客的气质分为四大类：胆汁质型、多血质型、黏液质型和忧郁质型。经心理研究发现，大多数重复投诉的顾客属于胆汁质型和多血质型客户，这两类气质的顾客高级神经活动类型属于兴奋型和活泼型，他们的情绪兴奋性高，抑制能力差，特别容易冲动，因此，他们在投诉时的心理主要有三种：

1. 发泄的心理。这类顾客在接受服务时，由于受到挫折，通常会带着怒气投诉和抱怨，把自己的怨气发泄出来，忧郁或不快的心情会由此得到释放和缓解，以维持心理上的平衡。

2. 尊重的心理。多血质型顾客的情感极为丰富，他们在接受服务过程中产生了挫折和不快，进行投诉时，总希望他的投诉是对的和有道理的，他们最希望得到的是同情、尊重和重视，以及对方的道歉和立即采取的相应措施等。

3. 补救的心理。顾客投诉的目的在于补救，补救包括财产上的补救和精神上的补救。当顾客的权益受到损害时，他们希望能够及时地得到补救。

了解投诉顾客的心理，有助于对其情绪进行把握，对其问题进行处理。

陈星星：好的，我理解您的心情，我现在查一下您的到访记录。

王启富：快查快查！

陈星星：好的，我这边看到记录了，您在 8 月 10 号曾经提交过一个话费查询的申请，这边系统显示仍在处理中。

王启富：还在处理?! 这都扣了我多少钱了还在处理，是不是把我的钱扣完了也处理不完?! 我这天天跟你们耗，投诉得容易吗我?!

理论链接　维权成本

维权成本，是指消费者在维权过程中所耗费的时间、金钱、人力等成本的总称。主要分为经济成本、时间成本、政府成本三个方面。

经济成本：按照现行法律规定，公民合法权益被侵害后，可以通过与用人单位协商、向劳动监察大队举报、向劳动争议仲裁委员会申请仲裁、对仲裁裁决不服向人民法院起诉等途径来维护自己的权益。以农民工依法维权为例，向劳动监察大队举报、向劳动争议仲裁委员会申请仲裁、向人民法院起诉和申请强制执行，如果完成全部程序，农民工至少需要支付 920 元的经济成本。

时间成本：发生权益纠纷，都要花几天、几个月，甚至几年的时间找对方进行协商，在此期间，受害者出于对依法维权时间漫长、花费较多、获得的赔偿金少、举报了也没人会管、没有任何证据等方面的顾虑，以及对用人单位及其老板承诺的信任，也不想立即诉诸法律，而是一等再等。

政府成本：除了受害者本人需要支付经济成本和时间成本外，政府部门同样要支付经济成本和时间成本。

导致消费者维权成本过高的原因有两个方面，一是消费者维权支出的金钱、时间、人力等成本过高；二是消费者能得到的赔偿却相对低得多，导致消费者维权往往"得不偿失"。

陈星星：先生，我可以理解您愤怒的心情，是我们这边的服务让您非常不满意。

王启富：对啊，气死我了！

陈星星：是的，如果遇到类似的事情我也会很生气，我完全理解您。

王启富：嗯，我生气不是没有理由的。你就给我个说法，到底要怎么处理？

陈星星：好的，确实是我们的疏忽，我们这边会为您加紧处理，已经联络我们的通讯管理部门了，给您造成的不愉快敬请谅解。

> 对于处在情绪极点的王启富，陈星星充分共情王启富，让王启富继续发泄不满的情绪，逐渐营造互相信任的氛围。

理论链接　客户投诉处理要点

1. 承认错误但不要太多辩解

辩解太多可能表明公司要隐藏某些事情或不愿意充分披露整个情况。

2. 表明你是从每一个顾客的观点出发认识问题的

通过顾客的眼睛看问题是了解他们认为问题出在哪里，以及他们为什么感到不高兴的唯一途径。受理人员应当避免用他们自己的解释轻易地得出结论。

3. 认同顾客的感觉

以默许或明言的方式认同顾客的感觉（"我能理解您为什么如此不高兴"）。这种行动有助于建立融洽的关系，它是修复受到伤害的关系的第一步。

4. 阐述解决问题需要的步骤

在不可能当场解决投诉的情况下，告诉顾客公司将计划如何行动，这可以表明公司正在采取修正的措施，还设定了顾客对时间进度的期望（所以不要过分承诺）。

5. 让顾客了解进度

没有人喜欢被抛弃在黑暗中。不确定性导致焦虑和紧张，如果顾客知道目前的情况并收到定期的进度报告，那么他们将更易于接受处理过程的递延。

6. 考虑补偿

在顾客没有得到他们花钱购买的服务结果,或遇到了严重的不便,或因为服务失误而遭受了时间和金钱的损失时,正确的做法是支付金钱或提供同类服务给他们。这种做法还可能有助于减少恼怒的顾客采取法律行动的风险。服务保证通常会事先确定补偿方式。在许多情况下,顾客最想要得到的是道歉和以后避免类似错误发生的承诺。

王启富:什么时候给我答复?

陈星星:这是24小时紧急上报的,明天这个时间前一定给您致电回复。

王启富:真不知道你们上回怎么搞的,给我整这么慢,我一个朋友也说过你们服务质量一直很不行,他的事情处理得也特别慢,尤其是在话费这种事情的处理上,这就是你们的问题!

陈星星:是的,这次事情确实是我们的疏忽,已经为您加紧办理,希望本次能让您满意。

王启富:好吧,看你态度挺好的,希望这次能尽快处理,别再搞一些虚的。

陈星星:不会的先生,已经将您的请求发送了呢。最后请您为本次服务打分,稍后会以短信的形式发送到您手机。

王启富:嗯,你的服务很不错。

陈星星:您的满意是我工作最大的动力,谢谢您的申诉来电,请问还有什么需要帮助的吗?

> 针对王启富的质疑,陈星星并不立即否认,而是先向王启富做出保证,协助王启富建立对公司的信任和安全感。

理论链接 双因素理论

双因素理论亦称"激励—保健理论",由美国心理学家弗雷德里克·赫茨伯格于1959年提出。赫茨伯格把企业中有关因素分为两种,即满意因素和不满意因素。

满意因素是指可以使人得到满足和激励的因素。不满意因素是指容易产生意见和消极行为的因素，即保健因素。他认为这两种因素是影响员工绩效的主要因素。

保健因素的内容包括公司的政策与管理、监督、工资、同事关系和工作条件等。这些因素都是工作以外的因素，如果满足这些因素，能消除不满情绪，维持原有的工作效率，但不能激励人们更积极的行为。激励因素与工作本身或工作内容有关，包括成就、赞赏、工作本身的意义及挑战性、责任感、晋升、发展等。这些因素如果得到满足，可以使人产生很大的激励，若得不到满足，也不会像保健因素那样产生不满情绪。

保健因素是指造成员工不满的因素。保健因素不能得到满足，则易使员工产生不满情绪、消极怠工，甚至引起罢工等对抗行为；但在保健因素得到一定程度改善以后，无论再如何进行改善的努力往往也很难使员工感到满意，因此也就难以再由此激发员工的工作积极性了，所以就保健因素来说，"不满意"的对立面应该是"没有不满意"。如工资报酬、工作条件、企业政策、行政管理、劳动保护、领导水平、福利待遇、安全措施、人际关系等都是保健因素，这些因素均属于工作环境和工作关系方面的因素，皆为维护职工心理健全和不受挫折的必要条件，故称为维持因素。它不能直接起到激励员工的作用，但却有预防性。

激励因素是指能让员工感到满意的因素。激励因素改善而使员工感到满意，能够极大地激发员工工作的热情，提高劳动生产效率；但激励因素即使管理层不给予其满意满足，往往也不会因此使员工感到不满意，所以就激励因素来说，"满意"的对立面应该是"没有满意"。

真正能激励员工的有下列几项因素：

1. 工作表现机会和工作带来的愉快；
2. 工作上的成就感；
3. 由于良好的工作成绩而得到的奖励；
4. 对未来发展的期望；
5. 职务上的责任感等。

> 这些因素是积极的，是影响人的工作动机并长期起主要作用的因素，是职工工作动机的源泉。据此，赫茨伯格认为，为了增加"激励"因素，提高生产率，需要用"工作丰富化"的管理方法来取代"流水作业线"的生产程序和管理方法，这样可以减少工人的不满情绪，降低旷工率，提高产品质量。

王启富：没有了，谢谢！ 陈星星：好的，谢谢您的来电。	总评： 该案例中王启富的攻击性情绪比较多，陈星星首先协助其释放情绪，该过程比较长，陈星星发挥充分的耐心，逐渐让王启富感到被理解；接着陈星星针对王启富对于先前服务的质疑给予快速而坚定的回复，建立起双方相互的信任；最后陈星星向王启富表达了感谢，进一步营造了和谐、轻松的气氛，使王启富平息怒气。总体而言，疏导过程耐心十足，先情后理，很好地体现了疏导员的职业素养。

同伴冲突：当我们在一起

从小的时候我们就开始学着交朋友，每次到了新环境后必然要多交上几位朋友，称颂友谊的歌曲更是信手拈来，歌词涵盖的年龄范围之广足见大多数人都需要友谊这样美妙的关系。

但有研究发现，男性和女性的友谊是不一样的，相较于男性，女性更注重情感上的联结，也更愿意与朋友分享自己的烦心事、亲密之事，女性间的友谊多是建立在分享各种私密事的交往之上；此外，女性的友谊具有更强的独占性，确立以后大多希望彼此成为对方唯一的交往对象，否则她们的内心极容易产生嫉妒心理和不安全感，从而转向新的朋友，因而出现"塑料姐妹花"等热门词语。

当然了，我们心中都憧憬着久远、稳固的友谊，因为友谊是一种交互关系的情感，有着双方共同凝结的情谊，正因为这共同凝结的情谊使得双方必须共同维系，维系过程中的互动更让我们体会到彼此的耐心、真诚及关照，此后随着对彼此的关怀和了解，情谊也会逐步加深，甚至成为一生挚友。

但我们似乎从来没有好好学过如何筛选朋友，要知道并不是任意两个人就能够相互匹配成为朋友的。回顾人这一生，人们从某一时刻起变得成熟、自觉，从而意识到自己是谁、自己的余生想获得什么，而且一定程度上明确了哪些朋友值得继续深交，哪些朋友只是泛泛之交，此时应有部分朋友随着时间自然而然地筛选掉。可由于个体的成长不够完善，无法完全建立关于友谊的观念和界限，即使觉察到对方不适合再与自己继续交往，仍然有可能继续勉强做朋友，便容易产生种种矛盾，更由于双方的了解之深，彼此都知道"刀子"往哪边捅是最痛的，因此造成的伤害往往是不可预估的。

那么如何筛选朋友，收获高质量的友谊呢？根本的源头还是在于认识自己，坚守自己。首先，你需要了解自己的个性、气质类型、价值观等"我是谁"的问题，逐步完善自我认识，对自我有清晰认识的人能更好地抉择友谊；其次，根据"我是谁"为自己匹配朋友，这个过程中需要端正认知，多多观察，付出足够耐心；最后，应当在交往的过程中交付真心，充分尊重对方，同时给彼此充足的心理空间。

我们应当认识到，真正美好的友谊，是两个具有独立人格的个体间的相互欣赏：你欣赏我的价值观，欣赏我的个性；我欣赏你的知识渊博，欣赏你的兴趣爱好。

对于确实不合适的朋友，与其互相折磨，不如相忘于江湖吧。

案例23：闺蜜情还是"塑料"情

当事人：刘　岚

疏导者：刘妈妈

刘岚是一名空姐，外形靓丽，活泼大方，平常喜欢结交朋友，闺蜜也有不少，但最近朋友中一位名为张艺的闺蜜和她闹翻，一直不给她好脸色看。

事情是这样的，那天刘岚和闺蜜张艺一起去逛街"血拼"，刘岚看中了一条裙子，张艺马上表示自己也很喜欢，因为这种情况经常发生，所以刘岚已经习惯了，她和往常一样先让张艺去试衣，张艺的身材相较于刘岚，比较肥胖，所以在张艺试完一条紧身款式的裙子后，服务员委婉地表达可能她的朋友刘岚更适合这件衣服，刘岚圆场说可以到别家再逛逛，不料此时张艺脾气爆发，认为刘岚也跟着服务员瞧不起自己，还装模作样，她早就看不惯刘岚被众星拱月的样子，假惺惺得很。刘岚一时哑口无言，不明白为什么一直相处融洽的好闺蜜会说出这么伤人的话，她很生气，却又不知道如何开口和张艺言和，回家后无奈地向母亲诉苦。

刘妈妈见女儿一时理不出头绪，于是耐心地劝慰她。

刘　岚：妈妈，我今天真是莫名其妙被泼了一身脏水！
刘妈妈：怎么啦，你慢慢和妈妈说……
刘　岚：就是我那个好朋友张艺啊，她今天和我吵架了，然后一直不理我！
刘妈妈：怎么回事？她为什么跟你吵架呢？
刘　岚：我们今天一块去逛街，我先看中一件衣服，她就说她也看中了，以前她也常常会学我，我想想就让她先试呗，也没啥啊。

> 刘妈妈表现出充分的耐心和倾听的姿态，引导刘岚先将事件的经过说清楚。

理论链接　社会学习理论

社会学习理论是由美国心理学家阿尔伯特·班杜拉于1977年提出的。它着眼于观察学习和自我调节在引发人的行为中的作用，重视人的行为和环境的相互作用。

班杜拉认为，人的行为，特别是人的复杂行为主要是后天习得的，通过观察示范者的行为而习得行为的过程，班杜拉称之为"通过示范所进行的学习"，即我们所说的间接经验的学习。

班杜拉认为观察学习过程包括四个子过程，分别是注意过程、保持过程、运动再现过程和动机过程，他认为有三方面的因素影响着学习者再现示范行为：

1. 他人对示范行为的评价；
2. 学习者本人对自己再现行为能力的评估；
3. 他人对示范者的评价。

班杜拉把这三种对行为结果的评价分别称为：外部强化、自我强化和替代性强化。这三种强化都是制约示范行为再现的重要驱动力量。

刘妈妈： 你对朋友一向很体贴，妈妈知道的，后来呢，发生了什么吗？

刘　岚： 但是试完之后她的身材不适合那件衣服，服务员就说我更适合，让我去试，我为了不让她尴尬就和她说去别的店再看看，结果她怎么样，不理解我的苦心，开始埋怨我！说我瞧不起她，嘲笑她身材！我哪里有？！倒是她常常和我说谁谁谁身材不好……

> 刘妈妈充分共情刘岚，让刘岚体验到被关注、被理解的感觉，有助于建立双方良好的关系。

理论链接　投射效应

投射，在心理学上的解释是，个人把自己的思想、态度、愿望、情绪或特征等，不自觉地反应于外界的事物或他人的一种心理作用。在认知和对他人形成印象时，以为他人也具备与自己相似的特性的现象，即推己及人的认知障碍。比如，一个心地善良的人会以为别人都是善良的；一个经常算计别人的人就会觉得别人也在算计他。

投射使人们倾向于按照自己是什么样的人来知觉他人，而不是按照被观察者的真实情况进行知觉。投射是一种心理防御机制，用于减轻焦虑的压力及保卫自我以维持内在的人格。

投射效应是一种严重的认知心理偏差，辩证地、一分为二地去对待别人和对待自己，是克服投射效应的方法。

刘妈妈： 她突然这么说让你很无奈，压根不知道是什么事儿让她有这样的想法，妈妈很心疼你。（温柔地拥抱女儿）

刘　岚：（哭泣）对啊……我对她一向很包容，凡事都谦让她，没想到她居然这么想我，我真的太伤心了……

刘妈妈： 是的……是的……你一直无条件地照顾她，本以为她一定更能理解你，没想到她居然这么伤你……

> 刘妈妈充分共情刘岚，并表达了自己的关心之情，令刘岚感受到其对她的支持和接纳。

刘　岚：我真的很珍惜这个朋友，我知道她没有什么安全感，常常和她保持联系，关心她、照顾她，但是她老是觉得不够，老是说我朋友太多，不够关心她，我真的不知道怎么办…… 刘妈妈：听得出来你也有很多很多委屈，今天都跟妈妈说说，妈妈是你最大的支持。 刘　岚：啊，妈妈我真的好无奈好委屈，她为什么总是不能看到我的好意，居然就因为这一次误会诋毁我，我好累好累……	刘妈妈作为刘岚重要的社会支持，给予了足够的关怀和耐心，这对于刘岚而言十分重要且宝贵。

理论链接　近因效应

近因效应由心理学家卢钦斯根据实验首次提出，它是指最新出现的刺激物促使印象形成的心理效果。实验证明，在有两个或两个以上意义不同的刺激物依次出现的场合，印象形成的决定因素是后来新出现的刺激物，即交往过程中，我们对他人最新的认识占了主体地位，掩盖了以往形成的对他人的评价，因此，也称为"新颖效应"。

有关的学者还指出，认知者在与熟人交往时，近因效应相对首因效应起较大作用。

近因效应使人们更看重新近信息，并以此为依据对问题作出判断，忽略了以往信息的参考价值，从而不能全面、客观、历史、公正地看待问题。

刘妈妈：是的是的……你好累好累，和这个朋友的相处让你好辛苦。 刘　岚：妈妈，为什么会这样呢？……我知道她因为身材不好有点自卑，但是这和我有什么关系呢？ 刘妈妈：可能因为张艺这个孩子的外形比较不符合传统审美，而你在这方面比较突出，所以有了更大的落差吧。	刘妈妈不断共情刘岚，让刘岚的情绪有了发泄渠道，不会造成负面情绪的堆积。 刘妈妈协助刘岚分析，令刘岚逐步清晰问题所在。

> **理论链接　自卑感**
>
> 　　自卑感是指在和别人比较时，由于低估自己而产生的情绪体验。严重自卑感是心理上的一种缺陷。
>
> 　　因为人在进行自我评价时，必须首先选定一个参照物，通常选定某个最亲近、最现实、具有最大利益相关性的他人或社会平均水平作为参照物，即把自身的中值价值率与他人（或社会一般人）的中值价值率进行比较，从而产生自我情感。两者的差值越大，自我情感的强度就越高，因此，一个人自我情感的强度性在根本上取决于自我价值的强度性。
>
> 　　当人们希望通过榜样或美好的事物来促使自身进步和努力时，由于比较的心理作用，人们不可避免地产生自卑情绪，反而会对这些事物产生排斥、厌恶的情绪，不利于自身的进步。

刘　岚：那她自卑就拿我开刀吗？

刘妈妈：或许因为你总是无限度地包容她，就像她第二个妈妈一样，所以她能够放心地把这些气撒在你身上呀。

> **理论链接　依恋理论**
>
> 　　依恋，最初由英国精神分析师约翰·鲍尔比提出，一般被定义为婴儿和其照顾者（一般为母亲）之间存在的一种特殊的感情关系。研究认为，儿童期孩子身上表现出来的依恋特征，成年以后仍然会显露出来，成人的依恋对象一般为恋人或朋友等亲密关系对象，所以成年人也应该具有和儿童一样的依恋类型分类：
>
> 　　1. 回避型：与别人亲密令我感到有些不舒服；我发现自己很难完全相信和依靠他们。当别人与我太亲密时我会紧张，如果别人想让我更加亲密一点，我会感到不自在。在人群中约占20%。
>
> 　　2. 安全型：我发现与别人亲密并不难，并能安心地依赖于别人和让别人依赖我。我不担心被别人抛弃，也不担心别人与我关系太亲密。在人群中约占60%。

3. 焦虑——矛盾型：我发现别人不乐意像我希望的那样与我亲密。我经常担心我的伴侣并不是真的爱我或不想与我在一起。我想与伴侣关系非常亲密，而这有时会吓跑别人。在人群中约占20%。

依恋理论认为，早期的依恋经验形成了人的"内部工作模式"，这种模式是人的一种对他人的预期，决定了人的处世方式。内部工作模式会在以后的其他关系，特别是成年以后亲密关系中起作用。

了解个体不同的依恋类型可以指导人们的交往行为，有助于改善人们的交往模式。

刘　岚：是这样嘛……那我要怎么办，我真的不想再当她妈了……

刘妈妈：嗯，转变观念很重要，你有这样的想法之后很多事情会随之改变，比如思考一下对朋友的好是否需要有自我原则？

刘　岚：对对，我不应该老是当滥好人……我知道了，我应该要有自己的底线和原则，一味地容忍和退让只会让对方得寸进尺，自己到最后无路可走。

刘妈妈：嗯……你给自己一点时间消化，不用逼着自己现在立马做出改变。再有，你可以想一下你的原则到底是什么？你了解自己是什么样的人吗，适合和什么样的人交朋友？

刘　岚：嗯，是的……妈妈，我似乎没有仔细思考过这个问题，感谢这次经历让我有这些反思……

刘妈妈：嗯，很高兴看到你的成长。

> 刘妈妈引导刘岚主动寻找解决问题的方法，使刘岚通过独立思考实现自我成长。
>
> 刘妈妈继续引导刘岚将思考回归自身，从根本上感受问题所在，使刘岚收获深层的自我探索。
>
> 总评：
> 由于刘妈妈与刘岚有着多重关系，刘妈妈恰好利用这层关系与刘岚建立信任、温暖的气氛，在帮助刘岚疏解负面情绪后，根据刘岚的提问，数次解答与反问，协助其反思交友过程中的关键问题，引导女儿从自身角度开始成长，短短的对话中抽丝剥茧、层层递进，是良好的母女交流范本。

社区矫正：迎接我们的破茧重生

"破茧"过程固然痛苦，却是"重生"前的曙光。

回望弱肉强食的远古时代，我们的祖先为了适应环境、求得生存便需要不断地改善自己的狩猎技巧，增强自己的身体素质，才能在优胜劣汰的环境中胜出，继续繁衍后代。现今社会处在高速变化发展的阶段，哪怕只是短短离开这个环境数月都可能物是人非，更何况是以年为单位来计算，这也就是我们今天要讨论的主题，关于社区矫正的社会适应问题。

我们先来明晰概念：社区矫正指的是与监禁矫正相对的行刑方式，是指将符合社区矫正条件的罪犯置于社区内，由专门的国家机关在相关社会团体和民间组织以及社会志愿者的协助下，在判决、裁定或决定确定的期限内，矫正其犯罪心理和行为恶习，并促进其顺利回归社会的非监禁刑罚执行活动。

做错了一些事情，想要回头，还有可能吗？从该定义我们不难发现，虽然社会的法律法规十分严苛，但法融于情，当你做错的事情不至于让社会太失望，并且你表现出了强烈想要回归集体的愿望时，考察完你的可信程度后，当然会被允许。可不管是"久别重逢"还是"近乡情怯"，总需要一段适应期，对于不同的人而言，这段适应期可长可短。

对于矫正对象而言，在适应期间会出现诸多心理困扰。一方面，是对环境的不信任。由于高新技术的投入，现今社会日新月异，早已不是自己原先印象中的模样，宛如新生儿的眼光看待这一切，不免显得十分陌生，自然就产生了畏惧心理；此外，还需重新面对原有的人际关系，不论是父母、恋人还是朋友，与他们再次建立融洽的关系并不容易，个中的辛酸只有自己知道。另一方面，是对自身的不信任。由于先前铸过大错，于是内心的愧疚、自责会导致更深的自我批判和怀疑，这些质疑往往泛化成觉得自己一无是处的念头，从而造成对自我的不接纳、不认同；此时，如果周围人对自己有负面的评价，自己就会轻而易举地加深这个想法，因而丧失改变现状的动力，有的甚至"破罐子破摔"，重操旧业。

因此，社区矫正阶段作为重回社会的过渡期十分关键，在这个阶段需要调整的心态和认知细微而富有意义。一方面,要重新接纳自我。既然能够走到社区矫正,个体的表现必然是获得极大肯定的,接纳曾经犯错的自己以及想要变得更好的自己,树立对自我改变现状的自信心是第一步也是最有力的一步。另一方面,知行并进。认知的形成如果没有行为加以巩固和强化的话,常常沦为一纸空谈,不论是跟进新的社会环境还是重新经营良好的人际关系,都需要迈出踏实的步伐去尝试、调整,才能实现真正的适应。

案例 24:与过去的自己好好告别

当事人:黄韦迪

疏导员:陈　沁

黄韦迪今年 22 岁,小学文化水平,对读书不感兴趣的他早早就辍学在社会上四处游荡,结识了一些趣味相投的"铁哥们儿"。19 岁那年,因伙同一位"铁哥们儿"抢劫一部手机而犯了抢劫罪,被法院判处有期徒刑 3 年 9 个月。

服刑期间,其认罪伏法,认真遵守监规,积极接受改造,按时参加劳动,获得表扬奖励四次。2018 年获准假释,并按规定到户籍所在县司法所接受社区矫正。刚走出监狱大门时,看着眼前车水马龙的街道、来去匆匆的行人、苍老的父母,黄韦迪由于在高墙内待了数年而一脸茫然,不知如何适应,如何走好今后的路。于是,他内心产生了极大的抵触心理,已有数个礼拜睡眠质量差,精神不振,郁郁寡欢。

司法所工作人员了解到该情况后,与心理咨询所工作人员联系,希望他们能够对黄韦迪进行心理疏导,陈沁作为专门从事社区矫正的心理疏导员前来开导黄韦迪。

陈　沁:小黄你好,已经参加社区矫正快两个月了吧,感觉怎么样?

黄韦迪:感觉不太好……嗯……自己憋得慌……不怎么适应,都失眠好几周了,精神也不好,唉……

陈　沁:嗯,听起来你有点难受,从你的脸色来看是有些差。听说你在监狱里表现良好呀,怎么回到社会,状态反而比较差呢?

黄韦迪有比较高的求助意愿,一开始就愿意表达自己情绪,陈沁根据黄韦迪的情况首先充分共情黄韦迪,逐步建立起互相信任的疏导关系。

> **黄韦迪**：嗯……挺多原因的吧，我也不知道为什么，主要是周围人知道我以前干过啥，感觉他们都瞧不起我，用奇怪的目光瞅我，我的心里就开始难受了，也不太敢看他们的目光。

理论链接　生态系统理论

由著名心理学家布朗芬布伦纳提出的个体发展模型，强调发展个体嵌套于相互影响的一系列环境系统之中，在这些系统中，系统与个体相互作用并影响着个体发展。

第一个环境层次是微观系统。微观系统位于环境的最内层，是个体直接接触的环境以及与环境互相作用的模式，包括家庭、托儿所、幼儿园和学校班级等。

第二个环境层次是中间系统。中间系统是指各微观系统之间的联系或相互关系。比如学校和家庭对于个体教育的一致性程度等。

第三个环境层次是外层系统。外层系统指儿童生活的社会环境，如邻里社区、儿童的医疗保险、父母的职业和工作单位、亲戚朋友等。

第四个环境层次是宏观系统。宏观系统位于环境的最外层，指社会文化价值观、风俗、法律及别的文化资源。宏观系统不直接满足个体的需要，它对较内层的各个环境系统提供支持。

生态系统理论认为，把环境看成是互相关联的从内向外的一层包

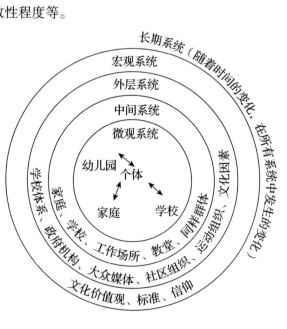

图9　生态系统理论

一层的结构系统，每一层环境与人的关系都是双向的和交互作用的，都对心理发展有重要影响。但是，随着时间的不断流逝，人的生态系统也会不断发生变化，其带来的影响是不断变动的。

陈　沁：是吗……我们这边已经和你所在社区提前沟通过了，一般比较少出现这种情况，会不会是你先预设了别人会瞧不起你，所以这么想了呢？

> 陈沁提供社区关于矫正人员的看法，完善黄韦迪的认知，以免出现偏差。

理论链接　自我中心

自我中心，源自儿童心理学之父让·皮亚杰的认知发展理论中感知前运算阶段，指的是儿童早期对世界的认识完全是以他自己的身体和动作为中心的，是"自我中心主义"的。在这个时期，儿童的自我和外部世界还没有明确分化开来，他们所体验和感知到的印象是浑然一体的，造成被体验和被感知的事物都成为自身的活动，把所有被体验和被感知的事物都和自己的身体联系起来，把自己当作宇宙的中心。

成年人也常常会出现自我中心的心理状态，往往过度认为周围的环境都在关注自我，自身的一举一动都处在监视之下。

黄韦迪：没有吗？我之前被抓进去的路上很多人都用那种瞧不起人的眼光瞅我，我在法庭审判的时候大家也是很鄙视的样子……

理论链接　思维定势

思维定势也称"惯性思维"，是由先前的活动而造成的一种对活动的特殊的心理准备状态或活动的倾向性。

在环境不变的条件下，定势使人能够应用已掌握的方法迅速解决问题，根据面临的问题联想起已经解决的类似的问题，将新问题的特征与旧问题的特征进行比较，抓住新旧问题的共同特征，将已有的知识和经验与当前问题情境建立联系，利用处理过类似的旧问题的知识和经验处理新问题，或把新问题转化成一个已解决的熟悉的问题，从而为新问题的解决做好积极的心理准备；而在情境发生变化时，它则会妨碍人采用新的方法，容易使我们养成一种呆板、机械、千篇一律的解题习惯。当新旧问题形似质异时，思维的定势往往会使解题者步入误区。

思维定势通常有两种形式：适合思维定势和错觉思维定势。前者是指人们在思维过程中形成了某种定势，在条件不变时，能迅速地感知现实环境中的事物并做出正确的反应，可促进人们更好地适应环境；后者是指人们由于意识不清或精神活动障碍，对现实环境中的事物感知错误，做出错误解释。

要改变一种思维定势是有一定难度的，首先，需要有明确的认识，自觉的行动；其次，要有勇气和决心。

陈　沁：仔细想想，现在真的每个人都用瞧不起人的眼光看你吗？ 黄韦迪：这样一想……好像也不是，没有每个人都看我……就个别的人看，嗯……就挺正常的，可能是我刚出来不适应吧…… 陈　沁：嗯，你可以尝试调整一下自己的想法，感觉一下很多事情是不是自己很担心发生所以幻想出来的。 黄韦迪：但是你看我一有前科二没文化，连找工作都成问题，还谈什么重新做人回报社会？！	陈沁的提问促发黄韦迪思考他人如何看待自己，对其认知重新矫正，帮助黄韦迪觉察到真实的情况，从而调整想法与情绪。

理论链接　自我接纳

自我接纳是在社会文化及环境的影响下，逐渐形成的一种独特的心理机制，是指个体对自我的特征和感受、生活经历等与自我相关的一切内容采取一种积极的态度，以促进自我的整合与成长。自我接纳的最终目的是让个体正视并拥抱真实的自己，然后在现有基础上整装出发，去进一步完善自己。

自我接纳包含两个层面的含义：一是能确认和悦纳自己身体、能力和性格等方面的正面价值，不因自身的优点、特长和成绩而骄傲；二是能欣然正视和接受自己现实的一切，不因存在的某种缺点、失误而自卑。自我接纳是个体心理健康的一项重要标准。

自我接纳的程度对个人在能力、成就、外貌、身体、人际关系、道德等方面的认知判断产生重要影响，自我接纳程度不同，个人喜爱或不喜爱自己的程度也各不相同。自我接纳与自尊紧密相关。自我接纳程度高的人自尊相对较高。自尊需要得到满足，将会使人感到自信，体验到自我价值，从而产生积极的自我肯定。

真正的自我接纳需要经历以下漫长的过程：

首先，坦然正视真实的客观的自我，包括身体特征、家庭背景、成长经历、个性特点等一切与自我相关的内容。此时仅仅是正视，不做任何好或者坏的评价。

其次，在正视真实自我的基础上，再审视自己还可以做得更好的地方，甚至不怕来一场自我批评，但之后就要将这种不满转化为对自己的合理寄望。

再次，真正的自我接纳是一系列的行动，在真实自我的基础上，按照自己喜欢的样子，一步一步去塑造期待中的自己。

最后，真正的自我接纳，除了要接纳自我本来的样子，要接纳对自己的寄望，还要接纳完成对自己的寄望是个并不短暂的过程这一事实，更要接纳在完成对自己的寄望的过程中，那个可能时而前进，时而退后，时而又原地徘徊的自我。

陈　沁：嗯……听起来你很沮丧，觉得自己的前途很渺茫…… 黄韦迪：对啊！我觉得自己废了！对生活都没什么动力了…… 陈　沁：我听到了……我理解……我明白你很无助的心情……但要知道的是，你还很年轻，有很多的可能性，关键在于你愿不愿意给自己一次尝试的机会。我们这边也会帮你申请临时救助，陪伴你找一些临时性工作，让你的基本生存得到保障。 黄韦迪：是啊，我是可以做一些事情的，可是这个社会发展得太快了，我就进去了几年，感觉现在完全跟不上！我好迷茫！	当黄韦迪出现较大的抵触情绪后，陈沁运用倾听和共情的方式帮助其先释放自身的情绪，并感受到来自陈沁的理解与接纳。

理论链接　社会适应

社会适应一词最早由英国哲学家、社会学家、教育家赫伯特·斯宾塞提出，含义为：每个人的能力应在社会系统内得到充分发挥；作为健康人应有效地扮演与其身份相适应的角色，并执行相关的任务，发挥有效的功能；人的行为与有关的社会、道德规范相一致。人们的基本人格倾向就是具有在现实生活中的社会适应功能，在新的社会环境中个体的适应性通常划分为四级：

1. 初期阶段——个体知道他在新环境中应该如何行动，但在自己意识中却不承认新环境的价值，并可能拒不接受，仍然抱着原有的价值系统不放。

2. 容忍阶段——个体和新的环境彼此对于价值系统与行为方式都表现出相互宽容的态度。

3. 接纳阶段——在新的环境同时也承认个体的某些价值的情况下，个体承认并接受新环境中主要的价值系统。

4. 同化阶段——个体与环境的价值系统完全一致。

由于物质与精神需要都只有在社会适应的前提下才能得到较好满足，因此，社会适应对个体有着重要意义。在遇到冲突和挫折时，人们通常能采取适当的策略，如可以通过语言、风俗、法律以及社会制度等的控制，调整自身的心理和行为，以适应社会生活。社会心理学研究认为，当人们在社会生活中遇到冲突或挫折时，他们往往通过文饰作用、认同作用、代替作用、投射作用、压抑作用和反向作用等，使个人与社会取得良好的适应。

长期与社会隔离的个体，极有可能产生社会不适应状态，如果一个人不能与社会取得一致，会产生对所处环境中的一切格格不入的心理状态，久而久之，容易引起心理不适，因此，及时调整自我认知与心理状态十分关键。

陈　沁：是……是……社会发展得很快，让你一时不知道怎么去适应它，但凡事都要有个过程，对吗？你要树立对自己的自信心，比如，我觉得你有良好的语言表达能力，还有你想要融入社会的强烈意愿都是非常难得的，你是一个很不错的小伙子，你看得到自己身上这些闪光点吗？

> 陈沁及时鼓励黄韦迪，并具体夸赞黄韦迪的优点以增强可信度，从积极的视角协助黄韦迪重新树立自信。

理论链接　树立自信

自信心是一种反映个体对自己是否有能力成功地完成某项活动的信任程度的心理特性，是一种积极、有效的表达自我价值、自我尊重、自我理解的意识特征和心理状态，也称为信心。自信心的个体差异不同程度地影响着学习、竞赛、就业、成就等多方面的个体心理和行为。

自信心是日常生活中常常谈起的一个概念，而在心理学中，与自信心最接近的是美国当代著名心理学家阿尔伯特·班杜拉在社会学习理论中提出的自我效能感的概念。

班杜拉认为，在某一情境下，决定自我效能感的四个主要因素：

1. 行为成就：效能期望主要取决于过去发生了什么；以前的成功导致高的效能期望，而以前的失败导致低的效能期望。

2. 替代经验：观察他人的成败，可以对自我效能感产生与自己的成败相似的影响，但作用小一些。

3. 言语劝说：当你敬佩的人强烈认为你有能力成功地应付某一情境时，自我效能感可以提高。

4. 情感唤起：高水平的唤起可导致人们经历焦虑与紧张，并降低自我效能感。

树立自信的好方法：学会进入别人的视线；学会正视别人；运用肯定的语气；抬头挺胸，走快一点。

黄韦迪：是吗，我有优点吗？我完全没有发现……被你一说好像是有一点感觉……

陈　沁：是的，是的，短短几分钟的交流我就发现了你身上不少的优点，相信以后你自己仔细观察一定会发现更多的！

黄韦迪：嗯……谢谢你……我可能是对自己太不自信了。仔细一想我以前也有不少被别人夸的优点……

陈　沁：是的，我们对你很有信心，否则你也不会这么快就能参加社区矫正了呀。

> 对于社区矫正人员而言，重新树立自信十分关键，陈沁不断肯定、反复鼓励黄韦迪能够帮助他体验崭新的人际交往。

黄韦迪：谢谢……但是只要一想到现在我爸妈对我非常冷淡，我觉得好无力好难过…… **陈　沁**：嗯……父母是你很重要的人，所以他们的冷淡让你很难过……你想过他们为什么会冷淡吗？ **黄韦迪**：唉……我以前做了太多坏事了，让他们非常非常失望！ **陈　沁**：是的，那我想你自己也知道要怎么才能改变和他们相处的现状了，是吗？ **黄韦迪**：嗯！我知道了，不光是为自己努力，也是为了让父母重新肯定我而努力，我会加油的！	陈沁抓住黄韦迪对于家庭关爱的需求，帮助其确立改变的动机，从而有更持续的驱动力促使黄韦迪成长。

理论链接　附属内驱力

附属内驱力由美国认知教育心理学家戴维·保罗·奥苏贝尔提出，属于外部动机，指为了保持长者们（如教师、家长）或集体的赞许或认可，从而获得派生地位的一种动机。

这种动机对于个人的成长而言是不可或缺的驱动力。

陈　沁：嗯，很高兴看到你的成长和变化，我相信你会越来越好的。 **黄韦迪**：嗯！谢谢你！	总评： 陈沁首先在发现黄韦迪有比较大的抵触情绪时，先充分共情黄韦迪，让其发泄出自己的无助、恐惧和愤怒等负面情绪，接着根据黄韦迪的对于社会适应的担忧给予一定的鼓励和指导，最后帮助黄韦迪树立重新面对社会的信心和动力，从而协助黄韦迪调整心态和认知。总体而言，既有温情的安慰又有严谨的引导，宽严交替。